Dans la même collection

BARROW John *La grande théorie*
BRUNHES Bernard *La dégradation de l'énergie*
COUTEAU Paul *Le grand escalier. Des quarks aux galaxies*
ECCLES John *Evolution du cerveau et création de la conscience*
EINSTEIN Albert *Comment je vois le monde*
EINSTEIN Albert *Conceptions scientifiques*
EINSTEIN Albert et INFELD Léopold *L'évolution des idées en physique*
FRANK Philippe *Einstein, sa vie, son œuvre*
GLEICK James *Théorie du Chaos*
GRIBBIN John *A la poursuite du Big Bang*
GRIBBIN John *Le chat de Schrödinger. Physique quantique et réalité*
HAWKING Stephen *Une brève histoire du temps. Du Big Bang aux trous noirs*
HAWKING Stephen *Commencement du Temps et fin de la Physique ?*
HEISENBERG Werner *La Partie et le Tout. Le monde de la physique atomique*
DE BROGLIE Louis *La Physique nouvelle et les quanta — Nouvelles perspectives en microphysique*
KLEIN Etienne, SPIRO Michel (eds) *Le Temps et sa flèche*
KUHN Thomas *La Structure des révolutions scientifiques*
LOCHAK Georges, *Louis de Broglie*
LOCHAK Georges, DINER Simon, FARGUE Daniel *L'Objet quantique*
MANDELBROT Benoît *Les Objets fractals*
MERLEAU-PONTY Jacques *Einstein*
PECKER, REEVES, DELSEMME *Pour comprendre l'univers*
PERRIN Jean *Les Atomes*
PLANCK Max *Initiation à la physique — Autobiographie scientifique*
PRIGOGINE Ilya et STENGERS Isabelle *Entre le temps et l'éternité*
ROSENFIELD Israel *L'invention de la mémoire*
SELLERI Franco *Le Grand Débat de la théorie quantique*
SHAPIRO Robert *L'Origine de la vie*
SMOOT George *Les rides du temps. L'Univers, 300 000 ans après le Big Bang*
STEWART Ian *Dieu joue-t-il aux dés ?*
TESTART Jacques *L'Œuf transparent*
TESTART Jacques *Le désir du gène*
THOM René *Paraboles et catastrophes*
THOM René *Prédire n'est pas expliquer*

Dans la Nouvelle Bibliothèque Scientifique

NOTTALE Laurent *L'Univers et la lumière*
PRIGOGINE Ilya *Les lois du chaos*
LOCHAK Georges *La géométrisation de la physique*
DELSEMME Armand *Les origines cosmiques de la vie*

Hors collection

LA NOUVELLE PHYSIQUE, sous la direction de Paul Davies. Textes de S. Hawking, A. Salam, M. Longair, A. Guth, etc.

LES RIDES
DU TEMPS

GEORGE SMOOT
ET
KEAY DAVIDSON

LES RIDES DU TEMPS

L'Univers, trois cent mille ans
après le Big Bang

Traduit de l'anglais par Evelyne et Alain Bouquet

Flammarion

Titre original : *Wrinkles in Time*
Publié par William Morrow and Co, New York 1994

ISBN : 2-08-081346-3
Printed in France

PRÉFACE

Le public manifesta un immense intérêt pour l'origine et l'évolution de l'Univers après l'annonce en 1992 de la découverte de rides dans le tissu de l'espace-temps par le satellite COBE. Bien des gens sont venus me voir pour me poser des questions, et plus encore m'ont écrit ou téléphoné. J'aurais souhaité pouvoir répondre à tous, mais ils étaient si nombreux que cela m'était impossible. C'est alors que Keay Davidson vint me voir et me proposa d'écrire un livre sur ces questions. Il prit contact avec plusieurs éditeurs par l'intermédiaire de son agent John Brockman et commença à rassembler de la documentation. J'élargis le sujet du livre pour répondre à la plupart des questions qui m'étaient posées et pour en présenter le contexte.

Au début, je craignais qu'il ne me soit difficile d'écrire ce livre par manque de matière, mais je me rendis vite compte que le danger était exactement le contraire. Il y avait trop de choses intéressantes à raconter, trop d'histoires, d'aventures et d'épisodes remarquables. Il y avait beaucoup de thèmes passionnants à développer, de concepts à préciser, et le livre approchait rapidement des six cents pages sans que j'en voie la fin.

Keay Davidson et les éditeurs me convainquirent que le public lirait plus volontiers un livre court et qu'ils en retireraient l'essentiel de l'information et de sa signification. Un livre plus long contiendrait beaucoup plus de détails mais il serait moins lu. Il s'ensuivit une douloureuse période de coupures radicales et de réécriture, au cours de laquelle Roger Lewin et Maria Guarnaschelli transformèrent un manuscrit grossier en un vrai livre, assistés des conseils d'Alan Simpson, de Louis Audibert et d'autres éditeurs. Dans cette présentation, six descriptions des vols de ballon furent ramenées à une et demie, l'évolution de ma carrière, de jeune étudiant à directeur d'équipe, fut abrégée, les contributions de mes collègues et tout notre travail de développement technique furent pratiquement passés sous silence.

Je dus reconnaître que le livre était devenu beaucoup plus lisible et que le lecteur pouvait fort bien apprécier ce que représentait une expérience en ballon. Il y a quelques jours à peine, notre nouvelle expérience MAX *(millimeter anisotropy experiment)*, une expérience de recherche d'anisotropies du fond de rayonnement cosmologique en longueur d'onde millimétrique fut lancée pour la quatrième fois sous un ballon à Palestine au Texas. Après un atterrissage quasiment parfait, nous récupérâmes la charge utile, mais bien des incidents décrits dans ce livre étaient toujours présents.

Grâce aux efforts et aux encouragements de nombreuses personnes, ce livre est relativement court et d'une lecture facile. Il rend bien compte de ce que représente la cosmologie et de l'aventure que constitue une expérience. Pour atteindre ce résultat, nous avons dû sacrifier certains thèmes, par exemple la chaîne humaine de la science : un enseignant formant un jeune étudiant, qui fait ensuite ses preuves après sa thèse, devient un chercheur à part entière, puis un chef de groupe, avant d'enseigner à son tour à une nouvelle génération. Les grands efforts nécessaires à la recherche comme l'attention minutieuse, parfois pénible, aux détails ont également disparu. Un récit comme celui-ci minimise nécessairement les contributions des collègues et des membres de l'équipe, par exemple à l'occasion des vols en ballon, ou les vingt années de labeur de la part des centaines de personnes qui ont œuvré sur le projet COBE, sans parler des très nombreux savants travaillant dans ce domaine. La science est, par sa nature même, une activité sociale et culturelle qui implique de nos jours des équipes, et ces équipes échangent idées, résultats d'observation et concepts. Mon espoir est que la simplification excessive à laquelle je me suis livrée rende la cosmologie plus intéressante et plus accessible.

Au lecteur : ce livre se veut d'une lecture facile, tout en présentant l'intégralité des concepts et des idées essentielles de la cosmologie moderne. Certains de ces concepts pourront vous sembler nouveaux et nécessiter une modification de votre vision du monde. Si un passage vous pose un problème, continuez votre lecture. Vous comprendrez l'idée générale et vous pourrez lire les chapitres suivants. Le livre est conçu de telle sorte que vous puissiez approfondir le sujet lors d'une seconde lecture. A la fin du livre, vous vous serez familiarisé avec les principaux concepts de la cosmologie actuelle. Bon voyage à travers l'histoire passionnante de l'origine et de l'évolution de l'Univers, et à travers la manière dont nous avons acquis notre vision moderne.

George Smoot
Berkeley, Californie
Juin 1993

Chapitre premier

AU COMMENCEMENT

> J'étais un trésor caché, et je désirais être connu
> Aussi créai-je la Création pour être connu.
>
> Mythe soufi de la création.

Contempler le ciel nocturne est toujours une source d'émerveillement. Enfant, j'avais la chance d'habiter un endroit où l'on pouvait facilement regarder le ciel la nuit. Je me souviens très bien d'une nuit où nous revenions d'une visite chez mes cousins. J'étais à l'arrière de la voiture et je regardais la Lune. Elle semblait nous poursuivre à travers le paysage, comme le faisait mon chien quand j'explorais notre grand jardin, les prés et les bois des environs. Sitôt disparue derrière un arbre ou une colline, elle réapparaissait. Je demandai à mes parents si la Lune surveillait l'endroit où nous étions, ou la direction que nous prenions. Comment la Lune pouvait-elle suivre tout le monde partout en même temps ? Faisait-elle comme le Père Noël ? Mes parents m'expliquèrent que la Lune était très grosse et très éloignée, et que les arbres et les collines qui s'interposaient étaient beaucoup plus petits, tout comme un doigt placé devant un œil : il suffit de bouger un peu la tête pour voir à nouveau. Ils m'expliquèrent bien d'autres choses encore sur la Terre et la Lune, sur les marées et les phases de la Lune. Cette nuit-là, ma vision du monde changea. Notre jardin, la forêt voisine, ma ville natale, les deux longues heures de voyage pour aller chez mes cousins, tout cela n'était qu'une petite fraction d'un monde beaucoup plus vaste. Plus encore, il y avait un ordre et une raison, magnifiquement expliqués par des concepts imbriqués. Je pouvais non seulement découvrir des choses nouvelles, comme les mares et les têtards, mais je pouvais aussi découvrir pourquoi et comment ces choses arrivaient, et comment elles s'enchaînaient. Pour moi, c'était comme si j'avais marché dans un musée obscur et allumé l'éclairage, découvrant d'incroyables trésors.

Quarante ans plus tard, assis dans mon laboratoire, je me rends compte que j'ai passé beaucoup de temps dans ce musée, à en rechercher et à en admirer les trésors. Ce livre est l'histoire de la recherche et de la découverte de l'un de ces trésors, que certains ont appelé le « Saint-Graal de la cosmologie ». C'est une histoire qui commence avec la contemplation des étoiles par les premiers hommes, et les questions sur nos origines, et qui continue à travers des siècles d'observations, de spéculations et d'expériences. Elle concerne aussi bien l'infiniment grand et l'infiniment petit, les superamas de galaxies et les particules subatomiques. C'est une histoire qui m'a entraîné des forêts équatoriales de l'Amazonie aux plaines désolées et glacées de l'Antarctique, du romanesque et de la frustration des ballons de haute altitude aux mystérieux avions espions U-2, et finalement à l'aventure spatiale. C'est mon histoire personnelle, mais c'est aussi l'histoire de beaucoup d'autres personnes qui, autrefois et de nos jours, tentèrent de répondre au plus ancien et au plus central des mystères : pourquoi et comment l'Univers a-t-il commencé, et quelle y est notre place ?

La cosmologie est définie comme la « science de l'Univers ». A l'approche de la fin d'un millénaire, elle traverse une période merveilleuse de créativité, un âge d'or où de nouvelles observations jointes à des théories inédites étendent notre compréhension, et notre appréhension, de l'Univers dans des directions étonnantes. Mais cet âge d'or actuel ne peut être bien compris qu'à la lumière du passé. La connaissance scientifique est toujours provisoire, toujours en progrès. L'histoire des sciences montre que les théories se développent, deviennent généralement acceptées, avant d'être modifiées ou rejetées à la suite de nouvelles observations.

La cosmologie occidentale commença il y a deux mille cinq cents ans quand les Grecs entreprirent d'observer systématiquement le cosmos. Le point de vue d'Aristote finit par s'imposer et prévalut, avec des modifications mineures, à travers tout le Moyen Age et jusqu'à la Renaissance. Aristote avait une vision esthétique de l'Univers, formalisée pour la théologie. Selon lui, à l'instant de la Création, le Premier Moteur (sa version du Créateur) donna aux cieux un mouvement éternel et parfait, le Soleil, la Lune et les planètes fixées sur huit sphères de cristal tournant autour d'une Terre centrale. Il n'y avait pas de vide, tout étant empli de la présence de Dieu. Toute matière était composée de quatre éléments : la terre, l'eau, l'air et le feu. Les sphères célestes étaient composées d'une cinquième essence, une quintessence, substance parfaite qui ne pouvait être ni détruite ni altérée en rien d'autre, qui était appelée « éther ». Les cieux étaient parfaits et immuables, la Terre était concrète et sujette au déclin.

Dans la cosmologie d'Aristote, les mouvements célestes étaient circulaires, autre symbole de perfection, alors que si quelque chose bougeait sur Terre, c'était en ligne droite. Le repos était l'état naturel de la matière.

Cette cosmologie présentait quelques anomalies, apparentes aux observateurs de la Terre et des Cieux. Ainsi, certaines planètes se mettaient parfois à tourner à l'envers, comme Mars par exemple. Corrigée par l'astronome d'Alexandrie Claude Ptolémée au IIe siècle de notre ère, la cosmologie d'Aristote survécut encore treize siècles, étant adoptée et adaptée au passage par la théologie chrétienne.

Le pape demanda en 1514 au mathématicien polonais Nicolas Copernic de réformer le calendrier. Copernic accepta, mais estima qu'il fallait commencer par préciser le mouvement des corps célestes et leurs relations. Cette œuvre conduisit à la publication en 1543, l'année de sa mort, de son traité *De revolutionibus orbium caelestium* (Sur la révolution des sphères célestes). Ce document

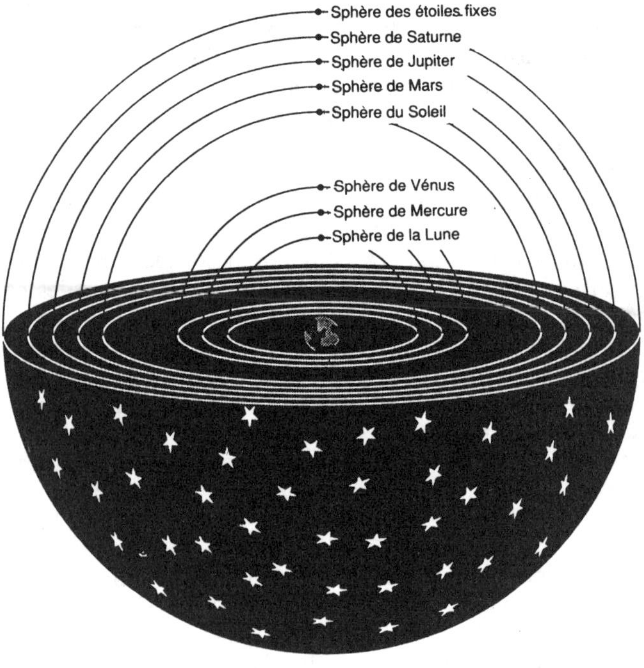

Figure 1. L'Univers selon Ptolémée. Il y a vingt-cinq siècles, les Grecs organisèrent leurs observations du monde dans des modèles cosmologiques. L'un d'eux finit par dominer les autres en raison de son élégance. Ptolémée, astronome d'Alexandrie au IIe siècle de notre ère, le corrigea pour rendre compte des observations astronomiques, et il demeura le modèle cosmologique standard pendant quatorze siècles (Christopher Slye).

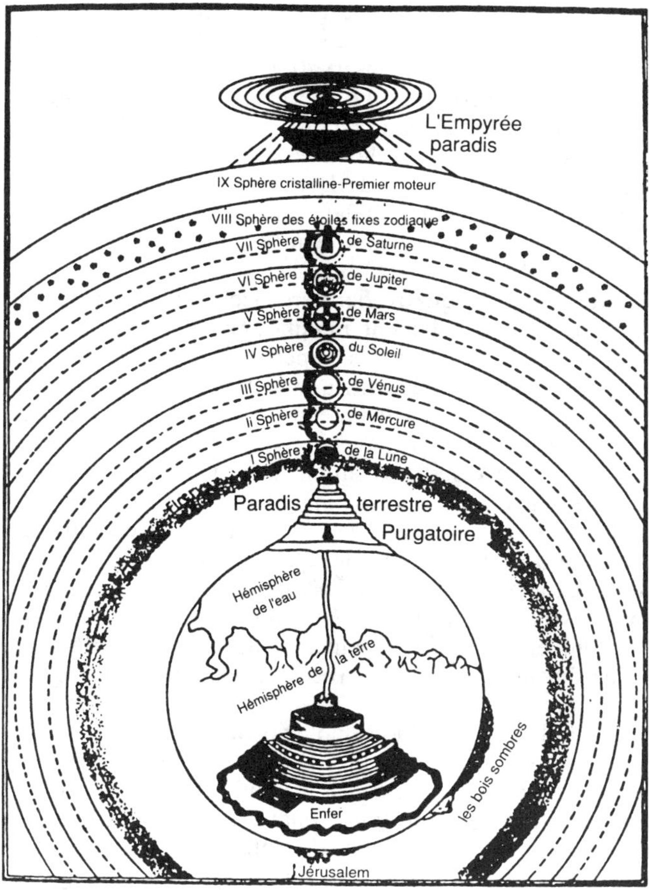

Figure 2. L'Univers médiéval. La cosmologie n'était pas seulement le domaine de la science et de la philosophie, mais incluait aussi l'homme et son panthéon. Cette gravure de *La Divine comédie* de Dante (1265-1321) montre la conception médiévale de l'Univers et la manière dont la théologie catholique avait intégré la cosmologie grecque de Ptolémée.

sapa les fondations de la cosmologie d'Aristote, et par suite de la théologie chrétienne qui l'avait faite sienne. Cette œuvre est un produit de l'esprit de la Renaissance, qui accordait une grande importance à la logique, aux mathématiques et à l'observation. Le centre du monde n'était pas la Terre, disait Copernic, mais le Soleil, autour duquel la Terre tournait comme les autres planètes. Cette cosmologie retirait les hommes de la position centrale où ils étaient sous l'œil de Dieu, et elle plaçait la Terre au milieu des cieux, mêlant ainsi l'imperfection à la perfection. Ce fut le commencement de la fin pour le cosmos d'Aristote.

Au cours des quatre derniers siècles, notre vision du cosmos fut radicalement modifiée par des observations astronomiques et par des expériences sur Terre. Tout comme l'Univers géocentrique d'Aristote fut remplacé par l'Univers héliocentrique de Copernic, cet Univers de Copernic céda la place à celui de Newton, et celui de Newton à celui d'Einstein. Nous vivons aujourd'hui dans l'Univers d'Einstein, mais cette image du monde peut fort bien se révéler un jour erronée. Un des thèmes de ce livre, et de l'histoire des sciences, est qu'aucune théorie n'est sacro-sainte. Quand nos possibilités d'observation se développent grâce à la technologie et grâce à l'ingéniosité des expérimentateurs, nous devons modifier nos théories pour accommoder ce que nous voyons.

Quand j'ai choisi la cosmologie en 1970, cette science était en train de changer. Dans le passé, astronomie et physique des particules poursuivaient indépendamment l'étude des questions fondamentales de la nature. Mais vers 1970, ces deux disciplines commençaient à fusionner. Cette union de l'inimaginablement grand (l'astronomie) avec l'incroyablement petit (la physique des particules) promet d'amener la curiosité humaine plus près de la réponse à la question ultime. En fait, elle remplit déjà cette promesse, car expérience et théorie se conjuguent pour nous amener au plus près (quelque 10^{-42} secondes) de ce que nous pensons être la naissance de l'Univers.

SHAPIRO Robert

- L'Origine de la vie.

SELLERI Franco

- Le Grand débat de la théorie quantique.

SERRES Michel

- Le Contrat naturel.

STENGERS Isabelle

- L'invention des sciences modernes. *(à paraître en 1995)*

STEWART Ian

- Dieu joue-t-il aux dés ?

TESTART Jacques

- L'Œuf transparent.
- Le Désir du gène.

THOM René

- Paraboles et catastrophes.
- Prédire n'est pas expliquer.

TRINH XUAN Thuan

- Un astrophysicien. *(à paraître en 1995)*

ULLMO Jean

- La Pensée scientifique moderne.

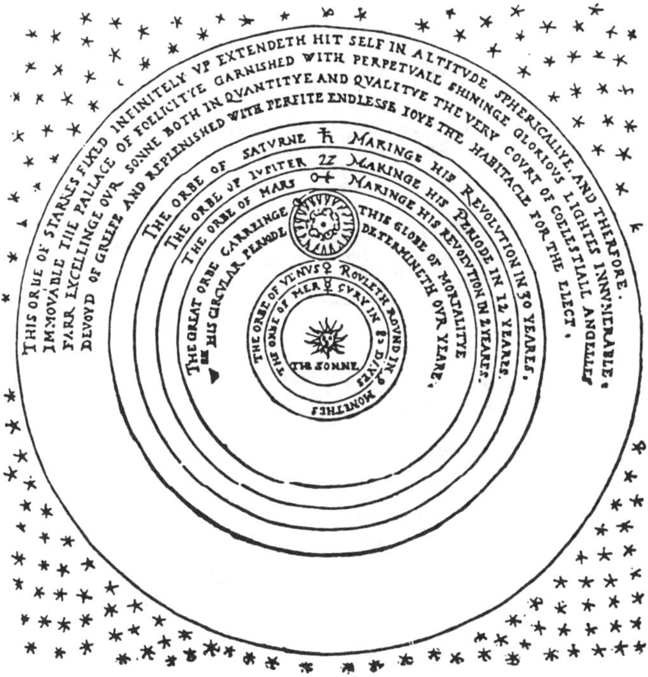

Figure 3. L'Univers infini de Thomas Digges entourant le système solaire de Copernic. Après les travaux de Copernic (1473-1543), une nouvelle cosmologie plaça le Soleil au centre de l'Univers. C'était l'âge des grandes explorations de la Terre (des navigateurs portugais et espagnols, par exemple) et du Ciel. La taille mesurée du système solaire fut multipliée par dix mille en un siècle. L'idée d'un petit Univers confortable fut remplacée par celle d'un Univers immense quand Thomas Digges (1543-1595) publia en 1576 cette gravure du système de Copernic dans lequel la sphère extérieure des étoiles s'étendait à l'infini.

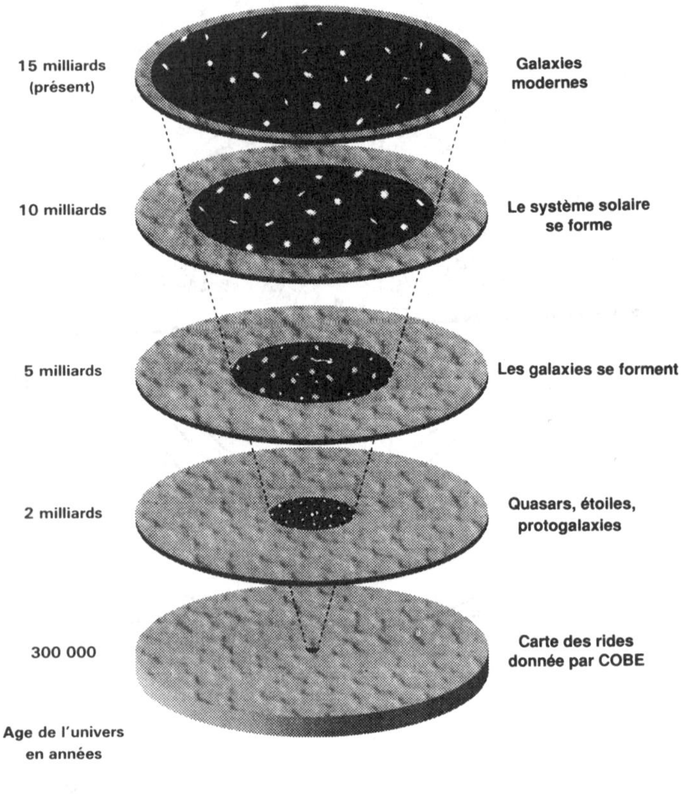

Figure 4. Le big bang : un Univers en expansion et en évolution. La cosmologie du big bang soutient que l'Univers est en expansion et en évolution. Quand on regarde dans le passé, l'Univers est plus dense et plus chaud, et son contenu est plus jeune. Au tout début, il n'y a que des germes (Christopher Slye).

Le domaine actuel de la cosmologie commence à cet instant et comprend toute l'évolution ultérieure du cosmos. Celui-ci s'est dilaté depuis une taille bien plus petite qu'un proton (une des particules élémentaires dont toute matière connue est composée) jusqu'à une expansion essentiellement illimitée. Cette théorie du cosmos en expansion est familièrement appelée la théorie du big bang (le grand boum). Pour les cosmologistes, le big bang est une théorie puissante qui domine la science depuis trente ans. Comme son nom l'indique, elle conçoit le début de l'Univers comme une gigantesque explosion. A la différence d'une explosion classique, néanmoins, le big bang n'est pas un mouvement à l'intérieur d'un espace préexistant, mais une création de l'espace lui-même, qui continue encore aujourd'hui. Le big bang fut la création cataclysmique de la matière et de l'espace. Pour comprendre les conditions qui permirent le big bang, nous devons abandonner nos conceptions habituelles de la matière et de l'énergie, de l'espace et du temps, comme des notions distinctes. A l'instant de la création, l'Univers se trouvait dans des conditions très différentes de celles d'aujourd'hui, et il obéissait peut-être à des lois différentes. La réalité en cosmologie dépasse parfois notre compréhension.

Bien que l'idée du big bang ait été développée entre 1927 et 1933 par Georges Lemaître, un prêtre belge, ce n'est qu'en 1964 qu'elle devint l'explication dominante de l'origine de l'Univers. Cette année-là, deux radioastronomes américains découvrirent ce qui ressemblait à la faible lueur refroidie d'un ancien cataclysme. Cette lueur, un bourdonnement radio emplissant l'Univers, un rayonnement d'une température équivalant à peine à 3 K (3° au-dessus du zéro absolu [1]), s'appelle le fond de rayonnement cosmologique, car il nous apporte une image pâlie de l'Univers tel qu'il était 300 000 ans environ après le big bang. Au sein de ce rayonnement, mes

1. Le zéro absolu est la température d'un objet dont toute la chaleur a été retirée, 273° en dessous de 0° C, température de solidification de l'eau en glace. L'unité de température, le kelvin (K), honore Lord Kelvin (1824-1907), pionnier de la thermodynamique.

collègues et moi espérions découvrir les « rides du temps », le Saint-Graal de la cosmologie.

L'un des plus grands défis posés à la théorie du big bang est d'expliquer comment la matière est distribuée à travers l'espace en continuelle expansion. On pourrait imaginer que la matière soit distribuée uniformément à travers l'espace. L'Univers serait alors un nuage de gaz homogène, avec une densité d'environ 1 atome d'hydrogène pour 10 mètres cubes (rappelons que l'air que nous respirons contient 3 x 10^{25} atomes par mètre cube, essentiellement de l'azote, de l'oxygène et du carbone, tous plus lourds que l'hydrogène). Si 15 milliards d'années environ après sa création, l'Univers formait aujourd'hui un nuage de gaz virtuellement infini, le ciel nocturne serait inexorablement noir, et nous ne serions pas là pour le voir. Notre propre existence nous apprend que quelque chose a provoqué la condensation de la matière, formant étoiles et planètes, et apportant la vie. Pas seulement la vie sur Terre mais, avec une quasi-certitude, la vie sur des millions de planètes, y compris dans la Voie lactée, notre Galaxie.

On pourrait encore imaginer que les étoiles, comme notre Soleil et son cortège de planètes, soient distribuées uniformément dans l'Univers, nuage uniforme de milliards de points lumineux dans le ciel nocturne. Mais notre expérience nous dit encore que ce n'est pas le cas. Notre Soleil est l'une des milliards d'étoiles similaires rassemblées dans l'immense disque que forme notre Galaxie spirale, la Voie lactée, visible comme une écharpe blanche à travers le ciel nocturne. Quasiment toutes les étoiles sont ainsi rassemblées en galaxies. La matière ne se concentre donc pas seulement en étoiles, mais aussi en amas d'étoiles, les galaxies.

On pourrait encore imaginer que les galaxies, une fois formées par la condensation de la matière en une communauté d'étoiles, soient distribuées uniformément dans l'Univers, nuage uniforme de galaxies floues dans le ciel nocturne. Une découverte majeure de la cosmologie récente nous dit encore que ce n'est pas le cas. Non

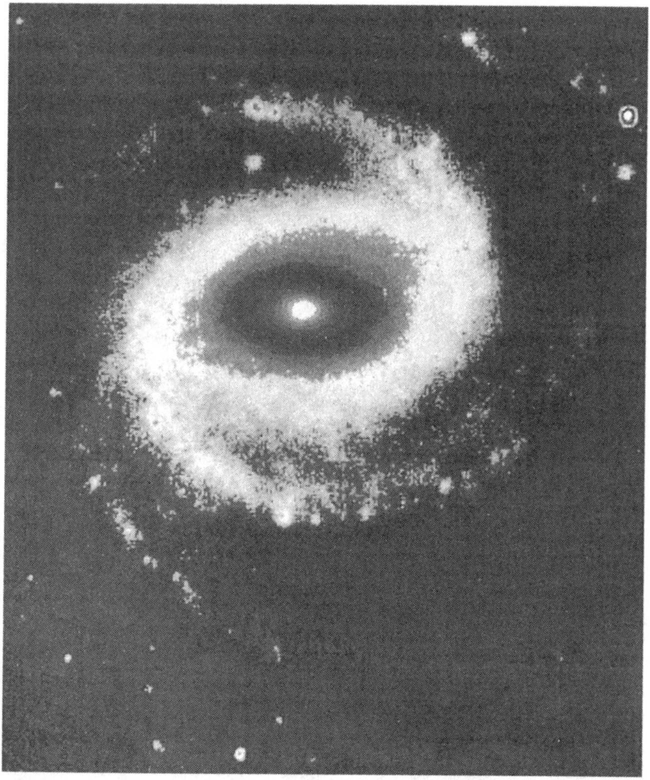

Figure 5. Photographie de la galaxie spirale NGC 1232 située à 65 millions d'années-lumière. La matière visible se rassemble en étoiles et les étoiles se regroupent en immenses systèmes, les galaxies. Si nous pouvions voir de l'extérieur notre propre Galaxie, la Voie lactée, elle ressemblerait sans doute à celle-ci (Association californienne pour la recherche en astronomie).

seulement les galaxies se rassemblent en amas de milliers de galaxies, mais ces amas eux-mêmes s'assemblent en superamas, et en structures encore plus grandes, s'étendant sur des centaines de millions d'années-lumière. En d'autres termes, la matière dans l'Univers est hautement structurée. L'Univers ressemble un peu à un bain moussant, une collection de bulles de savon, dont les parois correspondraient aux concentrations de galaxies, et l'intérieur aux immenses vides de l'espace.

Mais la formation et la répartition de la matière visible ne sont qu'une partie du problème posé au cosmologiste d'aujourd'hui. Sortez par une nuit claire et, si vous avez

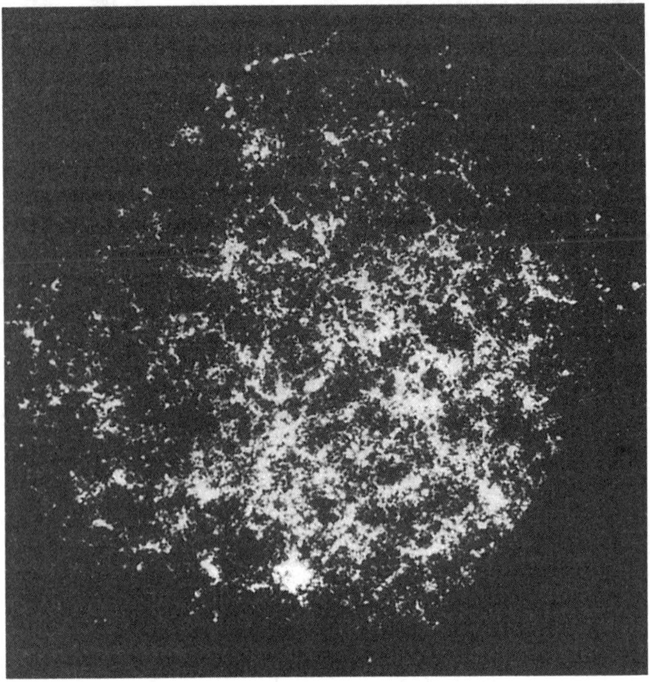

Figure 6. La position dans le ciel du million de galaxies du catalogue de l'observatoire de Lick est indiquée sur cette carte qui couvre l'hémisphère Nord. Les galaxies ne sont pas réparties au hasard, mais s'ordonnent en amas et en superamas. D'immenses régions de l'espace sont vides de galaxies, comme des bulles sur les parois desquelles se rassemblent les galaxies. Les amas se trouvent à l'intersection de ces parois : la distribution de la matière à très grande échelle ressemble à de la mousse, et la matière se regroupe en structures allant de la taille d'une étoile aux plus grandes tailles observées (Edward Shaya, James Peebles et R. Brent Tully).

la chance d'avoir peu de lumières parasites, regardez au plus profond des cieux. Si vous avez des jumelles ou un télescope, vous verrez un ciel nocturne illuminé de millions d'étoiles et de galaxies, matière de la création, tel que le découvrit Galilée il y a quatre siècles. C'est à cela que nous pensons d'habitude quand nous parlons de l'Univers. Et pourtant, c'est ce que vous *ne* voyez *pas* qui compte de plus en plus pour les théoriciens. Si la cosmologie moderne ne se trompe pas, les brillantes étoiles représentent à peine 1 % de la matière. L'essentiel de la matière créée durant le big bang nous est peut-être complètement étranger : invisible à nos yeux et au-delà de notre expérience physique.

Cet immense problème cosmologique est lié à l'objectif central de la cosmologie depuis trente ans. La découverte du fond de rayonnement cosmologique en 1964 semblait confirmer la réalité du big bang. Mais elle laissait sans réponse une question clé : comment le big bang a-t-il conduit à la formation des étoiles, des galaxies et des amas par condensation de la matière ? Si le big bang avait vraiment eu lieu, des traces de la formation des structures actuelles devraient apparaître dans les plus anciens restes de la fureur de la création. Ces indices devraient apparaître dans le fond de rayonnement cosmologique.

A ses découvreurs, ce rayonnement apparut uniforme, identique dans toutes les directions, donnant à l'Univers l'aspect d'un tissu homogène. Mais pour que se forment des structures à partir des produits du big bang, ce tissu devait avoir de minuscules plis, des rides, fluctuations de température causées par des zones de densité différente. Selon la théorie du big bang, la matière (familière ou exotique) pouvait se condenser et former des structures galactiques dans les zones les plus denses sous l'influence de la gravitation. Ces rides, ces germes cosmiques d'où naissent les galaxies, devaient être présentes, sans quoi la cosmologie moderne, et surtout la théorie du big bang, serait en grande difficulté.

Jeune étudiant arrivant au MIT (Massachusetts Institute of Technology), j'avais des centres d'intérêt très variés. Je voulais devenir médecin, profession gratifiante et pleine de sens, permettant d'aider les gens en les soignant ou par la recherche. Mais mon chemin finit par m'écarter des études médicales et j'optai pour les mathématiques et la physique. Cours après cours, expérience après expérience, les fils de la physique tissaient une vaste tapisserie et je devins de plus en plus séduit par la beauté de ses concepts. Je me spécialisai en physique nucléaire, point fort du MIT, mais complètement à l'opposé de la tendance vers une physique plus simple et plus belle dont j'avais alors l'expérience.

La science avait progressé, de la vision de la Grèce antique des quatre éléments fondamentaux au point de vue moderne d'un monde formé d'atomes. A basse température, ces atomes s'assemblent en structures complexes, à haute température l'énergie thermique brise ces liaisons atomiques en pièces plus simples et plus symétriques. Un flocon de neige fond pour donner de l'eau liquide, qui à son tour donne de la vapeur, gaz de molécules d'eau séparées. A plus haute température, les molécules se séparent en atomes d'hydrogène et d'oxygène, et à des températures encore plus élevées les électrons sont arrachés des noyaux atomiques. Les savants ont découvert que les atomes sont en réalité plus simples qu'il n'y paraît : ils sont formés d'un nuage d'électrons autour d'un minuscule noyau dense formé de protons et de neutrons. Le nombre de protons fixe le nombre d'électrons, responsable des propriétés chimiques de l'atome. Les électrons externes sont des poignées par lesquelles les atomes peuvent s'assembler pour former diverses substances. Les électrons sont très simples : des objets légers, ponctuels, tous identiques et portant une seule unité de charge électrique.

L'image finale est merveilleusement simple. Toute la matière est formée en assemblant de diverses manières trois particules élémentaires seulement : l'électron, le proton et le neutron. Malheureusement, les physiciens nucléaires découvrirent que le proton et le neutron n'ont

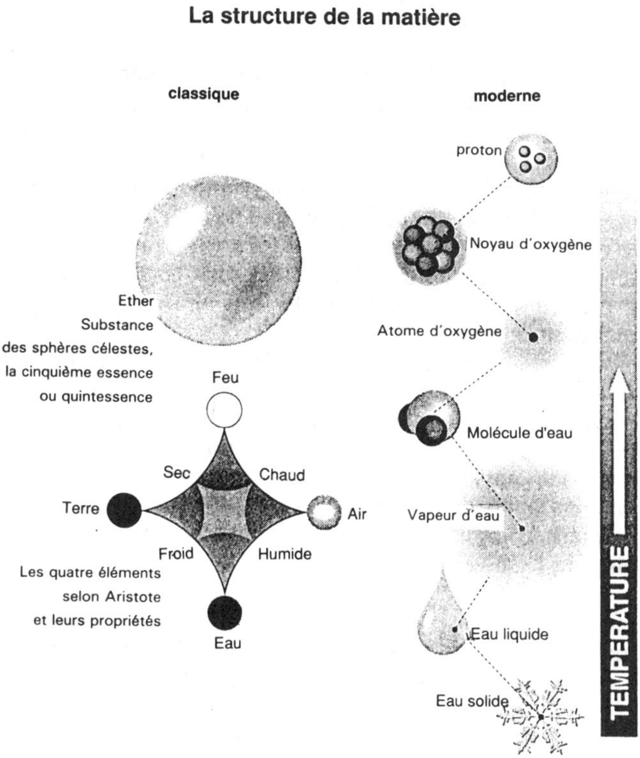

Figure 7. Notre vision moderne de la structure de la matière ne fait aucune différence entre matière terrestre et matière céleste, à la différence de celle des anciens Grecs. L'éther cristallin parfait des sphères célestes est remplacé par la notion de matière et de lois la gouvernant identiques en tout lieu. Nous pensons que la matière est formée de blocs simples assemblés pour former des structures de plus en plus complexes. Chaque niveau successif de complexité est de moins en moins lié. Augmenter l'énergie des interactions, c'est-à-dire la température, dissocie la matière en composants plus fondamentaux. Telle fut la direction du progrès en physique, mais l'Univers se construisit dans l'autre sens, du simple vers le complexe (Christopher Slye).

pas la simplicité de l'électron. Quantité de particules nouvelles apparurent dans les collisions de particules à haute énergie. L'interaction forte qui retient protons et neutrons dans le noyau se révéla bien plus compliquée que l'interaction électrique qui retient les électrons près du noyau, ou que la gravité qui nous retient sur Terre. A haute énergie, la physique semblait devenir brouillonne. L'interaction la plus intense était très compliquée, et cela brisait l'image d'une physique belle et fondamentale. Le vrai but de la physique devait être de réduire le nombre de choses indépendantes à expliquer. Et maintenant, les interactions devenaient plus compliquées, et il y avait pléthore de particules qui ne servaient apparemment à rien.

Cela me fit aussi réfléchir sur le modèle du big bang : si les noyaux atomiques étaient si difficiles à comprendre, comment pouvait-on espérer comprendre l'atome primitif de Lemaître, point de départ de la théorie du big bang, avec son noyau gros comme le système solaire ? Un Univers aussi dense qu'un noyau atomique serait extrêmement compliqué. Comment pouvait-on trouver l'origine de l'Univers ?

Heureusement, à cette époque, le Pr David Frisch me recruta dans son équipe et j'y fis mon mémoire de maîtrise. Ces chercheurs avaient installé un détecteur auprès du grand accélérateur de Brookhaven, près de New York. Ils avaient rassemblé des montagnes de données sur les débris résultant des collisions des protons accélérés à haute énergie sur les noyaux de deutérium du détecteur. Le noyau de deutérium est formé d'un proton et d'un neutron (c'est de l'hydrogène lourd, qui forme l'eau lourde). Parmi ces débris, il y avait beaucoup de particules qui laissaient des traces, mais leur vie était si brève que, même à la vitesse de la lumière, elles ne se déplaçaient que de l'épaisseur d'un cheveu avant de se désintégrer en d'autres particules. Frisch me demanda d'étudier certaines de ces données, et je découvris qu'une fois sur trois l'une de ces mystérieuses particules, appelée êta zéro (η^0), se désintégrait en trois particules plus légères, appelées pi zéro (π^0), dont chacune se désintégrait à son tour en deux photons gamma (grains de lumière de haute énergie). Le travail était difficile, car il me fallait identifier les six photons gamma parmi tous les débris et déterminer s'ils provenaient bien de la chaîne de désintégrations recherchée, mais il fut pourtant très enrichissant : j'examinais les photographies, je mesurais la longueur des traces et leur courbure, j'en calculais les propriétés et les probabilités, et j'apprenais à la fin quelque chose sur cet objet fuyant et exotique.

Frisch apprécia mes résultats et m'invita à travailler avec un autre étudiant, Don Fox, afin de monter une autre expérience pour détecter des particules à la vie encore plus brève qui pourraient se désintégrer dans des particules appelées K zéro (K^0). Les K^0 sont des particules étranges [2], et leur vie étonnamment longue leur permet de parcourir une grande distance avant de se désintégrer. Nous nous mîmes rapidement au travail. Deux ans après, je préparais ma thèse de doctorat sur une autre expérience, pour vérifier si les désintégrations de ces particules étranges suivaient bien une règle empirique selon laquelle le changement d'étrangeté était toujours accompagné d'un changement de la charge électrique.

La communauté des physiciens des particules considérait cette expérience comme fondamentale, et quatre autres équipes étaient en compétition avec la nôtre, formée de David Frisch, Orrin Fackler, Jim Martin,

2. L'étrangeté majeure de leur comportement était que l'interaction forte qui leur donnait vie ne leur permettait pas de se désintégrer. C'est l'interaction faible qui en était responsable, et sa faiblesse leur accordait une longue vie. On comprit que les K^0 faisaient partie d'une vaste famille de particules, les « particules étranges », que l'interaction forte ne pouvait produire que par paires : une particule étrange associée à une antiparticule « antiétrange », qui compensait l'« étrangeté » de la première. Ce comportement ressemblant à la charge électrique, on définit une « charge étrange », positive ou négative selon que la particule était étrange ou antiétrange, et nulle pour les particules « normales ». Plus tard on découvrit des particules doublement ou triplement étranges, et cela déboucha sur le modèle des quarks (NDT).

Lauren Sompayrac et moi. Nous travaillions avec des aimants géants, des compteurs de particules et des détecteurs de traces à côté de l'accélérateur de Brookhaven, et avec des ordinateurs pour analyser les données recueillies, de retour dans nos bureaux. Alors que nous étions complètement engagés dans cette expérience, essayant de faire notre travail le mieux possible, à l'étage voisin, le groupe de Jerome Friedman et Henry Kendall conduisait une expérience pour mesurer la taille et la forme du proton. Ils utilisaient l'accélérateur d'électrons de Stanford en Californie, parce que les électrons sont des objets simples et pratiques pour sonder un proton compliqué. James Bjorken, un théoricien de Stanford, montra que leur expérience prouvait que le proton n'était pas un objet fondamental mais qu'il était composé de parties plus petites, qu'on appela les partons, et maintenant les quarks. L'interaction forte entre quarks est d'autant plus faible que les quarks sont rapprochés et énergétiques. Toutes les particules « superflues » que les physiciens trouvaient n'étaient autres que des combinaisons instables de quarks qui se séparaient rapidement en combinaisons plus stables.

C'était prodigieux. Je sentais maintenant que la physique était revenue sur la bonne voie. Les choses devenaient plus simples et plus symétriques à haute énergie. Le big bang paraissait plus abordable si la physique devenait plus simple quand on se rapprochait du début de l'Univers. Je pouvais maintenant imaginer l'Univers entier comprimé dans une région plus petite qu'un proton. Si l'on continue à comprimer l'atome primitif de Lemaître, les protons et les neutrons se dissolvent dans une purée de quarks. Si les quarks sont vraiment ponctuels (ou du moins très très petits), rassembler tous les quarks de l'Univers dans le volume d'un proton ne pose pas de problème, et à cette distance ils résistent encore moins que lorsqu'ils ne sont que trois dans un proton ! Mais cette compression nécessite une température incroyablement élevée.

Ces considérations, jointes au fait qu'il commençait à y avoir foule en physique expérimentale des particules, laissant peu d'occasions à un individu d'imprimer sa marque, me conduisirent à me tourner vers la cosmologie en 1970. La théorie du big bang dominait déjà la scène quand j'y entrai, mais le processus même du big bang, le cataclysme créant toute la matière et formant les galaxies, me semblait quasiment mystique. Je me souviens avoir plus d'une fois contemplé le ciel nocturne et, méditant, avoir pensé que cette théorie était aussi difficile à avaler que l'image d'Atlas portant le monde sur ses épaules, et provoquant les tremblements de Terre quand il bougeait pour avoir un bref soulagement, plus difficile encore peut-être ! Vingt ans après, elle me semble tout autant mystique, non parce qu'elle n'est pas scientifique, mais parce qu'elle représente quelque chose de très important pour l'âme humaine.

D'autres personnes ont le même sentiment, à en juger par la fréquence avec laquelle les journaux publient des articles à son sujet, selon qu'une observation la soutient ou la menace, ou que l'absence de preuves la laisse sans soutien. Tant d'attention envers une théorie scientifique de la part de la société dans son ensemble en démontre la force mythique. Les gens savent qu'il s'agit de science, mais ils lui en demandent plus. Par exemple, la réunion annuelle de l'Association américaine pour les progrès de la science tenue à Boston en 1993 aborda la question de la « signification théologique de la cosmologie du big bang ». Savants et théologiens recherchèrent des liens entre la science fondamentale du big bang selon la théorie actuelle et le récit chrétien de la création. Il y a certainement un parallèle entre l'événement du big bang et la notion chrétienne de création à partir du néant (cette notion n'apparaît pas dans la Bible, mais fut formulée ensuite pour exclure l'enseignement gnostique selon lequel la matière est le Mal, œuvre non de Dieu mais d'un être inférieur). Il est très significatif que le pape Pie XII en appela en 1951 à la théorie du big bang et aux observations qui la soutiennent : « Les savants commencent à voir la main de Dieu dans la création de l'Univers. »

L'homme a toujours eu l'obsession de ses origines. Des mythes de la création se retrouvent dans toutes les sociétés, et dans l'ancien monde les représentations que l'on se faisait du cosmos étaient au centre de tous les aspects de la vie – religieux, politique ou militaire. Il n'est donc pas surprenant que le big bang prenne les dimensions d'un mythe, même dans le monde séculier moderne.

Comme science, le big bang est une théorie puissante qui explique l'origine et l'évolution de l'Univers. Mais notre désir de comprendre l'Univers plonge plus profondément que l'histoire des sciences et de leurs méthodes rationnelles. Joseph Campbell, éminent interprète des mythologies, écrivait : « Nous, humains, recherchons dans un récit de la création une manière d'éprouver le monde qui nous ouvre la voie de la transcendance, qui nous informe et nous y forme en même temps. C'est là ce que veulent les gens, ce que l'âme demande. » La société a besoin à la fois de science et de mythe, et la théorie du big bang est le lieu où les deux se mêlent le plus étroitement.

Dans les pages qui suivent, je raconte les aventures d'autres chercheurs en quête d'un indice sur l'origine de l'Univers, les efforts héroïques qui conduisirent à la remarquable histoire de la création que nous appelons la théorie du big bang. Et je raconte aussi l'aventure de mes collègues et la mienne, à la recherche des rides du temps, ces lointains échos de la formation des galaxies.

Chapitre II

LA NUIT, IL FAIT NOIR

Au cours de l'hiver de 1984, je passai une semaine à Rome. Venu pour une conférence scientifique sur l'Univers primordial, j'en profitais pour collaborer avec R. Mandolesi, G. Sironi, L. Danese et G. De Zotti des universités de Bologne, Milan et Padoue. Nous travaillions depuis quatre ans sur la mesure de l'intensité du fond de rayonnement cosmologique, mon principal objectif en tant que cosmologiste. J'étais déjà venu deux ou trois fois en Italie, mais je n'avais encore jamais vu la Tour penchée de Pise, et cette fois, je m'étais promis d'y aller.

Sans attendre la fin de la conférence, je louai une voiture le dernier après-midi et je partis vers Pise, à 300 kilomètres au nord-ouest de Rome. Conduisant aussi vite que je l'osais sur les routes italiennes, j'arrivai pourtant au crépuscule, et je craignais qu'il ne soit trop tard pour entrer dans la Tour. A une station d'essence au sud des impressionnants remparts de la ville, je demandai, dans un italien approximatif, mon chemin vers la « Tour penchée ». « Ah ! Piazza dei Miracoli ! » répliqua le pompiste, avec un respect évident. Supposant que nous parlions bien de la même chose, je suivis ses instructions pour contourner les remparts et entrer par la porte nord-ouest.

Je me garai rapidement et courus vers la porte, bien qu'à cette heure tardive je ne puisse plus qu'espérer voir la Tour et non y entrer. Je me trouvais sur la Piazza, la cathédrale juste devant moi, la Tour penchée s'élevant derrière, et, montant juste entre les deux, la pleine Lune, sa lumière cristalline étincelant sur le marbre blanc de la Tour. C'était une de ces rares occasions où la réalité dépasse les plus folles espérances. L'architecture, l'herbe sombre et le marbre blanc brillant au clair de lune formaient une scène à couper le souffle, que je n'oublierai jamais. Je compris alors pourquoi on l'appelait la « Piazza dei Miracoli », la place des Miracles.

Son architecture splendide et étonnante suffit à justifier la visite de Pise, mais une autre raison s'y ajoutait : la légende affirme que Galilée (1564-1642) exécuta du haut de la Tour penchée une expérience qui est le fondement de la physique et de la cosmologie modernes. On dit qu'il lâcha du haut de la Tour deux objets de masses différentes pour vérifier qu'ils touchaient le sol en même temps, ce qu'ils firent, démontrant ainsi que tous les corps en chute libre accélèrent exactement de la même façon, quelle que soit leur masse [1]. Non seulement Galilée fut le premier physicien expérimentateur, transformant l'étude du mouvement d'une philosophie abstraite en une science concrète, mais il fut aussi le premier astronome à pointer un télescope vers le ciel. La présence de la pleine Lune à mon arrivée sur la Piazza était ainsi doublement appropriée : nous comprenons son mouvement grâce à la physique de Newton qui découle des expériences de Galilée, et nous comprenons sa nature grâce à ses observations au télescope.

Quand je lus, enfant, l'histoire de cette expérience de Galilée, je fus enthousiasmé par sa simplicité et par sa force, et Galilée devint pour moi un mythe, un véritable héros du long cheminement de la science vers la compréhension du monde. Certains historiens prétendent l'histoire apocryphe, mais j'en doute. Galilée savait déjà que l'expérience réussirait, car il en avait testé le principe scientifique en faisant rouler des boules de masses dif-

1. Le principe de Galilée concernant les corps en chute libre fut démontré lors d'une mission Apollo sur la Lune, où il n'y a pas d'atmosphère. Un astronaute lâcha une plume et un objet lourd sous les yeux de millions de téléspectateurs. Ils touchèrent le sol lunaire exactement au même instant.

férentes sur un plan incliné. Ces boules descendaient moins vite le long du plan que si on les avait lâchées du haut de la Tour, et leur mouvement était donc plus simple à mesurer. On imagine facilement Galilée démontrer théâtralement ce qu'il savait déjà être vrai, en laissant tomber des boules du haut de la célèbre Tour devant des spectateurs incrédules. Il aurait ainsi démontré visuellement, et d'une façon incontestable, une loi scientifique fondamentale, et aurait porté un coup sérieux à ses collègues aristotéliciens de l'université. Peu après, Galilée devait quitter Pise et ses préjugés pour l'université plus ouverte de Padoue.

Le lendemain de mon arrivée à Pise, je fis l'ascension de la Tour et, me tenant au même endroit que Galilée, je sentis qu'une telle expérience aurait été irrésistible. Je descendis de la Tour et pénétrai dans la cathédrale, le *Duomo* de Pise, où un gardien m'entraîna vers la nef et, pointant son doigt vers le haut, me dit : « *Lanterna di Galileo.* » Suspendue à une chaîne de trois étages ancrée en haut du dôme se trouvait la lampe que Galilée avait observée pendant les offices dans les années 1580. On dit que Galilée devait veiller à ce que la lampe ne s'éteigne pas, aussi la surveillait-il de près. Mais il fit plus qu'en observer la flamme. Il étudiait la médecine à cette époque, et il utilisa le battement régulier de son pouls pour compter la durée des oscillations de la lanterne, ballottée par les courants d'air. Le bon sens suggérait qu'une oscillation de grande ampleur devait durer plus longtemps qu'une oscillation faible. Mais Galilée vit que toutes les oscillations avaient la même durée quelle que soit leur amplitude : Galilée venait de découvrir le principe du pendule. Il réalisa bientôt d'autres expériences, et apprit beaucoup sur le mouvement et l'inertie.

Jusqu'au XVIe siècle, la philosophie avait développé des conceptions abstraites et idéalisées de la nature, éloignées de la réalité physique. Cela ne suffisait pas à Galilée, qui voulait découvrir les lois de la nature par l'expérimentation et l'observation des résultats. Il fabriqua un télescope, avec lequel il observa les phases de la

Figure 8. Galileo Galilei (Galilée), dont les intuitions ouvrirent la voie à la physique de Newton (observatoire de Yerkes).

planète Vénus (cela démontrait directement la théorie de Copernic selon laquelle les planètes tournent autour du Soleil). Il découvrit les satellites de Jupiter, montrant ainsi que tous les corps célestes ne tournaient pas autour de la Terre – argument indirect en faveur de Copernic puisque le système de Jupiter ressemblait à un système solaire en miniature. Il vit des étoiles innombrables dans la Voie lactée, ce qui prouvait que l'Univers était bien plus grand qu'on ne le pensait. Il observa des cratères et des montagnes sur la Lune, et de grandes étendues plates qu'il supposa, à tort, être des mers. Ces caractères terrestres sur un corps céleste, plus les taches qu'il vit sur le Soleil, prouvèrent que les cieux n'étaient pas aussi « parfaits » que le supposait la théologie de l'époque.

Peut-être l'éther céleste était-il un mythe, peut-être le Ciel et la Terre étaient-ils de même nature, obéissaient-ils aux mêmes lois du mouvement. Ces intuitions conduisirent plus tard Newton à établir un lien entre la chute des pommes et l'orbite de la Lune. Ainsi s'effondrèrent les barrières médiévales entre le Ciel et la Terre, entre éther et matière. En un sens, le génie de Galilée unifia astronomie et physique. Ce fut la plus grande union de deux sciences jusqu'à la fin du XXe siècle, quand cosmologie et physique quantique commencèrent à fusionner.

Les autorités de l'Eglise tolérèrent au début les écrits de Galilée, malgré le défi aux dogmes établis sur l'Univers qu'ils représentaient. Mais quand il donna plus de publicité à ses idées dans des livres *(Le Messager céleste, Dialogue sur deux grands systèmes du monde)*, quand il les écrivit en italien et non en latin académique pour leur donner plus d'audience, les cardinaux s'énervèrent. En 1633, l'Inquisition le força à abjurer à genoux. On dit qu'il murmura en se redressant : « *Eppur si muove !* » (Et pourtant elle tourne !) L'assignation à résidence suivit, puis il devint aveugle avant de mourir en 1642 [2]. Il fut néanmoins enterré dans l'église de Santa Croce à Florence, en compagnie d'autres notables comme Machiavel, Michel-Ange, Dante et Rossini. Santa Croce est un de mes lieux de pèlerinage favoris. L'architecture et la décoration en sont fabuleuses, en particulier la chapelle des Pazzi due à Brunelleschi, mais surtout elle est à deux pas de Vivoli, qui sert les meilleures crèmes glacées au monde.

2. En 1992, trois cent cinquante ans après, le pape Jean-Paul II présenta les excuses officielles de l'Eglise pour le traitement subi par l'observateur florentin des étoiles. Aujourd'hui, l'Eglise emploie des astronomes et d'autres savants pour la conseiller sur le monde physique. Il est difficile pour le moment d'imaginer les sociétés savantes employer des théologiens qui les conseilleraient sur le monde spirituel. Ces sociétés emploient des juristes, et parfois des comités d'éthique. Avec les progrès de la science de plus en plus d'interactions de ce genre se produiront.

Les expériences de Galilée, jointes aux observations de l'astronome danois Tycho Brahe (1546-1601) et aux travaux théoriques de l'astronome allemand Johannes Kepler (1571-1630), ouvrirent la voie à la physique de Newton. Là commence l'essentiel de la science décrite dans ce livre. Les équations de Newton sont utilisées d'innombrables façons, depuis les modèles de superamas de galaxies jusqu'aux orbites des satellites. Si Einstein est le père de la cosmologie moderne, et Newton son grand-père, Galilée est certainement son arrière-grand-père. Chacun en leur temps, ces trois génies œuvrèrent à une révolution intellectuelle qui changea à chaque fois profondément notre vision de l'Univers. Au temps de Galilée, on l'imaginait fini et statique. Avec l'intervention de Newton et de ses lois du mouvement et de la gravitation, puis d'Einstein avec ses théories de la relativité restreinte et générale, l'Univers nous apparaît finalement comme infini et en mouvement.

Qu'est-ce qui empêche les étoiles fixes
de tomber les unes sur les autres ?

(Isaac Newton, *Optique*, 1704.)

L'idée d'un cosmos infini choquait l'orthodoxie établie, fermement enracinée dans la théologie. L'ancien cosmos chrétien était petit et confortable, les hommes étaient au centre de la création, sous l'œil de Dieu et des anges. Mais à la fin du XVIIe siècle, la possibilité d'un Univers infini commença à retenir une grande attention dans les cercles intellectuels. La cosmologie de Copernic apportait une raison scientifique solide pour soupçonner le cosmos d'être beaucoup plus vaste qu'on ne l'avait imaginé, peut-être même infini.

La possibilité d'un Univers vaste, voire infini, avait déjà été discutée en 1576 par l'Anglais Thomas Digges, décrivant « la sphère infiniment lointaine des étoiles [...] glorieuses lumières brillant éternellement, innombrables, surpassant de loin notre Soleil en quantité et en qualité ». On se souvient mieux du rude et courageux moine italien

Giordano Bruno, qui affirmait avec insistance qu'il y avait « des Soleils innombrables, et un nombre infini de Terres tournant autour d'eux ». Bruno avait aussi des opinions politiques extrémistes, dangereuses en ces temps de Réforme et de Contre-Réforme. Il fut brûlé en 1600 sur le bûcher.

Si Bruno avait raison, alors la Terre n'était qu'une planète parmi d'autres, en orbite autour d'une étoile parmi d'innombrables autres. Nous connaissons des histoires de gens isolés dans une île perdue, abasourdis d'apprendre qu'il existe des pays au-delà de la mer. Beaucoup de gens réagirent ainsi au XVIIe siècle en regardant la Voie lactée qui apparaissait désormais comme un océan d'étoiles, et en imaginant des mondes innombrables tournoyant autour de ces soleils. Le philosophe et mathématicien français Blaise Pascal exprimait le sentiment de bien des gens quand il écrivait : « Le silence éternel de ces espaces infinis m'effraie. »

Le sommet de la révolution copernicienne et l'acceptation d'un Univers peut-être infini vinrent avec la publication des *Principia* de Newton. Isaac Newton (1642-1727) naquit l'année de la mort de Galilée ; il fut le savant le plus influent depuis Copernic, et seul Einstein rivalise avec lui. Les lois du mouvement et de la gravitation eurent un profond impact sur la science ; elles constituent une des généralisations de l'esprit humain aux conséquences les plus grandes. Dans ses *Principia*, Newton montra que la cosmologie nouvelle avait un contenu physique en termes de lois du mouvement. A partir des expériences de Galilée et des études de Kepler sur le mouvement des planètes, il avait tiré trois lois. D'abord, un corps en mouvement se déplace en ligne droite à vitesse constante, sauf si quelque chose agit sur lui : c'est le principe d'inertie. Ensuite, tout changement dans le mouvement d'un objet est proportionnel à la force exercée sur lui, divisée par la masse de l'objet. Enfin, à chaque action correspond une réaction, égale et de sens contraire. A cela, Newton ajouta la loi de la gravitation : la force de gravité entre deux corps est proportionnelle au produit de leurs masses divisé par le carré de leur distance. L'attraction gravitationnelle entre deux corps diminue donc d'un facteur 4 quand la distance double, d'un facteur 9 quand elle triple, et ainsi de suite.

Ces lois s'appliquent aussi bien aux corps célestes qu'aux objets terrestres. Elles expliquent la relation entre l'orbite lunaire et une pomme qui tombe, en ce sens que la Lune « tombe autour » de la Terre. Avec ces lois, Newton donna la première explication correcte des orbites des planètes, qui permet en principe de prédire leur position exacte des siècles à l'avance. Les astronomes montrèrent ensuite que ces lois s'appliquaient à l'ensemble de l'Univers. Les comètes comme celle de Hal-

Figure 9. Isaac Newton, qui découvrit involontairement la possibilité d'un Univers en expansion en proposant sa théorie de la gravitation et ses lois du mouvement (observatoire de Yerkes).

ley[3] voyagent autour du Soleil en suivant des orbites elliptiques très allongées, que les équations de Newton permettent de prédire. Les étoiles binaires tournent l'une autour de l'autre en suivant les lois de Newton. Des planètes inconnues peuvent être découvertes, comme Neptune, en utilisant les lois de Newton pour détecter leur attraction gravitationnelle sur les planètes connues.

Mais la théorie de Newton conduisait à un paradoxe, souligné en 1692 dans une lettre qu'il reçut d'un brillant et impétueux érudit de l'université de Cambridge, le révérend Richard Bentley. La correspondance entre les deux hommes traitait des effets de la gravité dans un Univers infini, et elle marque le début de ce qu'on peut appeler la cosmologie dynamique, l'étude de l'évolution de l'Univers. Ce sont les premiers pas, mal assurés, sur la longue route qui mène à la théorie du big bang. Si le cosmos est infini et si la théorie de Newton est correcte, écrivait Bentley, la gravité emplit le cosmos, car l'attraction exercée par un corps diminue avec la distance mais ne s'annule jamais. Un calcul simple montre alors que chaque partie de l'Univers subit une attraction gravitationnelle infinie. Bentley en concluait que toutes les étoiles devraient s'effondrer en une boule de feu géante.

Dans sa réponse initiale du 10 décembre 1692, Newton reconnaissait la possibilité que « si la matière de notre Soleil et des planètes, et la matière de l'Univers, était uniformément répartie à travers les cieux, si chaque particule avait une gravité innée vers toutes les autres, et si l'espace entier à travers lequel était dispersée cette matière était fini, alors la matière la plus extérieure serait attirée vers la matière la plus intérieure, et par voie de conséquence tomberait au centre de l'espace et y formerait une grande masse sphérique ».

3. En 1705, l'astronome anglais Edmund Halley utilisa les méthodes nouvelles de son ami Newton et remarqua que les comètes de 1531, 1607 et 1682 avaient à peu près la même orbite. Il suggéra qu'il s'agissait en fait de la même et prédit alors son retour pour 1758. Elle réapparut effectivement en 1758, seize ans après sa mort, et elle porte désormais son nom.

L'Univers pourrait être sauvé, ajoutait Newton, si les étoiles étaient uniformément distribuées à travers un espace *infini*. Supposons que toutes les étoiles soient équidistantes, comme placées sur un échiquier infini. Dans ce cas, chaque étoile ressentirait exactement la même attraction dans chaque direction : toute tendance à tomber dans une direction serait compensée par la tendance égale à tomber dans la direction opposée. Par conséquent, il n'y aurait aucun mouvement d'étoile, aucun effondrement cosmique.

Mais Newton comprit rapidement que sa « solution » était extrêmement instable. Il écrivit de nouveau à Bentley un mois plus tard, indiquant que le moindre mouvement de l'une des étoiles provoquerait des perturbations gravitationnelles à travers tout l'ensemble [4]. Le système entier s'effondrerait sous l'effet de la gravitation en une boule immense, ou bien en une infinité de boules en diverses régions de l'Univers. Pourtant, ajoutait Newton, le schéma pouvait marcher si une « puissance divine » intervenait pour assurer que les étoiles restent immobiles à leur place. Newton était clairement désespéré : même à l'époque, il n'était plus de mise d'invoquer la puissance divine pour ravauder un trou embarrassant dans une théorie scientifique.

Newton et Bentley supposaient implicitement que l'Univers était statique : il ne leur venait pas à l'esprit que les étoiles pouvaient bouger au cours du temps. S'ils avaient supposé un Univers non statique, ils auraient vu que le mouvement des étoiles pouvait empêcher leur effondrement [5]. Mais leur incapacité à imaginer ce mouvement est parfaitement compréhensible, car personne à l'époque n'avait détecté un tel mouvement. La notion d'Univers fini fut abandonnée en faveur d'un Univers

4. Supposons en effet qu'une étoile se déplace légèrement, vers la gauche par exemple : l'attraction due à toutes les étoiles situées à sa gauche augmenterait, celle des étoiles situées à sa droite diminuerait, il en résulterait une force nette vers la gauche, et l'étoile se déplacerait encore plus dans cette direction (NDT).

5. C'est d'ailleurs exactement ce qui se passe dans une galaxie, stabilisée par le mouvement des étoiles (NDT).

infini, à la suite des arguments de Newton et d'autres, mais le concept d'Univers statique allait persister jusqu'au début du XXe siècle.

Le concept d'Univers infini n'explique pourtant pas un fait évident pour tout le monde : la nuit, le ciel est noir. L'observation est loin d'être aussi banale qu'il y paraît. Kepler fut l'un des premiers à reconnaître que l'obscurité nocturne était un mystère. Un nombre infini d'étoiles uniformément réparties couvrirait complètement le ciel sans laisser le moindre interstice, et les cieux, brillant comme une boule de feu, feraient de la Terre une fournaise où la vie serait impossible. Kepler en concluait que l'Univers était donc fini, et non infini.

Le ciel nocturne déconcerta aussi le médecin et astronome allemand Heinrich Olbers dans les années 1820. De jour, il était ophtalmologiste et combattait les épidémies. De nuit, il observait comètes et astéroïdes depuis l'observatoire qu'il avait installé au second étage de sa maison à Brême. Olbers pensait que le cosmos était infini, et il proposa une façon de concilier cette idée avec l'obscurité de la nuit : que l'espace soit empli de nuages de matière interstellaire qui absorbe la lumière des étoiles et fasse de l'ombre tel un parasol. Il fit cette intéressante suggestion *avant* que l'on établisse avec certitude l'existence de nuages interstellaires. Malheureusement, ce recours aux nuages ne marche pas : dans un Univers infini, la lumière des étoiles finirait par chauffer ces nuages à blanc, et le ciel nocturne serait aussi brillant que le Soleil. Néanmoins, ce paradoxe du ciel nocturne est appelé depuis le paradoxe d'Olbers, ce qui est un peu injuste pour ses nombreux prédécesseurs.

L'explication correcte fut trouvée il y a plus d'un siècle, non par un astronome mais par un poète, Edgar Allan Poe (1809-1849). Poe est plus connu pour ses contes macabres ou pour sa vie agitée terminée dans l'alcool à l'âge de quarante ans. Mais peu de gens connaissent son profond intérêt pour la science, en particulier l'astronomie, et sa fascination pour l'astronome français Pierre Simon de Laplace et sa théorie selon laquelle le système solaire résulte de la condensation d'un nuage primordial de gaz et de poussières. « Cette hypothèse est beaucoup trop belle pour ne pas être vraie », écrivit-il, et elle lui inspira un essai cosmologique, *Eurêka : poème en prose*.

Selon Poe, le paradoxe d'Olbers est résolu parce que « la distance des étoiles lointaines est si immensément grande qu'aucun rayon de lumière n'a encore eu le temps de nous parvenir ». Poe était tombé sur le fait que l'Univers n'est pas infiniment vieux, mais a commencé un jour (ce que nous appelons maintenant le big bang). En fait, l'Univers est si jeune que la lumière des étoiles les plus lointaines ne nous est pas encore arrivée. Quand nous regardons l'obscurité de la nuit, nous voyons en fait l'époque où les étoiles n'étaient pas encore nées.

Eurêka reçut un accueil mitigé. « Non-sens hyperbolique », railla un journal. Poe avait néanmoins une conscience aiguë de l'importance de son idée, et il montra le manuscrit d'*Eurêka* à l'éditeur new-yorkais George Putnam. Celui-ci se rappela plus tard que Poe « tremblait d'excitation [...]. Il affirmait qu'*Eurêka* avait un intérêt capital, et que la découverte de la gravitation par Newton n'était qu'un simple incident comparé aux découvertes rapportées dans ce livre. Il retiendrait immédiatement une attention tellement immense et universelle que l'éditeur pourrait abandonner ses autres entreprises, et faire de ce seul livre l'affaire de sa vie. Un tirage initial de cinquante mille exemplaires serait peut-être suffisant pour commencer. » Putnam fut « réellement impressionné, mais ne succomba pas », et il ne tira qu'à cinq cents exemplaires. Six mois plus tard, Poe mourait.

La Première Guerre mondiale, écrivit l'historienne Barbara Tuchman, est l'abîme qui sépare l'ancien monde du monde moderne. La société précédente, l'ère victorienne des empires et des colonies, des monarchies et des aristocraties, en sortit transformée. Le monde intellectuel aussi, les arts, la littérature, les sciences. Et la cosmologie ne fit pas exception.

Figure 10. Le ciel est noir la nuit parce que l'Univers n'est pas infiniment vieux et que la lumière des étoiles les plus lointaines ne nous a pas encore atteints (Christopher Slye).

Jusqu'à la fin des années 1910, les hommes étaient aussi ignorants de l'origine du cosmos qu'ils l'avaient toujours été. Ceux qui ne prenaient pas la Genèse au pied de la lettre n'avaient aucune raison de croire qu'il y ait eu un commencement. L'origine du système solaire était un sujet de controverses, mais l'origine du cosmos était un sujet d'une autre nature, qui n'était quasiment jamais discuté dans les cercles scientifiques. Les revues astronomiques de l'époque discutaient de la nature des « nébuleuses [6] », du retour de la comète de Halley en 1910, de l'évolution des étoiles, des « canaux » de Mars, des raies de Balmer dans les spectres des étoiles ou de la recherche d'une neuvième planète (Pluton ne sera découverte qu'en 1930), mais ne parlaient quasiment pas de l'origine du cosmos.

Comme pour les autres bouleversements intellectuels de l'époque, des indices annonçaient une révolution, mais leur importance avait été généralement sous-estimée. Aussi, quand les idées nouvelles se concrétisèrent, ce fut un choc à couper le souffle.

Entre 1905 et 1915, Albert Einstein proposa ses théories de la relativité restreinte puis de la relativité générale, et changea pour toujours la façon dont les savants voient l'Univers. La relativité restreinte montrait que l'espace et le temps étaient comme les deux faces de la même pièce, de même que la masse et l'énergie. Et la relativité générale modifiait la gravitation de Newton en reliant espace-temps et masse-énergie. Newton considérait la gravitation comme une force agissant entre les objets, Einstein comme l'effet d'une masse sur la géométrie de l'espace-temps.

La différence entre les deux points de vue est immédiate si l'on examine le cas d'un vaisseau spatial près d'une planète. La physique de Newton dit que la trajec-

6. Sous cette appellation vague étaient rangés tous les objets du ciel aux contours flous, aussi bien les galaxies lointaines que les nébuleuses planétaires (restes d'étoiles proches ayant explosé) ou les nuages de gaz lumineux. La question était de savoir si toutes ces « nébuleuses » étaient proches ou éloignées, et en particulier si certaines étaient à l'extérieur de notre Galaxie, la Voie lactée (NDT).

toire du vaisseau dévie d'une ligne droite en raison de la force gravitationnelle de la planète. Selon Einstein, le vaisseau ne subit aucune force et suit ce qui lui apparaît comme une ligne droite, conformément à la première loi du mouvement de Newton. Mais en raison de la masse de la planète, l'espace et le temps sont déformés, et de l'extérieur nous voyons une trajectoire courbe. Vous pouvez relier cela à votre propre expérience. Imaginez que vous roulez sur autoroute à vitesse constante et qu'un virage se présente. Si l'extérieur du virage est correctement relevé, votre voiture va tourner automatiquement sans que vous ne touchiez au volant ou à l'accélérateur. De nombreux jouets d'enfants montrent cet effet, ainsi que certaines montagnes russes des parcs d'attractions. Les wagonnets montent, descendent, tournent, accélèrent, ralentissent, suivant ainsi une route très courbe dans l'espace-temps, mais si le réseau est bien conçu, la force que ressentent les passagers reste toujours la même, et ils n'ont pas à s'inquiéter de tomber, ni même de renverser leur Coca-Cola.

L'attraction gravitationnelle, dit Einstein, traduit la courbure de l'espace et n'est pas une force mystérieuse entre les objets. Il ajoutait que la lumière serait déviée exactement de la même façon qu'un objet massif. Remplacer le champ de gravitation par la courbure de l'espace aurait sûrement fait plaisir à Newton, que ses lois ne satisfaisaient pas malgré leur succès. Il écrivait dans une lettre à Bentley : « Qu'un corps puisse agir à distance sur un autre à travers l'espace vide, sans qu'un intermédiaire quelconque transmette cette force de l'un à l'autre, me paraît une telle absurdité que je ne crois pas qu'un seul homme, ayant quelque compétence en ces matières philosophiques, puisse y prêter foi. »

La physique fit un autre pas de géant quand Einstein fusionna la loi de l'inertie avec celle de la gravitation, à travers le concept d'espace-temps courbe. Ce résultat conduisit à l'image actuelle d'un Univers non statique. Imaginons un Univers où des particules soient uniformément distribuées. Au fil du temps, les particules se rapprochent dans les régions où la courbure est positive,

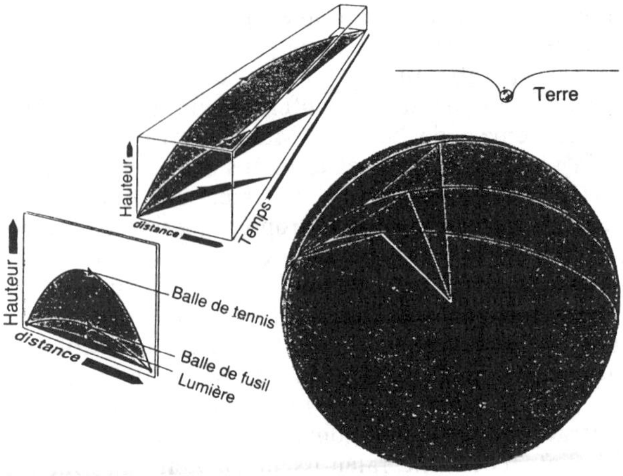

Figure 11. La masse de la Terre déforme l'espace-temps. Une sphère de 1 année-lumière de rayon a à peu près la même courbure que l'espace-temps à proximité de la Terre. Selon le principe d'inertie, tous les objets se déplacent librement, et leurs trajectoires sont des arcs de grand cercle à la surface de la sphère analogue à l'espace-temps. Certains objets ont une grande vitesse, la lumière ou une balle de fusil, d'autres comme une balle de tennis sont plus lentes et prennent plus de temps pour parcourir la même distance dans l'espace. Les arcs de grand cercle correspondants ont des angles différents sur la sphère et des longueurs différentes. Vues dans le laboratoire, les trajectoires de ces objets sont des paraboles très différentes, mais vues dans le cadre de l'espace-temps, ce sont des arcs identiques simplement coupés à des longueurs différentes (Christopher Slye).

s'éloignent là où elle est négative, et restent à la même distance si la courbure est nulle.

Très peu de gens avaient entendu parler d'Einstein en dehors des milieux scientifiques, avant qu'il fasse la couverture des journaux du monde entier. Il était bien connu des physiciens, qui avaient un grand respect pour ses contributions, en particulier son explication de l'effet photo-électrique en termes de théorie quantique élémentaire (ce qui lui valut le prix Nobel de physique en 1921). Ils étaient aussi intrigués par sa théorie de la relativité. Mais, à quarante ans, ses plus brillantes années derrière lui, aimable excentrique débraillé qui ne portait pas de chaussettes, il n'était pas vraiment une célébrité, pas le genre d'homme à rencontrer des présidents, des ministres ou Charlie Chaplin. C'est pourtant ce qui lui arriva, à cause d'une prédiction qui fut confirmée.

Quelques années après la publication de la théorie de la relativité générale, la nature offrit une occasion de la vérifier. La lumière venant d'étoiles lointaines devait être déviée en passant à proximité d'une masse importante comme le Soleil. Il suffirait, disait Einstein, de comparer la position relative des étoiles en l'absence du Soleil et leur position quand le Soleil est là : les étoiles les plus proches du disque solaire doivent apparaître légèrement décalées. Bien sûr, il est normalement impossible de voir les étoiles proches du Soleil car sa lumière nous éblouit, aussi Einstein suggéra-t-il d'attendre une éclipse totale du Soleil. Une telle éclipse était prévue pour le 29 mai 1919, visible de l'hémisphère Sud. Le grand astronome britannique Arthur Stanley Eddington (1882-1944) organisa une expédition dans le golfe de Guinée pour effectuer ces observations. L'observation d'une éclipse est l'une des plus stressantes en astronomie, car une éclipse totale dure à peine une ou deux minutes. « Je n'ai pas vu l'éclipse, raconta Eddington, tellement j'étais occupé à changer les plaques photographiques, à part un bref coup d'œil pour vérifier qu'elle avait commencé, et un autre pour voir s'il y avait des nuages. »

En trois jours, Eddington avait développé les plaques prises pendant l'éclipse, les avait comparées avec celles prises en l'absence du Soleil, et confirmé la prédiction d'Einstein [7]. Pour apprendre son triomphe, celui-ci attendit quatre mois qu'une analyse détaillée des plaques confirme la première étude rapide. Le résultat fut annoncé en fanfare le 6 novembre 1919 lors d'une réunion commune de la Royal Society et de la Royal Astronomical Society. Le mathématicien et philosophe britannique Alfred North Whitehead était présent, et il raconta

7. Une déviation est également attendue dans la théorie de Newton, mais elle est deux fois plus faible que dans celle d'Einstein (NDT).

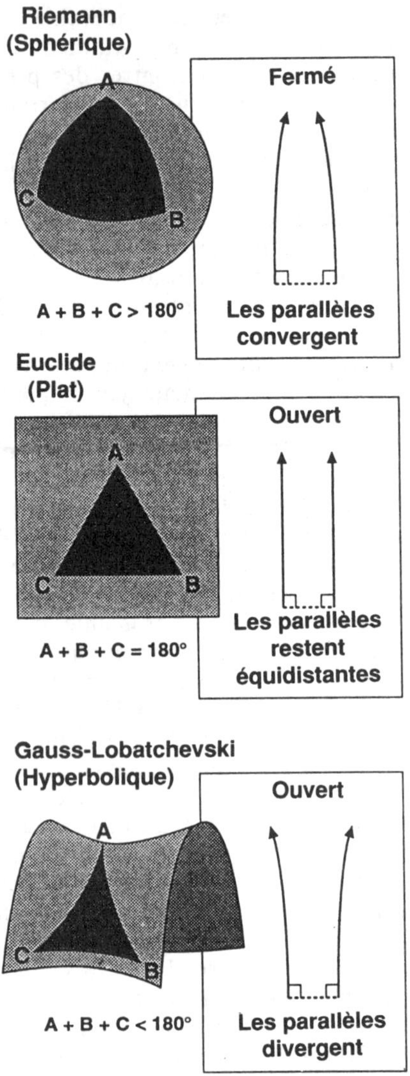

Figure 12. Les trois géométries possibles, de courbures positive, nulle ou négative.

Géométrie en espace courbe

Le concept d'espace courbe fut proposé par le mathématicien allemand Carl Friedrich Gauss (1777-1855), deux mille ans après qu'Euclide eut écrit les *Eléments* de géométrie plane, synthétisant ce que les arpenteurs égyptiens avaient appris. Le point central est le cinquième postulat d'Euclide : par un point extérieur à une droite, on ne peut mener qu'une seule parallèle à cette droite. Une formulation équivalente est que la somme des angles d'un triangle fait 180°. Gauss voulut le vérifier en mesurant les angles d'un triangle formé par trois sommets de la chaîne du Harz : l'Inselberg, le Brocken et le Hohen Hagen. A la précision des mesures des arpenteurs, la somme faisait bien 180°.

En 1826, Nikolaï Ivanovitch Lobatchevski (1792-1856) construisit une géométrie violant le cinquième postulat, en posant qu'il existe une infinité de parallèles à une droite passant par un point extérieur. La somme des angles d'un triangle est alors inférieure à 180°, la valeur exacte dépendant de la courbure, négative, de l'espace. La même géométrie fut d'ailleurs construite indépendamment par Gauss et par János Bolyai (1802-1860), un officier de l'armée austro-hongroise.

Le 10 juin 1854, âgé de vingt-huit ans, le grand mathématicien allemand Bernhard Riemann (1826-1866) donna au monde les outils mathématiques permettant de définir et de calculer la courbure d'une géométrie. Il découvrit aussi les espaces de courbure positive et passa le reste de sa vie à essayer d'unifier gravitation, électricité et magnétisme en utilisant les concepts d'espace courbe. Il échoua car le lien est entre gravitation et espace-*temps* courbe.

par la suite : « Il y avait un côté théâtral dans la mise en scène, le cérémonial traditionnel, et au fond un portrait de Newton, pour nous rappeler que la plus grande des généralisations scientifiques venait, après deux siècles, de recevoir sa première modification [...] une grande aventure de la pensée était finalement arrivée à son terme. » Les titres des journaux accueillirent ce résultat avec emphase : « Les idées de Newton renversées », s'enflamma l'un ; « L'espace est tordu », annonça

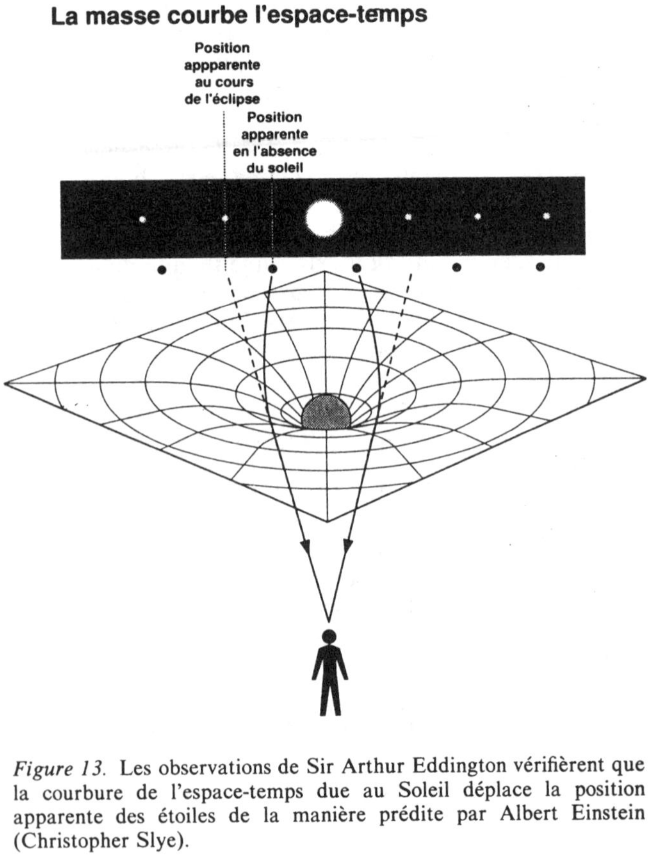

Figure 13. Les observations de Sir Arthur Eddington vérifièrent que la courbure de l'espace-temps due au Soleil déplace la position apparente des étoiles de la manière prédite par Albert Einstein (Christopher Slye).

un autre ; « Toutes les certitudes sont renversées », affirma le *Times* de Londres ; « Cela marquera l'époque », dit le *New York Times*. Einstein déclara avec aplomb que si l'expérience lui avait donné tort, il l'aurait « regretté pour le cher Seigneur, car la théorie *est* correcte ».

Les conséquences de la théorie de la relativité sont nombreuses et spectaculaires. La prédiction de lentilles gravitationnelles n'est pas la moindre. Des objets astronomiques gigantesques, comme des galaxies rassemblant des milliards d'étoiles, peuvent dévier la lumière de quasars de façon bien plus spectaculaire qu'une éclipse de Soleil. Les lentilles gravitationnelles créent des versions célestes de phénomènes atmosphériques comme les mirages ou les images multiples. Par exemple, une telle

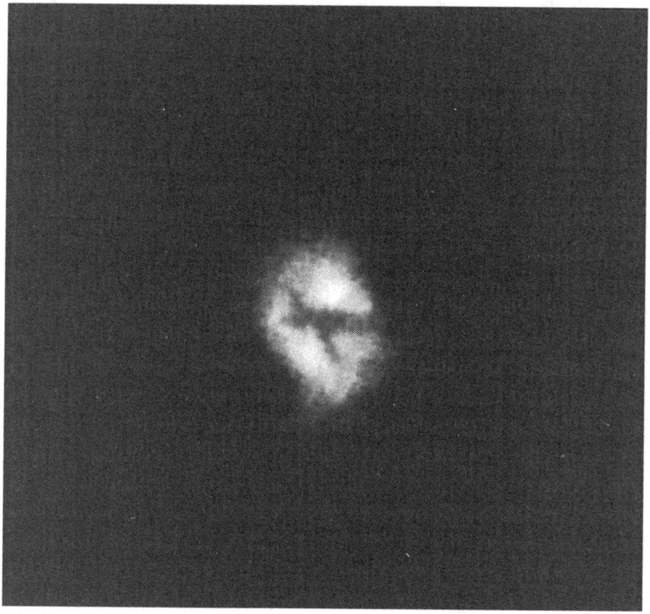

Figure 14. La silhouette marquée d'un X indique peut-être la position d'un trou noir de 1 million de masses solaires dans la galaxie spirale proche M 51 (H. Ford, IHU/STSI et NASA).

lentille a dédoublé l'image d'un quasar en quatre images séparées, et ce spectacle étonnant est appelé, en raison de sa forme, la « croix d'Einstein ».

Les trous noirs sont une conséquence encore plus connue de la théorie d'Einstein. Ces objets hypothétiques sont des étoiles effondrées, dont l'attraction gravitationnelle est si forte (l'espace est si courbé) que rien ne s'en échappe, pas même la lumière, et ils sont « noirs ». Certains ont imaginé que les trous noirs étaient des portes vers d'autres univers. Aucun trou noir n'a été identifié avec certitude, mais il existe des candidats sérieux : une source intense de rayons X dans la constellation du Cygne, une source de rayons gamma près du centre de notre Galaxie, qui révèlent peut-être que de la matière est en train de plonger dans un trou noir.

La conséquence la plus importante de la relativité générale était que l'Univers n'est pas statique, contrairement à l'orthodoxie régnante, mais dynamique, en expansion ou en contraction. Bien des révolutionnaires scientifiques restent conservateurs au fond d'eux-mêmes. Ainsi Copernic n'abandonna-t-il jamais certains principes du cosmos médiéval, comme les orbites circulaires et les épicycles. De même la pensée d'Einstein était si enracinée dans les idées dominantes de son temps qu'il rejeta la notion radicale d'Univers dynamique.

Une des raisons qui amena Einstein à rejeter les conséquences de sa relativité générale est qu'un Univers en expansion a dû être réduit à un « point » infiniment dense, infiniment petit à un certain instant du passé, une « singularité ». Il était impossible de calculer ce qui s'était passé « avant » cette singularité, car les résultats n'auraient aucun sens. Cette singularité constitue une barrière absolue à la connaissance humaine, ce qui parut absurde à Einstein. Il tenta donc de contourner la logique de ses équations, en les modifiant par l'ajout d'un terme additionnel, une constante arbitraire appelée la « constante cosmologique ». Une telle constante dans les équations de la relativité générale induit une répulsion entre les masses, qui augmente avec la distance. En choisissant bien la valeur de cette constante, l'attraction gravitationnelle de la matière dans l'Univers pouvait être compensée exactement, et le cosmos était alors statique. Einstein n'avait aucune indication expérimentale de l'existence de la constante cosmologique : c'était vraiment une idée sortie de son chapeau, que les savants, pour la plupart, trouvaient parfaitement *ad hoc*. Pour Einstein, c'était sa philosophie incarnée dans ses équations.

Ironiquement, cette approche contenait une erreur bête : son Univers est instable. Le moindre rapprochement entre objets augmente leur attraction gravitationnelle et diminue leur répulsion « cosmologique », l'équilibre est rompu, et ils se rapprochent de plus en plus. Si au contraire ils commencent à s'éloigner, l'équilibre est rompu dans l'autre sens, et ils s'éloignent de plus en plus. L'Univers serait aussi instable qu'un crayon en équilibre sur sa pointe.

Une seconde raison philosophique conduisit Einstein à rejeter les conclusions de ses équations, la raison qui l'avait précisément conduit à les écrire. Pour créer sa théorie de la relativité, il avait dû rejeter la conception newtonienne d'un espace et d'un temps absolus. Newton avait jugé que les observations empiriques devaient l'emporter sur les arguments philosophiques, tandis que son grand rival Leibniz (1646-1716) arguait qu'il n'y avait aucune nécessité philosophique de concevoir l'espace comme autre chose que l'ensemble des relations entre objets matériels. Newton fit de la science, mais le débat se poursuivit entre les philosophes. Leonhard Euler (1707-1783) et Immanuel Kant (1724-1804), qui introduisit la notion d'univers-îles [8], défendaient l'espace absolu contre l'évêque George Berkeley (1685-1753).

En 1721, Berkeley publia son *Traité du mouvement*, un retour à l'idée d'Aristote selon laquelle l'espace n'existe

8. Il suggéra le premier que les « nébuleuses » étaient des objets gigantesques mais très éloignés, des galaxies aussi grandes que la Voie lactée, des îles dans l'Univers (NDT).

qu'en vertu de la matière qu'il contient. Aristote avait soutenu que l'espace était rempli d'une substance qui lui donnait sa réalité et régulait le mouvement des objets. L'espace n'existant pas par lui-même, il n'y avait pas de vide (il récusait ainsi les atomistes grecs qui soutenaient qu'il n'existait rien d'autre que les atomes et le vide). Berkeley amplifia cet argument en disant qu'un objet unique dans un Univers par ailleurs vide ne pouvait avoir aucun mouvement décelable. Deux objets peuvent définir un mouvement relatif sur l'axe qui les joint, quatre objets définissent un mouvement à trois dimensions, mais il en faut plus de quatre pour définir une rotation. Les propriétés que les newtoniens appelaient l'espace absolu résultaient du contenu matériel de l'Univers.

Le physicien et philosophe autrichien Ernst Mach (1838-1916) exprima des idées voisines, mais alla plus loin en suggérant que si des grains de poussière suffisaient

Figure 15. Photographie du ciel nocturne à très longue pose montrant les trajectoires circulaires des étoiles dues à la rotation de la Terre (Dàvid Nunut, *Sky and Telescope*).

à définir des points de référence pour le mouvement, remplir l'Univers de matière créerait certainement un cadre de référence plus substantiel. Une distribution uniforme de matière créerait un espace uniforme. Mach formula en 1893 l'hypothèse selon laquelle c'est l'influence de toutes les masses de l'Univers qui définit le mouvement naturel et la difficulté à le modifier, c'est-à-dire l'inertie.

Nous pouvons examiner l'hypothèse de Mach nous-mêmes : si nous regardons les étoiles et les galaxies dans le ciel, nous les voyons faire un tour en 24 heures. Pourtant, par rapport au plan du système solaire, la rotation des galaxies est de moins de 1° tous les 300 000 ans. Si nous suspendons un pendule au pôle Nord et que nous le laissons librement osciller, le plan dans lequel il oscille est fixe par rapport aux galaxies lointaines et il tourne par rapport à la Terre. En d'autres termes, le mouvement naturel s'aligne sur les étoiles lointaines. Au vu de cette observation, on peut conclure soit que le cadre naturel de référence pour le mouvement est l'espace absolu de Newton et que, alors que la Terre tourne sur elle-même et orbite autour du Soleil, les galaxies se trouvent être au repos dans cet espace, soit que l'hypothèse de Mach est correcte et que c'est la distribution de matière qui définit le système de référence.

Profondément influencé par Mach, avec qui il échangea une longue correspondance, Einstein baptisa cette hypothèse le principe de Mach et l'utilisa comme guide pour développer la relativité générale. Karl Schwarzschild (1873-1916) trouva en 1916 la première solution aux équations de la relativité générale, correspondant à une masse statique dans un Univers par ailleurs vide et plat à grande distance. Cette solution est aujourd'hui utilisée pour calculer la déviation des rayons lumineux au voisinage du Soleil et d'autres effets « relativistes » dans le système solaire. Einstein ne fut pas impressionné par cette solution, et même un peu embarrassé : selon le principe de Mach, une masse isolée dans l'espace n'a pas de sens. Il accordait que la solution de Schwarzschild donnait la bonne réponse pour le système solaire, mais uniquement parce que le reste de la matière dans l'Univers fournissait l'espace-temps plat à grande distance.

Ainsi motivé, il construisit en 1917 le premier modèle cosmologique de la relativité générale. Il voulait un Univers statique obéissant au principe de Mach. Puisque ses équations ne le permettaient pas, il ajouta une constante cosmologique. L'espace avait la géométrie d'une sphère à trois dimensions, finie mais sans bord, et les galaxies y conservaient la même position au cours du temps. Einstein était convaincu que sa solution était la seule possible qui ne présente pas une redoutable singularité. Mais le mathématicien et astronome néerlandais Willem de Sitter (1872-1934) construisit un contre-exemple en 1919, un Univers lui aussi statique et avec une constante cosmologique, mais vide de matière [9].

Einstein détesta ce modèle parce qu'il était vide de matière : comment l'espace pouvait-il avoir un sens en l'absence de matière si la matière définissait l'espace ? Einstein avait cru que la relativité générale contenait le principe de Mach, mais il était clair qu'il fallait ajouter des conditions supplémentaires pour qu'il fût vérifié.

Pendant une décennie, la controverse cosmologique se focalisa sur le fait de savoir si c'était le modèle d'Einstein ou celui de De Sitter qui était juste. Pourtant, en 1922, le Russe Alexandre Alexandrovitch Friedmann (1888-1925) montra que les équations d'Einstein possédaient toute une famille de solutions correspondant à une distribution uniforme de matière en expansion. Friedmann, qui avait la vision la plus claire de l'expansion comme aspect clé d'un Univers relativiste, mourut sans voir sa vision pleinement acceptée par la découverte en 1929 de l'expansion de l'Univers par Hubble.

9. Cet Univers construit par de Sitter peut d'ailleurs apparaître soit comme un Univers statique, soit comme un Univers non statique en expansion ou en contraction, selon la définition du temps que l'on y choisit. Cette ambiguïté montre au passage que la notion de temps n'est pas absolue en relativité générale, seule celle d'espace-temps l'est (NDT).

Einstein et de Sitter collaborèrent en 1932 sur une solution de Friedmann particulière, celle où la constante cosmologique est nulle et où l'espace est plat (mais pas l'espace-temps !) et en expansion. Cette solution d'Einstein-de Sitter semble une représentation très précise de ce que nous voyons de l'Univers.

Quand Einstein présenta son modèle cosmologique révolutionnaire devant l'Académie des sciences de Berlin en 1917, il expliqua la nécessité d'une constante cosmologique en ces termes : « Ce terme a pour seul but de permettre une distribution quasi statique de la matière, comme le requièrent les faibles vitesses des étoiles. » Cet outil mathématique supprimait de la relativité générale la conséquence d'un Univers en expansion et laissait intacte la vieille notion d'Univers statique. Il faut souligner qu'à l'époque il n'existait aucune indication d'une expansion, et qu'il était philosophiquement réconfortant d'avoir un Univers statique : inutile de se demander ce qui s'était passé « au début ». Malgré son génie, Einstein fut donc victime de ce que sa théorie, prédisant un Univers en expansion, précède les observations empiriques qui la vérifiaient. Contrairement à son habitude, Einstein ne fut pas cette fois-là persuadé par la logique de ses équations, ce qu'il appela par la suite « la plus grosse bourde de ma vie ».

Chapitre III

L'UNIVERS EN EXPANSION

Edwin Hubble est l'un des héros scientifiques du long voyage qui conduisit à la théorie moderne du big bang. Né en 1889 aux Etats-Unis, à Marshfield dans le Missouri, il reçut une bourse Rhodes pour aller à l'université d'Oxford où il fut un athlète de haut niveau. Il combattit au cours de la Première Guerre mondiale, puis enseigna dans un lycée (ses élèves l'apprécièrent à tel point qu'ils lui dédièrent un recueil annuel), avant d'étudier le droit. Un moment avocat dans le Kentucky, il perdit rapidement tout intérêt pour ce métier : sa passion était l'astronomie. Malgré ses études peu académiques, il se débrouilla pour accéder à ce qui était alors le télescope le plus puissant du monde, à l'observatoire du Mont Wilson, en Californie. Avant que la diffusion généralisée de l'éclairage électrique et l'extension de Los Angeles ne polluent sa vue, le télescope de 100 pouces (2,54 m) du Mont Wilson bénéficiait de nuits noires sans nuages, et offrait une fenêtre sans rivale sur l'Univers.

L'extraordinaire détermination de Hubble en fit un des astronomes les plus célèbres de son temps : il fit en 1948 la couverture du magazine *Time*, son visage reflétant un air sombre de circonstance avec, en arrière-plan, un doigt gigantesque pointant vers les étoiles.

On a décrit Hubble comme « un savant exceptionnellement exact et soigneux, s'interdisant des affirmations non étayées par des preuves ». Pourtant la passion le conduisait : il passa des centaines d'heures engourdi dans la cage de l'observateur, au télescope du Mont Wilson. Quiconque est entré dans cette « cage » comprend l'extraordinaire effort de volonté que cela exige : une totale concentration dans l'obscurité et le froid, et la capacité de ne pas frissonner pour ne pas faire vibrer le télescope. Hubble se soumit à cette torture parce qu'il voulait transformer l'astronomie. Dans sa thèse, il demandait aux astronomes de vérifier si les « nébuleuses spirales » se trouvaient dans notre Galaxie, ou si elles formaient d'autres galaxies à l'extérieur de la nôtre. Le point de vue le plus courant était que les « nébuleuses » étaient localisées dans notre Galaxie, qui constituait virtuellement l'Univers tout entier. Mais si, comme Hubble le suspectait, les nébuleuses étaient extragalactiques, des découvertes fabuleuses seraient possibles.

Je sais ce que ressentit Hubble. Au début des années 70, je choisis de travailler sur la mesure du fond de rayonnement cosmologique en partie parce que je savais que tout ce que nous pourrions apprendre serait *fondamental*. Quoi que nous trouvions, nos observations nous apprendraient quelque chose sur l'Univers primordial.

Nuit après nuit, Hubble photographia les nébuleuses, se dévouant tellement à sa tâche qu'on le prenait (sans doute à raison) comme un être arrogant et élitiste. Il se plongeait dans les images des plaques photographiques, s'efforçant de distinguer des étoiles à l'intérieur des nébuleuses. Il y arrivait parfois, « selon le menu du petit déjeuner ». Il bénéficia tout particulièrement de l'aide de son assistant, Milton Humason, ancien conducteur de mulets sur les chemins du Mont Wilson, qui devint assistant d'observatoire et prit plusieurs des images les plus remarquables des nébuleuses.

En 1924, Hubble remarqua quelque chose d'important : une étoile très particulière dans la nébuleuse d'Andromède. Cette nébuleuse forme une tache faible près de la constellation de Cassiopée, celle qui ressemble à un W, et se voit facilement avec une paire de jumelles. Si vous habitez comme moi par 40° de latitude nord, la

Figure 16. Edwin Hubble montrant une photographie de la galaxie d'Andromède (The Huntington Library).

nébuleuse est au zénith à minuit en janvier. Elle est très grande (dix fois la taille de la Lune). L'étoile très spéciale que Hubble avait remarquée est une céphéide, c'est-à-dire une étoile variable dont la luminosité oscille avec régularité. Sur la plaque photographique, Hubble nota avec excitation : « VAR ! » La présence de cette étoile permit à Hubble de faire ce que les astronomes tentaient de faire depuis des années : mesurer de façon fiable la distance d'une nébuleuse. La réponse dirait si la nébuleuse était extragalactique, ou seulement une voyageuse dans notre propre Galaxie.

La mesure des distances a longtemps tenu les astronomes en échec. La seule technique fiable utilise le phénomène de parallaxe. Un exemple simple de parallaxe : placez un doigt devant vos yeux, et fermez un œil puis l'autre. Vous remarquerez que votre doigt semble se déplacer devant le paysage en arrière-plan. L'ampleur du déplacement est la parallaxe, d'autant plus grande que le doigt est proche. Cet effet est dû au fait de voir votre doigt depuis les positions différentes de chaque œil et, si vous connaissez la distance entre vos yeux, vous pouvez calculer la distance à laquelle se trouve le doigt par simple application de la géométrie au triangle formé par les deux yeux et le doigt. Les astronomes utilisent cet effet pour mesurer la distance d'un objet céleste. Il faut observer l'objet en question de deux endroits différents, deux observatoires distants par exemple, et déterminer la parallaxe de l'objet vu sur le fond des étoiles. La géométrie du triangle formé par les deux observatoires et l'objet visé donne la distance de ce dernier.

Cela suffit pour des objets proches, les planètes du système solaire par exemple, mais pour des étoiles, la distance entre deux observatoires est insuffisante pour mesurer la parallaxe. Les astronomes utilisent alors le mouvement de la Terre autour du Soleil. Une observation est faite en janvier, par exemple, sur l'étoile visée, et une autre six mois plus tard quand la Terre est de l'autre côté du Soleil. La distance entre les observations est de 300 millions de kilomètres (le diamètre de l'orbite terrestre). Le triangle formé par les deux points d'observation et l'étoile permet de calculer la distance de l'étoile. Malheureusement, la méthode de la parallaxe nécessite des observations extrêmement précises, et même ainsi elle n'est applicable qu'aux étoiles proches, la base de 300 millions de kilomètres étant bien trop courte pour les étoiles lointaines [1].

Entre 1908 et 1912, l'astronome américaine Henrietta Leavitt (1868-1921) découvrit à l'observatoire de Harvard College une méthode radicalement nouvelle pour mesurer les distances cosmiques. Elle remarqua que plus

1. Il est très difficile de mesurer la position d'une étoile avec une précision meilleure qu'une fraction de seconde d'arc (1 seconde d'arc correspond à une pièce de 10 francs vue à 4 kilomètres). Une parallaxe de 1 seconde d'arc correspond à une distance de $3 10^{16}$ mètres, qu'on appelle un *parsec* (abréviation de *par*allaxe-*sec*onde). Cette distance, de 3 années-lumière environ, est la distance de la *plus proche* étoile (NDT).

une céphéide était brillante, plus sa période était longue [2]. La mesure de la période d'une céphéide permet donc d'en calculer la brillance absolue, celle que verrait un astronaute passant à proximité. En faisant l'hypothèse simple que l'intensité lumineuse décroît comme le carré de la distance, la mesure de sa brillance apparente, celle que nous observons de loin, en donne la distance.

Hubble exploita cette technique pour mesurer la distance d'Andromède à partir de la période et de la luminosité apparente de ses céphéides. Il obtint une distance de 800 000 années-lumière, dix fois plus que la distance typique des étoiles dans notre Galaxie [3]. Andromède était nettement en dehors du royaume de la Voie lactée et était une galaxie de plein droit. Hubble avait atteint son but, les astronomes pouvaient être certains que les nébuleuses étaient bien des galaxies séparées. Et comme il y avait d'innombrables nébuleuses, le cosmos était bien plus vaste qu'on ne l'avait imaginé. La découverte de Hubble marquait l'aube d'un nouvel âge de l'astronomie.

La découverte que l'Univers était immense, infini en pratique, était déjà révolutionnaire. Le concept d'un Univers intime, guère plus grand que notre Galaxie, fut renvoyé aux livres d'histoire. Mais Hubble alla plus loin et exploita sa découverte en utilisant une technique mise au point par l'astronome américain Vesto Slipher (1875-

2. Les céphéides sont des étoiles dont la brillance varie périodiquement, avec une période allant de quelques jours à quelques semaines. La première fut repérée dans la constellation de Céphée, d'où leur nom. Leavitt étudiait les céphéides des Nuages de Magellan, petites galaxies très proches de la nôtre, et comme elles sont toutes à peu près à la même distance, cela lui permit de remarquer la corrélation entre période et brillance, sans connaître leur distance. Ejnar Hertzsprung put mesurer en 1913 la parallaxe des céphéides les plus proches, les utilisa pour calibrer la relation de Leavitt, et trouva que les Nuages de Magellan étaient très éloignés, mais une incertitude subsistait parce que la lumière est absorbée par les poussières interstellaires, dans une proportion qui était alors inconnue (NDT).

3. L'estimation est maintenant de 2 millions d'années-lumière : la lumière que nous voyons quand nous regardons Andromède en est partie alors que le genre *homo* commençait à évoluer en Afrique.

1969). Il renversa alors la croyance séculaire que l'Univers est statique, à laquelle Einstein était resté tellement attaché.

Dans les années 1910, Slipher travaillait dur dans le désert d'Arizona, à l'observatoire Lowell, pour surveiller les nébuleuses. L'observatoire se trouvait sur la Colline de Mars, à deux pas des saloons de la ville de Flagstaff en Arizona. Là, à la veille de la Première Guerre mondiale, Slipher découvrit la première preuve de l'expansion de l'Univers, mais il ne s'en rendit pas compte.

Né à Mulberry dans l'Indiana, Slipher rejoignit en 1901 l'observatoire Lowell à la demande de son fondateur, Percival Lowell (1855-1916), un des personnages les plus controversés de l'histoire de l'astronomie. Né à Boston dans une riche famille d'industriels, d'académiciens, de politiciens et d'écrivains, Lowell étudia les mathématiques à Harvard, puis fut diplomate en Extrême-Orient. Il est surtout connu pour son interprétation des lignes énigmatiques qui quadrillent la surface de Mars. Lowell fit frissonner le monde à la fin du XIXe siècle en affirmant que ces lignes sont des canaux, construits par les martiens pour transporter l'eau des calottes polaires à travers leur monde désertique. Les grands canaux alors construits, à Suez et Panamá, étaient considérés comme les exploits technologiques d'une civilisation avancée. Imaginez la prouesse technique d'une civilisation capable de construire des canaux entourant une planète entière !

Comme l'astronome français Charles Messier au XVIIIe siècle et l'astronome britannique William Herschel au XIXe siècle, Lowell s'intéressait à la nature des nébuleuses, qu'il pensait être des nuages de gaz et de poussières se condensant peu à peu en nouveaux systèmes planétaires, peut-être habitables. Pour étudier cela, il demanda en 1909 à Slipher de faire des observations spectrales des nébuleuses.

Slipher commença par prendre un spectre de la nébuleuse d'Andromède, en quelque sorte la signature de la galaxie. En traversant un prisme, la lumière blanche se sépare en composantes colorées, le spectre classique rouge, orange, jaune, vert, bleu et violet. Dans le spectre des étoiles des raies sombres ou brillantes se détachent, caractéristiques des éléments chimiques présents dans l'étoile [4]. A la fin de 1912, Slipher prit toute une série de spectrogrammes d'Andromède et trouva que les raies spectrales n'étaient pas à la bonne place : elles étaient toutes décalées vers l'extrémité bleue du spectre. La cause apparente était l'effet Doppler, découvert par le physicien autrichien Christian Doppler (1803-1853).

L'effet Doppler s'explique simplement en examinant ce qui arrive au sifflet d'un train qui passe. Quand le train approche, son sifflet est plus aigu, tandis qu'il est plus grave quand le train s'éloigne. Le sifflet d'un train immobile produit des ondes sonores, dont les crêtes se succèdent à intervalles constants. Quand le train vous fonce dessus, chaque nouvelle crête qui provient du sifflet du train est produite plus près de vous que la précédente, et vous entendez ces crêtes à intervalles plus rapprochés que si le train est immobile. La fréquence est plus élevée, et le son plus aigu. Quand le train s'éloigne, la situation est inversée, les crêtes sont produites de plus en plus loin, elles sont reçues à intervalles plus grands, et le son est plus grave.

Le même effet s'applique à la lumière émise par un objet en mouvement. La couleur est l'équivalent optique de la hauteur d'un son : une lumière rouge a une fréquence plus basse qu'une lumière bleue. Une étoile qui s'approche de nous a donc ses raies spectrales décalées vers le bleu, tandis que si elle s'éloigne, les raies sont décalées vers le rouge. Les astronomes commencèrent à la fin du XIXᵉ siècle à analyser les décalages Doppler dans les spectres des étoiles. Ils découvrirent qu'elles se

4. Les raies sombres furent découvertes en 1814 par le physicien allemand Joseph von Fraunhofer (1787-1826), et expliquées en 1859 par son compatriote Gustav Kirchhoff (1824-1887) comme dues à l'absorption de la lumière par les éléments chimiques présents dans le gaz relativement froid de l'atmosphère du Soleil. Le physicien hollandais Pieter Zeeman (1865-1943) découvrit les raies brillantes, dues à l'émission par les mêmes éléments chimiques quand ils sont chauds. Les savants du XIXᵉ siècle observèrent que des éléments chimiques différents produisent des combinaisons différentes de lignes, ce que la physique quantique expliqua ensuite.

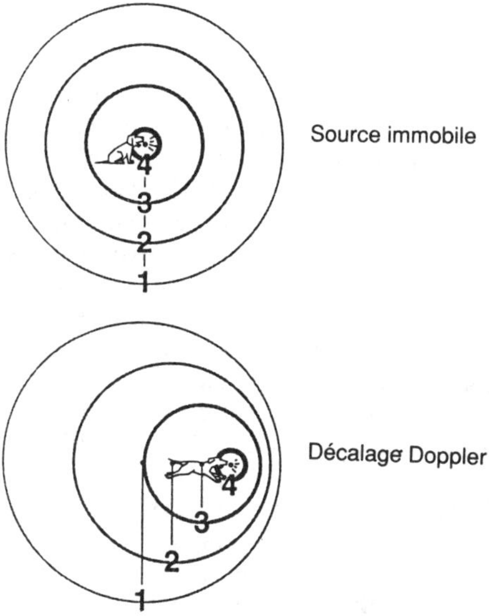

Figure 17. Le chien Doppler. En raison de l'effet Doppler, une source sonore en mouvement change de tonalité par rapport à une source stationnaire. Le chien Doppler qui aboie toujours de la même façon démontre cet effet. A chaque aboiement, une onde sonore sphérique jaillit de sa gueule et toutes les personnes autour de lui entendent les aboiements à intervalles réguliers. Si le chien court en aboyant, sa gueule se déplace, et le centre de chaque onde sonore se déplace aussi. Les auditeurs qui sont devant le chien entendent les aboiements à intervalles plus rapprochés et ils paraissent donc plus aigus, tandis que ceux qui sont derrière lui entendent des sons plus graves car les aboiements arrivent plus espacés (Christopher Slye).

déplaçaient à des dizaines de kilomètres par seconde, ce qui parut alors très rapide.

Au début de 1913, Slipher avertit donc Lowell qu'Andromède présentait un décalage prononcé vers le bleu : la nébuleuse s'approchait de nous à 300 kilomètres par seconde. Les trois années suivantes, Slipher étudia 23 autres nébuleuses spirales, et il trouva que la majorité présentait un décalage vers le rouge, à la différence d'Andromède. S'il s'agissait d'effet Doppler, elles s'écartaient de nous à des vitesses qui atteignaient 1 000 kilomètres par seconde [5].

Bien que Slipher ait été ovationné quand il présenta son travail à la Société américaine d'astronomie, personne, pas même lui, ne savait ce que ces observations signifiaient. Ce n'est que lorsque Hubble présenta ses mesures des distances des galaxies, une décennie plus tard, qu'une interprétation de ces décalages quasi systématiques vers le rouge devint possible : les galaxies s'écartent les unes des autres dans toutes les directions. En d'autres termes, l'Univers n'est pas une entité statique avec des corps célestes suspendus dans un espace fixe. Au contraire, l'Univers est en expansion. Cet instant crucial dans le développement de la cosmologie moderne renversa la principale hypothèse durable concernant l'Univers, son caractère statique.

Hubble alla plus loin et découvrit ce qu'on a appelé « la première vraie loi cosmologique », la loi de Hubble. Cette loi simple assure que le décalage vers le rouge d'une galaxie est directement proportionnel à la distance à laquelle elle se trouve. La valeur précise de la constante de proportionnalité s'est révélée difficile à estimer et fait encore aujourd'hui l'objet de violentes controverses. Sa valeur est importante car elle nous dit à quelle vitesse l'Univers se dilate, et donc quel âge il a. Une faible valeur de cette constante implique un Univers âgé, une forte valeur un Univers jeune, et l'incertitude actuelle oscille entre 10 et 20 milliards d'années.

Les observations de Hubble et leur interprétation ne souffraient d'aucune équivoque, et même les plus ardents partisans d'un Univers statique furent rapidement

5. Pourquoi Andromède se singularisait-elle ? Nous savons aujourd'hui qu'elle fait partie du Groupe local de galaxies, auquel nous appartenons. Ce groupe d'environ une douzaine de galaxies est lié par la gravité mutuelle de ses galaxies et n'est donc pas dispersé par l'expansion cosmique. Andromède finira peut-être par entrer en collision avec la Voie lactée. D'autres exemples de telles collisions ont été détectés, mais heureusement la distance entre étoiles dans une galaxie est telle que deux galaxies peuvent se pénétrer sans que les étoiles se touchent.

Diagramme vitesse-distance établi en 1929 par Hubble

Les points noirs correspondent aux galaxies individuelles et la ligne continue est l'ajustement linéaire correspondant, les points blancs et la ligne pointillée correspondent à l'association des galaxies en groupe.

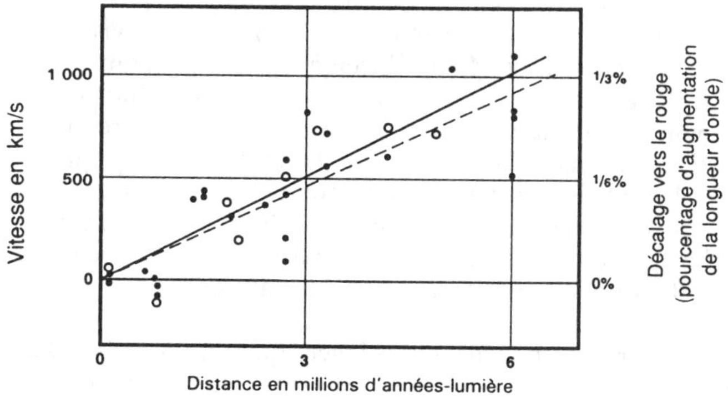

Diagramme vitesse-distance en 1931 par Hubble et Humason

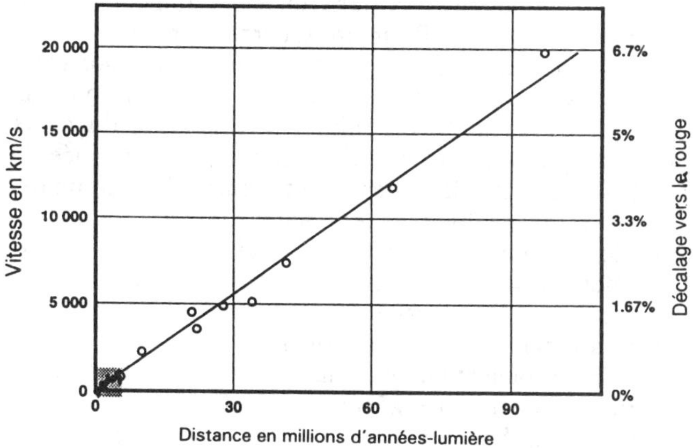

Figure 18. La loi de Hubble. Le premier diagramme montre les données initiales de Hubble relatives à la distance des galaxies et à leur décalage vers le rouge (ou leur vitesse si on utilise la relation donnée par l'effet Doppler). Le second diagramme montre les mêmes données (dans la région ombrée) et les nouvelles données obtenues en collaboration avec Milton Humason. Ces nouvelles données fournissent un argument convaincant quant à une relation linéaire entre distance et décalage vers le rouge (Christopher Slye).

convaincus. Einstein se convertit, décrivant son incapacité à croire ses propres équations quand elles impliquaient l'expansion de l'Univers comme sa plus grosse bévue. En 1930, Einstein et sa femme Elsa visitèrent l'observatoire du Mont Wilson avec Hubble pour guide. Il dit à Elsa que le télescope de 100 pouces était utilisé pour étudier la structure du cosmos. « Ah bon, répondit-elle, mon mari fait ça au dos d'une vieille enveloppe. »

En fin de compte, c'est la combinaison du travail de ces deux hommes qui nous a conduits à notre compréhension actuelle de l'Univers. La question cruciale restait : « Quelle est la cause de l'expansion ? »

Il arrive souvent en science que, à la suite d'un concours de circonstances, le temps soit mûr pour un nouveau concept. C'était le cas pour le prêtre astronome Georges Lemaître (1894-1966), qui conçut vers 1927 ce qui allait devenir la théorie du big bang.

Né le 17 juillet 1894 à Charleroi, en Belgique, Lemaître servit au cours de la Première Guerre mondiale comme officier d'artillerie : il fut témoin, entre autres horreurs, d'attaques aux gaz, et il fut décoré pour son courage. Sa forte personnalité lui valut d'être expulsé du cours de balistique pour avoir critiqué une réponse erronée de l'instructeur. Pendant les répits entre les combats, Lemaître lut un livre de cosmologie du grand mathématicien et physicien français Henri Poincaré, et s'extasia devant ce défi. Après son ordination en 1923, il passa un an à l'université de Cambridge puis deux ans à Harvard pour étudier l'astronomie.

C'était le bon moment. Einstein venait de publier sa théorie de la relativité générale et s'efforçait d'éviter le résultat d'un Univers non statique. Friedmann et de Sitter avaient trouvé des solutions non statiques, Slipher accumulait des données sur les décalages galactiques, et Hubble était sur le point de confirmer le caractère extragalactique des nébuleuses. Si Lemaître n'avait pas conçu la théorie du big bang, quelqu'un d'autre l'aurait sûrement fait peu après. Le cosmologiste James Peebles de Princeton dit que « Weyl et Friedmann étaient sur la

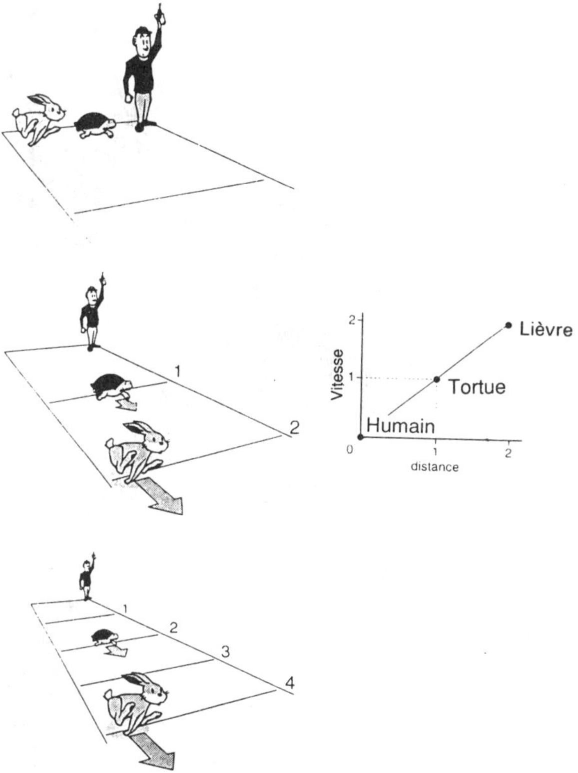

Figure 19. Le modèle de la course ou de l'explosion. Le diagramme montre la loi de Hubble, une relation linéaire entre vitesse et distance apparaît naturellement dans une course ou dans une explosion : le coureur ou le débris le plus rapide va le plus loin. La distance parcourue est simplement le temps écoulé depuis le départ multiplié par la vitesse. Cette image conduit automatiquement à la loi de Hubble, mais elle est une fausse image de la façon dont nous concevons aujourd'hui le big bang (Christopher Slye).

voie avant Lemaître, et avant que la situation soit mûre du côté des observations, Robertson avait tous les éléments un an à peine après Lemaître, et Eddington et Tolman n'étaient pas loin ».

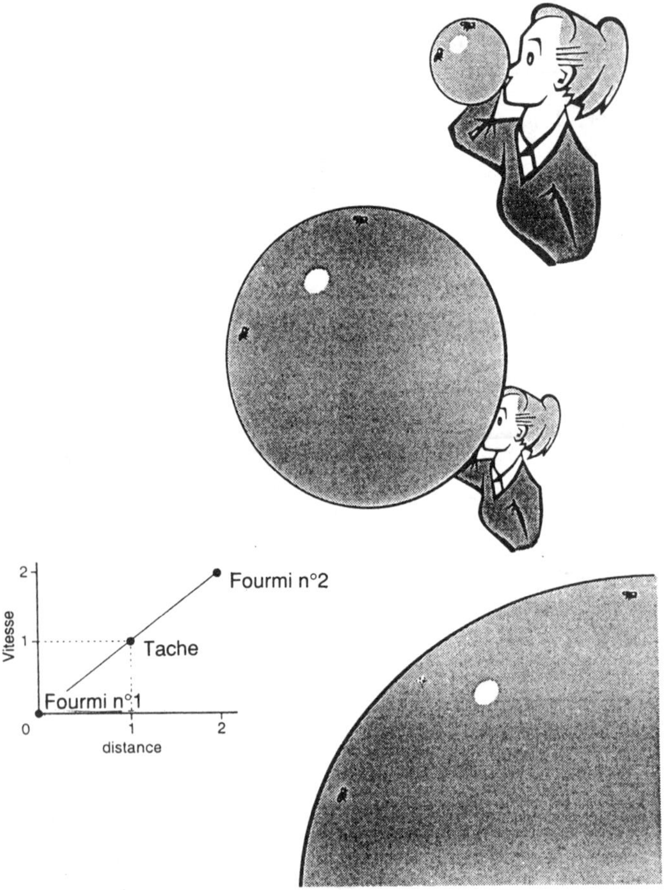

Figure 20. L'espace en expansion. La distance entre les fourmis et la tache augmente quand le ballon se dilate, exactement comme la distance entre les galaxies augmente quand l'espace se dilate. Cela n'implique nullement que les galaxies se déplacent *à travers* l'espace : quand l'espace se dilate, il entraîne les galaxies avec lui (Christopher Slye).

Lemaître esquissa entre 1927 et 1933 la première version de la théorie du big bang, qu'il appelait « hypo-

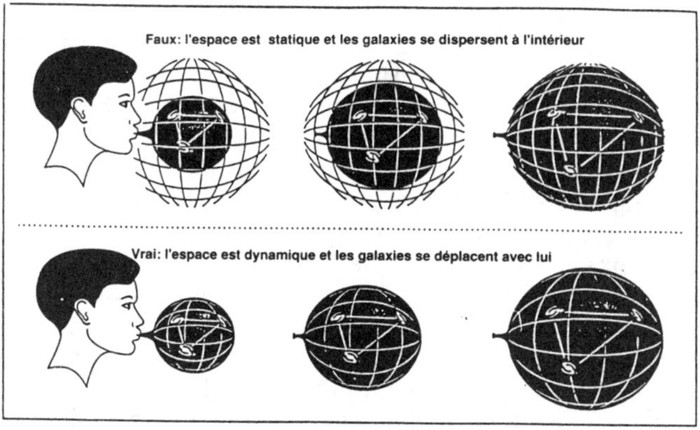

Figure 21. Des galaxies se déplaçant *à travers* l'espace (en haut) et des galaxies se déplaçant *avec* l'espace (en bas) *(Sky and Telescope).*

thèse de l'atome primitif ». Il suggérait que l'Univers était né d'un unique quantum d'énergie primordial, un atome, disait-il. Rutherford avait découvert peu avant le noyau de l'atome et compris que certains noyaux éjectent des particules lors des désintégrations radioactives. La théorie quantique était encore toute neuve : Bohr, de Broglie, Heisenberg, Schrödinger, Dirac et bien d'autres étaient en train de révolutionner notre compréhension du monde subatomique, et ce bouillonnement inspira sûrement Lemaître.

Il pensait que cet atome primordial s'était sans cesse divisé, comme des bactéries dans un tube à essais, jusqu'à engendrer toute la matière de l'Univers. Espace et temps s'étendirent au fur et à mesure de la multiplication des noyaux. La réplication quantique eut lieu à un rythme explosif. Lemaître écrivait à la fin des années 20 : « L'évolution de l'Univers ressemble à un feu d'artifice qui vient de s'éteindre. Il en reste quelques étincelles, des cendres et de la fumée, et debout sur ces cendres refroidies nous voyons les soleils qui s'éteignent lentement, et nous tentons de nous souvenir de la brillance évanouie de l'origine des mondes. »

Lemaître essaya sans succès d'intéresser Einstein et de Sitter à sa théorie. Lors de la conférence Solvay de 1927, il demanda à Einstein de plaider sa cause, mais celui-ci lui répliqua d'un ton cassant, rare chez lui : « Vos calculs sont justes, mais votre intuition physique est abominable. » L'ancien mentor de Lemaître, Arthur Eddington, était offusqué par cette notion de début de l'Univers : « La théorie la plus satisfaisante doit être, me semble-t-il, celle qui ne rendrait pas le commencement trop abrupt, ce qui ne serait pas esthétique. »

Lemaître exposa son idée dans le numéro du 9 mai 1931 de la revue *Nature*, dans une lettre qu'on a appelée la « charte de la théorie du big bang ». Il rappela qu'Eddington n'avait que dédain pour cette fable sur les débuts de l'Univers parce que, du point de vue philosophique :

« la notion de commencement de l'ordre présent de la nature lui répugne. Je serais plutôt enclin à penser que l'état actuel de la théorie quantique suggère un commencement du monde fort différent de l'ordre présent de la nature. Les principes de la thermodynamique peuvent s'énoncer ainsi, du point de vue de la théorie quantique :

1. L'énergie est distribuée en quanta discrets, et le total est constant.

2. Le nombre de quanta différents augmente sans cesse. Si nous remontons le cours de l'Univers, nous devons trouver de moins en moins de quanta, jusqu'à ce que toute l'énergie soit concentrée dans un seul.

Par ailleurs, dans les processus quantiques, les notions d'espace et de temps sont purement statistiques et s'effacent quand elles s'appliquent aux phénomènes individuels impliquant un petit nombre de quanta. Si le monde a commencé avec un seul quantum, les notions d'espace et de temps perdent tout sens au commencement. Ce n'est qu'une fois le quantum primitif divisé en un grand nombre de quanta que ces notions commencent à émerger. Si cette suggestion est correcte, le monde a commencé juste avant le début de l'espace et du temps. Je crois que ce début est assez éloigné de l'ordre présent de la nature pour ne pas être du tout répugnant. »

La lettre de Lemaître conduisit le *New York Times* à titrer un article le 19 mai : « Lemaître suggère qu'un unique grand atome contenant toute l'énergie est à l'origine de l'Univers. »

Pendant que les cosmologistes se disputaient sur le début de l'Univers, le monde traversait les affres de la Grande Dépression. Les médias tentaient de remonter le moral de leurs lecteurs par des reportages excitants, et parfois exagérés, sur les découvertes scientifiques spectaculaires, en astronomie en particulier. Du coup, Lemaître devint une petite célébrité : sans être aussi fêté qu'Einstein, les journaux publièrent des photos des deux ensemble. Einstein avait alors réalisé qu'il avait rejeté un peu vite l'idée du jeune prêtre, et il commençait d'y faire allusion comme à « l'interprétation la plus agréable, la plus belle et la plus satisfaisante » des phénomènes astronomiques. Le *Times* rassurait ses lecteurs : Lemaître ne voyait aucun conflit entre science et religion, et il était « l'un des meilleurs physiciens mathématiciens vivants [...]. Son Univers en expansion est si populaire que le modèle statique d'Einstein paraît aussi démodé qu'un fiacre. »

Eddington, le mentor de Lemaître et l'une des plus puissantes figures de la cosmologie à l'époque, joua un rôle clé dans l'acceptation de l'hypothèse de l'atome primitif. Lemaître avait donné en 1927 à Eddington un manuscrit esquissant l'hypothèse, mais celui-ci l'avait si fraîchement reçue qu'il avait classé le manuscrit sans le lire vraiment. Quand il se rétracta cinq ans après, il retrouva le manuscrit, le traduisit en anglais et le publia dans les comptes rendus de la Royal Astronomical Society. Cette action marquait une acceptation importante. La théorie du big bang était née, mais elle n'avait pas encore son nom.

Le progrès, en cosmologie comme dans toutes les sciences, se nourrit d'un va-et-vient entre la théorie et l'expérience ou l'observation. La théorie de Lemaître s'était révélée populaire, mais pouvait-on la démontrer, la vérifier scientifiquement ? Les produits du big bang sont tout autour de nous dans l'Univers présent. Mais

Figure 22. Albert Einstein et Georges Lemaître au début des années 30. Les théories de la relativité d'Einstein impliquaient une cosmologie radicalement nouvelle et Lemaître fut le pionnier de l'idée du big bang (Brown Brothers).

l'Univers est très complexe, et rechercher les indices d'un événement primordial 15 milliards d'années après risquait d'être vain. L'Univers avait dû être plus simple dans le passé, et c'est dans des traces simples que des indices devaient être cherchés. Lemaître le comprit, et il suggéra que les rayons cosmiques de haute énergie fourniraient peut-être la réponse. Il avait pourtant tort, car ces particules viennent très probablement de processus actifs à l'intérieur de notre Galaxie. Une confirmation du big bang dut attendre encore trente-trois ans.

Malgré tout, la théorie d'un espace en expansion s'introduisit fermement en cosmologie. Hélas ! beaucoup d'idées fausses aussi. Bien des gens gardent l'impression d'une explosion gigantesque projetant de la matière dans un espace vide. Le nom même de big bang, le « grand boum », est source de confusion, accentuée par l'interprétation donnée au début des décalages vers le rouge comme dus à l'effet Doppler, ce qui introduisit l'image de galaxies fuyant dans un espace préexistant. Einstein éclaircit la situation en montrant que l'espace et le temps ne sont pas les absolus de la physique newtonienne, mais ont des propriétés intrinsèques variables. L'espace-temps a une courbure et, comme Einstein dut se résigner à l'admettre, son échelle peut varier au cours du temps. Nous vivons dans un Univers où l'espace se dilate. Le décalage cosmologique vers le rouge est dû à cette dilatation : la lumière des galaxies lointaines a mis plus de temps à nous parvenir et a été dilatée à une longueur d'onde plus grande par l'expansion que la lumière reçue de galaxies proches. L'expansion est aussi responsable de la loi de Hubble : dans un Univers idéalisé où les galaxies seraient immobiles par rapport à leur environnement, l'expansion dilaterait l'espace entre les galaxies proportionnellement à leur distance. Si le rythme d'expansion est constant, le résultat est un décalage vers le rouge proportionnel à la distance, la loi de Hubble. Si les galaxies sont suffisamment éloignées, la distance entre elles peut augmenter plus vite que la vitesse de la lumière, bien qu'elles soient localement immobiles. Si nous ne réalisions pas que c'est l'espace qui se dilate, nous penserions qu'elles se déplacent plus vite que la lumière alors qu'elles sont immobiles.

L'avènement de la théorie du big bang n'apporta pas seulement une vision nouvelle sur l'origine de l'Univers, mais aussi une solution possible à l'une des plus vieilles questions de la cosmologie : d'où viennent les divers éléments chimiques ? Comment la nature a-t-elle façonné la centaine d'éléments de la table de Mendeleïev, l'hydrogène, l'hélium, le carbone, l'oxygène, le fer, etc. ? Le monde autour de nous, les rochers, les plantes, les animaux sont pour l'essentiel formés d'éléments plus lourds que l'hydrogène et l'hélium. En revanche, ces deux éléments dominent complètement dans l'Univers pris dans son ensemble : l'hydrogène représente près de 90 % des atomes de matière visible, l'hélium 9 %, et tous les autres éléments atteignent à peine 1 %. Comment en est-on arrivé là ? La théorie de Lemaître allait y apporter une réponse, au moins partielle.

Jusqu'au début du XXe siècle, la question semblait devoir rester sans réponse, pour la simple raison qu'on ignorait de quoi étaient faits les atomes. Le physicien français Henri Becquerel (1852-1908) découvrit la radioactivité en 1896. Ernest Rutherford (1871-1937) quitta en 1897 sa Nouvelle-Zélande natale pour l'université de Cambridge, juste à temps pour voir Joseph John Thomson (1856-1940) découvrir l'électron. Rutherford commença d'étudier la radioactivité, et il reçut le prix Nobel de chimie en 1908. En utilisant les produits de désintégration d'une source radioactive pour bombarder une mince feuille d'or, il découvrit en 1910 qu'un atome était essentiellement vide, qu'il n'y avait qu'un minuscule noyau au centre, de charge électrique positive. Cette découverte ouvrit la porte à la physique subatomique : on comprit que le noyau était entouré d'un nuage d'électrons négatifs, et qu'il était formé de protons (le second constituant du noyau, le neutron, fut découvert en 1932 par Chadwick).

Dès 1917, le chimiste américain William Draper Harkins remarqua un fait étrange : sauf l'hydrogène, les éléments de numéro atomique [6] impair sont beaucoup plus rares que ceux de numéro atomique pair. Etait-ce un indice relatif à leur mode de formation ? Harkins supposa que les éléments étaient formés par la fusion de noyaux atomiques, et que les noyaux pairs se formaient peut-être plus facilement, ou alors qu'ils étaient plus stables.

La notion de fusion nucléaire comme processus cosmologique important fut renforcée dans les années 20 quand l'astronome américano-britannique Cecilia Payne-Gaposchkin (1909-1979) montra que le Soleil était essentiellement formé d'hydrogène et d'hélium. Les théoriciens en conclurent que le Soleil ne tirait pas son énergie de la fission des noyaux lourds comme on l'avait supposé, mais de la fusion des noyaux légers, en l'occurrence de l'hydrogène en hélium. Les protons chargés positivement se repoussent, et ils doivent être lancés à grande vitesse l'un contre l'autre pour vaincre cette répulsion, ce qui est obtenu dans le Soleil grâce à une température très élevée (c'est-à-dire avec une forte agitation thermique). Une fois commencée, cette réaction thermonucléaire produit une immense énergie (d'où les efforts depuis des décennies pour la maîtriser sur Terre). Le physicien germano-américain Hans Albrecht Bethe (né en 1906) construisit en 1938 la première théorie des réactions thermonucléaires comme source de la chaleur du Soleil.

Les idées venant de disciplines éparses commençaient à converger, comme des routes arrivant à un croisement. Si la fusion nucléaire pouvait expliquer la chaleur des étoiles, ne pouvait-elle aussi expliquer l'origine des éléments ? La chaleur des étoiles, ou une autre source de chaleur, aurait-elle pu fusionner les protons en noyaux différents formant ainsi tous les éléments du cosmos ? En fusionnant des noyaux d'hélium (deux protons), on pourrait former tous les éléments pairs (béryllium, quatre protons, carbone, six, oxygène, huit, néon, dix, etc.). Cela

6. Le numéro atomique est le nombre de protons dans le noyau : l'hydrogène n'a qu'un proton, l'hélium deux, le lithium trois, etc. Ces protons sont accompagnés d'un nombre variable de neutrons.

expliquerait que les éléments pairs soient plus abondants. Eddington écrivait en 1927 dans son livre, *Etoiles et atomes* : « Les particules formant les noyaux d'hélium doivent bien avoir été assemblées à un endroit et un moment donnés, alors pourquoi pas dans les étoiles. Je suis conscient de ce que beaucoup de critiques considèrent que les conditions dans les étoiles ne sont pas suffisamment extrêmes pour induire la transmutation : les étoiles ne sont pas assez chaudes. Ces critiques s'attirent une réponse évidente : nous leur disons de chercher un endroit plus chaud. »

Dans les années 30, un « endroit plus chaud » était devenu disponible, au moins sur le papier : l'atome primitif de Lemaître.

En 1938, ayant conclu que l'intérieur des étoiles n'était pas assez chaud pour fusionner suffisamment d'éléments légers en éléments lourds, le physicien allemand Carl Friedrich von Weizsäcker suggérait qu'une « boule de feu » primordiale extrêmement chaude avait pu en être responsable. Il écrivit dans une revue scientifique : « On peut donc supposer une grande concentration primordiale de matière, peut-être d'hydrogène pur. En s'effondrant sur elle-même sous l'effet de la gravitation, sa température s'est élevée jusqu'à ce que les réactions nucléaires s'allument en son centre [...]. Quelle taille pouvait avoir cet agrégat primordial ? La théorie ne donne aucune borne, aussi notre imagination n'est pas limitée à la Voie lactée mais l'Univers connu tout entier peut y avoir contribué. » Une boule de feu grosse comme la Voie lactée, voire comme le cosmos entier ! Une telle boule de feu aurait explosé, éjectant la matière que nous voyons aujourd'hui sous la forme de galaxies s'éloignant de nous. Cette matière aurait inclus les éléments lourds « cuits » dans la chaleur intense, finalement condensés dans des objets célestes comme la Terre. Cette boule de feu avait bien des points communs avec l'atome primitif de Lemaître. Si le big bang pouvait, au moins en principe, résoudre la question de l'origine des éléments, cela renforcerait beaucoup sa crédibilité. Comment le vérifier ?

Quand on lit le livre d'Alan Lightman et Roberta Brawer, *Origins*, une série d'entretiens avec des cosmologistes, on ne peut s'empêcher de remarquer la fréquence avec laquelle ceux-ci déclarent avoir été impressionnés dans leur jeunesse par les livres de vulgarisation de George Gamow (1904-1968) et de Fred Hoyle (né en 1915). Enfant, j'ai beaucoup lu et appris des livres de Gamow, en particulier la série des *Monsieur Tompkins*. Le héros en est un membre flegmatique de la bonne société britannique, qui ne cesse de se heurter dans la vie de tous les jours à des manifestations fabuleuses de la macrophysique et de la microphysique : par exemple des cyclistes qui pédalent si vite qu'ils font l'expérience de la dilatation relativiste du temps, ou des voitures qui traversent un mur grâce à l'effet « tunnel » quantique. Les livres de Hoyle sont devenus légendaires, tels *Frontières de l'astronomie* ou *Le Nuage noir*.

C'est grâce au génie de Gamow que la cosmologie progressa vers une vérification du big bang et de son rôle dans la formation des éléments chimiques. Et la réponse de Hoyle à la proposition de Gamow entraîna une des plus tonitruantes controverses publiques en cosmologie.

Né à Odessa en 1904, Gamow devint un des plus célèbres touche-à-tout du siècle. Il s'aventura avec bonheur dans les sujets les plus divers, de la cosmologie et de la physique atomique à la génétique et à l'ADN, et il y fit des contributions importantes. Quittant l'URSS, Gamow émigra aux Etats-Unis à l'issue d'un séjour en Europe : « 90 % des théories de Gamow étaient fausses, et il était facile de s'en rendre compte, raconte son collaborateur Edward Teller, mais il s'en moquait. Il faisait partie de ces gens qui ne tirent aucune vanité de leurs inventions. Il pouvait lancer sa dernière idée, et la traiter comme une plaisanterie. »

« Gamow pouvait poser des questions en avance sur son temps », se souvient l'astronome Vera Rubin qui fut son élève, et dont le mari partagea le bureau du collaborateur de Gamow, Ralph Alpher. « Il ne s'intéressait pas aux détails, et d'ailleurs il n'avait pas toujours la compétence voulue [...]. C'était un enfant. » Son mariage fut mouvementé, il buvait sec et parlait sans cesse. Cette turbulence ne l'empêcha pas de faire beaucoup avancer la science [7]. Après la Seconde Guerre mondiale, Alpher s'intéressa à la recherche nucléaire à Argonne, dans l'Illinois, puis à Brookhaven près de New York (là où j'ai fait mes premières expériences de physique des particules). Gamow et lui utilisèrent les données nucléaires ainsi recueillies pour expliquer la formation des éléments après le big bang, et ils développèrent un modèle avec Robert Herman à l'université John Hopkins. Les recherches menées à Argonne et Brookhaven fournirent deux des piliers du modèle.

On y lançait à très grande vitesse des neutrons sur des cibles métalliques, pour étudier la probabilité qu'un neutron passe assez près d'un noyau pour fusionner avec lui (les neutrons n'ont pas de charge électrique, aussi c'est plus facile qu'avec des protons que le noyau repousse). Les physiciens déterminèrent d'autre part qu'un neutron « libre », non lié à un noyau, se désintégrait en quelques minutes, pour donner un proton, un électron et un antineutrino.

Le décor était en place. Gamow proposa que l'Univers était formé au début d'une substance primordiale qu'il baptisa « ylem » (matière primordiale, en grec). L'ylem était un gaz de neutrons très chaud (10 milliards de degrés). Beaucoup de neutrons étant libres se désintégrèrent en protons, accompagnés d'électrons et d'antineutrinos. Cette mer bouillante de protons et de neutrons était si chaude que protons et neutrons commencèrent à fusionner en éléments de plus en plus lourds. Des éléments pouvaient avoir le même nombre de protons mais un nombre de neutrons différent (il en existe beaucoup aujourd'hui, on les appelle des

7. Avant la guerre, il élabora une théorie des désintégrations radioactives, participa à la construction du premier accélérateur de particules et, à la suite de Bethe, s'intéressa à la production d'énergie nucléaire dans les étoiles, et aux novae et supernovae. Pendant la guerre il contribua à la construction de la première bombe atomique (NDT).

isotopes). Gamow estimait que tous les éléments de l'Univers s'étaient ainsi formés dans les 20 minutes qui suivirent le big bang, « en moins de temps qu'il n'en faut pour rôtir un canard aux pommes de terre ». Comme les neutrons libres se transformaient en protons, le nombre de protons finit par dépasser le nombre de neutrons, et beaucoup de protons ne purent trouver de neutrons partenaires. Une part importante de la matière primordiale est donc restée sous forme de protons, c'est-à-dire de noyaux d'hydrogène.

Cette hypothèse semblait expliquer naturellement l'origine de l'hydrogène et de l'hélium, mais marchait moins bien pour les éléments plus lourds. L'expansion de l'Univers entraînant son refroidissement, les occasions de rencontre et l'énergie pour former de nouveaux noyaux

Figure 23. De gauche à droite, Robert Herman, George Gamow et Ralph Alpher sur un photomontage montrant Gamow émergeant d'une bouteille d'ylem, l'hypothétique composant matériel primordial du big bang. Ce photomontage était une plaisanterie de Herman et Alpher (Alpher et Herman).

diminuaient. Sans en être certain, Gamow suggérait que les éléments lourds s'étaient quand même formés dans la foulée.

Alpher fit la plupart des calculs détaillés relatifs à cette hypothèse, formant la base de sa thèse de doctorat en 1948. Il écrivit un article avec Gamow sur le sujet, destiné à la grande revue de physique américaine, la *Physical Review*. Cela permit à Gamow de faire une de ses blagues : il proposa à Bethe d'être coauteur de l'article, et ainsi l'article de Alpher, Bethe, Gamow (alpha, bêta, gamma) devint un article de référence en cosmologie.

Alpher et Herman écrivirent un autre article qui contenait une prédiction simple mais profonde, à la base de la cosmologie actuelle. Pour que les protons fusionnent, il leur fallait suffisamment d'énergie pour vaincre leur répulsion électrique, et cela nécessitait un Univers chaud. Mais s'il était trop chaud, protons, neutrons, photons auraient eu trop d'énergie et ils auraient brisé les noyaux aussi vite qu'ils se formaient. La température de l'Univers quelques minutes après le big bang devait donc se situer dans un intervalle étroit. Ils notèrent que si l'Univers avait commencé comme une intense boule de feu, il s'était graduellement refroidi au cours du temps du fait de l'expansion, et que sa température actuelle devait être autour de 5 K (5° au-dessus du zéro absolu). En bref, Gamow et ses collègues Alpher et Herman prédisaient que s'il y avait eu un big bang, l'Univers devait baigner dans un fond de rayonnement, un écho de l'événement primordial, à une température de 5 K. Si le big bang n'avait pas eu lieu, ce fond de rayonnement n'avait pas de raison d'être présent.

La prédiction du fond de rayonnement cosmologique, indice tangible du big bang, était donc là, dans l'article d'Alpher et Herman. Dans les années 40, il n'y avait aucun moyen de détecter cette faible lueur dans l'espace [8], et la prédiction d'Alpher et Herman fut oubliée,

8. Un rayonnement électromagnétique à une température de 5 K n'est intense qu'en ondes radio, et la radioastronomie était encore balbutiante (NDT).

sauf par ses auteurs, tout comme l'article historique de Mendel sur la génétique des petits pois.

Gamow ne demandait qu'à diffuser ses idées à un vaste public. Il raconta aux journalistes de *Scientific American* : « Pour beaucoup de lecteurs, l'affirmation que la constitution chimique présente de l'Univers fut décidée en une demi-heure il y a 5 milliards d'années paraît pur non-sens. Mais considérez l'endroit du champ de tir du Nevada où une bombe atomique a explosé [...]. En 1 microseconde, les réactions nucléaires engendrées par la bombe ont produit une variété de produits de fission. En 1956, 100 millions de millions de microsecondes plus tard, le site est encore " chaud " des produits de fission survivants. Le rapport entre 1 microseconde et 3 ans est le même qu'entre une demi-heure et 5 milliards d'années ! Si nous acceptons ce rapport de durées dans un cas, pourquoi pas dans l'autre ? »

L'argument était convaincant, au moins pour le lecteur non spécialiste. Il écrivit aussi un livre, *La Création de l'Univers*, qui fut un grand succès de librairie et qui contenait un calcul indiquant que le fond de rayonnement cosmologique serait à 50 K, et non à 5 K, la valeur correcte. Comme souvent, Gamow avait fait une petite erreur.

De l'autre côté de l'Atlantique, en Angleterre, Fred Hoyle se moquait de la théorie de Gamow, Alpher et Herman, fondée sur le big bang, et préparait ce qu'il espérait être une réponse dévastatrice.

Chapitre IV

CONFLIT COSMOLOGIQUE

Après avoir dîné le premier soir à l'Hôtel de la Plage, avec le vieux professeur qui parlait de cosmologie et sa fille qui bavardait sur l'art, M. Tompkins regagna finalement sa chambre, s'effondra sur le lit et tira la couverture sur sa tête. Botticelli et Bondi, Salvador Dalí et Fred Hoyle, Lemaître et La Fontaine se mélangèrent dans son cerveau fatigué, et il s'endormit profondément.

George Gamow, *Monsieur Tompkins* (réédition, 1965).

Sans création continue, l'Univers doit évoluer vers une agonie où toute la matière est rassemblée en un grand nombre d'étoiles mortes.

Fred Hoyle, *La Nature de l'Univers* (1950).

Fred Hoyle est né en 1915 dans le village de Bingley au nord de l'Angleterre. Son père était un marchand de tissus, dont les affaires marchaient mal. Toute la vallée était tournée vers l'industrie lainière, et il entendait le claquement des machines sur le chemin de l'école. A trois ans, sa mère lui apprit les tables de multiplication. Qu'il ait été naturellement pugnace et indépendant, ou que la dureté des temps l'ait modelé ainsi (la Première Guerre mondiale tuait des millions d'hommes dans les tranchées et les zeppelins bombardaient Londres), quoi qu'il en soit il décida très tôt qu'il détestait l'école et qu'il apprendrait le monde par lui-même plutôt que dans les cours gris de maîtres d'école ternes.

La science était particulièrement excitante, à cause de cette nouvelle merveille, la radio. « C'était un grand mystère dans notre village, et vingt ou trente personnes se construisaient leur propre petit récepteur. » A dix ans, il commença des expériences de chimie amusante. Mais la loi lui imposait d'aller en classe, et il eut ses premiers démêlés avec les défenseurs de la pensée orthodoxe. Un professeur le frappa quand il compta de travers le nombre de pétales d'une fleur, et le jeune Fred fut tellement en colère qu'il refusa pendant quelque temps de retourner à l'école. Il découvrit les livres de vulgarisation d'Arthur Eddington qui stimulèrent son intérêt pour la cosmologie. Il est possible qu'il ait pris bonne note du commentaire distant et arrogant d'Eddington : « La notion d'un commencement de l'ordre présent de la nature me répugne. » Ces mots ont peut-être inconsciemment poussé Hoyle à consacrer sa vie à combattre la notion que le cosmos a commencé à un instant donné, par un big bang. Il préférait le point de vue défendu deux millénaires avant par Aristote : l'Univers a toujours existé et existera toujours.

C'est vers treize ans qu'un tournant se produisit dans sa vie, quand ses parents lui firent le cadeau qui changea tant d'autres jeunes vies : un petit télescope. Il eut le droit de veiller toute la nuit pour observer étoiles et planètes. Le destin allait montrer que Hoyle et Gamow avaient d'autres points communs que d'avoir tous deux reçu un télescope à treize ans. Tous deux étaient des combattants intellectuels, et tous deux débordaient de tellement d'idées qu'elles ne pouvaient être toutes vraies. Après avoir travaillé sur les radars pendant la Seconde Guerre mondiale, Hoyle était devenu professeur d'astronomie à l'université de Cambridge. Il commença aussi à faire des émissions d'astronomie à la radio et à écrire des livres et des articles de vulgarisation. Comme Gamow, Hoyle devenait un remarquable vulgarisateur de la science auprès du public.

Durant l'une de ses émissions populaires en 1950, Hoyle créa le terme de « big bang » pour décrire la répugnante (à ses yeux) théorie de Gamow. Son intention était d'en faire un terme péjoratif, mais le mot était si bien trouvé et frappait si fort l'imagination qu'il resta, mais sans connotation négative. Hoyle devint le plus connu des partisans de la théorie rivale du big bang, la théorie de l'état stationnaire. La lutte pour la suprématie intellectuelle entre ces deux théories domina la cosmologie pendant plus de vingt ans.

Un soir de 1946, Hoyle alla au cinéma voir un film intitulé *Le Mort de la nuit*, en compagnie de deux collègues de Cambridge, Thomas Gold et Hermann Bondi. L'intrigue était une suite d'histoires de fantômes, qui se terminait de manière originale : la dernière scène du film était identique à la première, c'était une histoire cyclique, continue, sans commencement ni fin. Selon la légende, cet artifice de cinéma poussa Gold à suggérer que le cosmos aussi était cyclique. La théorie du big bang et l'expansion de l'espace impliquaient qu'au fur et à mesure que les galaxies s'éloignaient, le cosmos devenait de moins en moins dense et s'effilochait comme un nuage. Gold rejetait cette notion et soutenait que l'Univers ne se dissiperait pas, parce que l'espace qui était constamment produit par l'expansion était constamment enrichi de matière neuve remplaçant les anciennes galaxies. D'où cette matière venait-elle ? De nulle part ! Selon cette théorie, l'Univers engendrait littéralement de nouveaux atomes à partir du vide, et ces nouveaux atomes se rassemblaient en galaxies, qui continuaient à s'éloigner les unes des autres.

En bref, l'état de l'Univers serait stationnaire, ayant toujours été à peu près comme nous le voyons aujourd'hui. Il ne serait pas seulement identique d'un bout de l'espace à l'autre (comme on le supposait depuis des années) mais aussi d'un bout du temps à l'autre. Bondi, Gold et Hoyle aimaient cette idée car elle évitait en particulier le principal casse-tête du big bang : l'existence d'un commencement de l'espace et du temps, un point au-delà duquel l'esprit humain ne pourrait jamais s'aventurer.

Ils publièrent séparément des articles en 1948, Bondi et Gold d'un côté, Hoyle de l'autre. L'approche de Hoyle était plus mathématique que celle, plus philosophique, de ses collègues, mais Hoyle prenait visiblement un grand plaisir aux implications philosophiques rassurantes de la théorie : l'Univers ne mourrait jamais. Jusque-là, il paraissait condamné. Selon la compréhension qu'avait le XIXe siècle de la thermodynamique, un système isolé devient de plus en plus désordonné (on dit que son entropie augmente), et ce destin semblait attendre l'Univers. Les physiciens envisageaient le cosmos comme une grande machine, qui finirait par s'arrêter comme toutes les machines. Les étoiles cesseraient de briller, les planètes tournoyantes finiraient par s'écraser sur leurs soleils. Cette mélancolie trouva son expression littéraire en 1895 dans les dernières pages du roman de H. G. Wells, *La Machine à explorer le temps*, qui raconte l'aventure d'un homme voyageant des millions d'années dans le futur. Debout devant l'océan sur une Terre presque sans vie, il voit le monde ralentir et s'assombrir. Les planètes ne tournent plus sur elles-mêmes et s'approchent de plus en plus près d'un Soleil mourant : « Un crépuscule permanent s'étendait sur la Terre [...]. Plus aucune trace de la Lune. Le mouvement des étoiles, de plus en plus ralenti, avait laissé place à des points de lumière presque immobiles [...] un Soleil rouge et énorme ne bougeait plus sur l'horizon, vaste dôme brillant d'une chaleur sourde [...]. Les rocs autour de moi étaient d'un rouge dur, et la seule trace de vie que je pus voir tout d'abord était la végétation d'un vert intense, ce vert qu'on voit sur la mousse des forêts ou les lichens des caves, ces plantes qui poussent dans un perpétuel crépuscule [...]. Je ne puis traduire le sentiment de désolation abominable qui régnait sur le monde. »

Ce même pessimisme triste se retrouve en 1923 chez le philosophe Bertrand Russell : « Tous les travaux des âges, tous les dévouements, toute l'inspiration, tout le brillant solaire du génie humain sont destinés à s'éteindre dans la vaste mort du système solaire. Et tout le temple des accomplissements de l'Homme finira inévitablement enterré dans les débris de l'Univers en ruine [...]. »

Si la théorie de l'état stationnaire était vraie, disait Hoyle, toutes les mornes visions de Russell et des prophètes de la « mort thermique » au XIXe siècle ne se réaliseraient pas. « Sans création continue, écrivait-il en 1950, l'Univers doit évoluer vers une agonie où toute la matière sera condensée en un grand nombre d'étoiles mortes [...]. Avec une création continue au contraire, l'Univers a un futur infini dans lequel toutes les structures à grande échelle aujourd'hui présentes seront perpétuées. » Pour les défenseurs de l'état stationnaire, la création continue de matière assurait que l'Univers était partout le même dans l'espace (ce qu'on appelle le principe cosmologique) mais aussi dans le temps. Hoyle et ses collègues appelèrent leur idée le principe cosmologique parfait. Un astronome verrait à peu près le même Univers des milliards d'années dans le passé ou dans le futur.

L'attrait de la théorie de l'état stationnaire était sa puissance intellectuelle : elle était beaucoup plus facile à étudier scientifiquement. La théorie du big bang requiert un commencement de l'Univers où régnaient des conditions très différentes des conditions actuelles, et donc hors de portée des physiciens (en tout cas avec les connaissances des années 40 ou 50). Au contraire, il n'y avait pas de zone obscure ignorée dans la théorie de l'état stationnaire. Dans leur article de 1948, Bondi et Gold affirment que l'Univers stationnaire est « convaincant car c'est le seul où les lois de la physique sont constantes ». Les physiciens préfèrent les théories dont ils peuvent vérifier les affirmations par le calcul. La théorie de l'état stationnaire devint donc populaire dans les années 50, et au début des années 60 elle était considérée comme au moins aussi plausible que le big bang.

Il est vrai que la théorie de l'état stationnaire est fondée sur une idée apparemment difficile à admettre : la création

Figure 24. Fred Hoyle, champion de la théorie de l'état stationnaire.

routinière de matière à partir du néant [1]. Cela « peut sembler une idée très étrange, et j'en suis bien d'accord, disait Hoyle, mais en science la bizarrerie d'une idée n'a

1. L'idée de créer quelque chose à partir du néant n'avait rien de neuf : Robert Millikan (1868-1953) avait déjà affirmé que les rayons cosmiques étaient des photons engendrés par la création continue de matière dans l'espace (création où il voyait la marque que « Dieu était toujours au travail »). Dans son livre *Astronomie et cosmogonie*, l'astrophysicien James Jeans (1877-1946) suggérait en 1928 que « les centres des nébuleuses sont des points singuliers à travers lesquels de la matière est déversée dans notre Univers depuis une autre dimension spatiale qui nous est étrangère, de sorte que pour un habitant de notre Univers, ils apparaissent comme des points où de la matière est continuellement créée ». Ironiquement, pour répondre à la question fréquente : « Qu'y avait-il avant le big bang ? », Edward Tryon et d'autres théoriciens ont récemment utilisé la théorie quantique pour affirmer que notre cosmos est littéralement sorti du néant.

aucune importance si elle marche, c'est-à-dire si l'idée peut s'exprimer de manière précise et si ses conséquences s'accordent aux observations ». Il suggérait que la matière pouvait être créée continuellement par l'intermédiaire d'un « champ de création » hypothétique, analogue à un champ électromagnétique ou gravitationnel. Le rythme auquel les galaxies s'écartent les unes des autres fixe le rythme de création de matière. Plus elles s'éloignent rapidement, plus il faut produire de matière pour maintenir constante la densité moyenne. En fait, la création de matière cause l'expansion : « l'introduction inexorable de nouvelles unités de création oblige les autres à se pousser, un peu comme l'arrivée de nouveaux invités à une réception oblige les premiers arrivés à s'éloigner de leur point de rassemblement initial [...]. »

A quel rythme cette matière doit-elle être créée pour remplacer la matière perdue dans les galaxies qui disparaissent dans les profondeurs de l'espace ? Environ 1 atome d'hydrogène par seconde dans un cube de 160 kilomètres de côté, ou encore 1 *gramme* d'hydrogène dans le volume de la Terre tous les 75 *milliards* d'années. Pour le cosmos dans son ensemble, c'est un rythme de production remarquable, qui viole le principe de conservation de la masse et de l'énergie [2]. Les tenants de l'état stationnaire admettaient que cela posait un problème théorique, mais rétorquaient qu'il était plus facile d'envisager une création lente et continue de matière à partir du néant, que la création instantanée de toute la matière que proposaient les théoriciens du big bang.

Le grand avantage de la théorie de l'état stationnaire sur celle du big bang, celui de ne pas avoir à expliquer ce qui s'était passé avant la création de l'Univers, avait un fort attrait émotionnel. L'ancienne requête d'Eddington, que le commencement du cosmos « ne soit pas trop abrupt, ce qui ne serait pas esthétique », reflète la conviction profonde que les explications scientifiques ne doivent

2. Mais à un niveau beaucoup plus faible que les confirmations expérimentales de ce principe, et la théorie de l'état stationnaire n'était donc pas en contradiction avec ces expériences (NDT).

pas ressembler à des tours de passe-passe, tel un magicien sortant un lapin de son chapeau. Pour les premiers critiques du big bang, cette théorie présentait exactement ce défaut : tous les éléments du cosmos – forces, constantes physiques, etc. – étaient arbitrairement fixés au début, avec des conditions initiales particulières. Si cela était vrai, accusaient les critiques, leur origine resterait pour toujours en dehors de la compréhension scientifique.

Hoyle caractérisait cette approche comme digne « des peuples primitifs qui, tentant d'expliquer le comportement local du monde physique, sont obligés, du fait de leur ignorance des lois de la physique, à recourir à des conditions initiales arbitraires [...] en postulant l'existence de dieux : dieux de la mer qui déterminent les conditions initiales des mouvements de la mer, dieux des montagnes, dieux des forêts [...]. Le but de la science n'est pas de construire des théories qui soient tellement entourées de conditions protectrices que personne ne peut s'y attaquer. » Les théoriciens n'aiment pas qu'on leur dise que quelque chose est au-delà de leur possibilité de compréhension. De même, pour Gold, le raisonnement tourne en rond dans la théorie du big bang car « elle affirme que l'Univers est comme il est parce qu'il était comme il était [...] ». Il disait en plaisantant que le big bang est aussi burlesque et artificiel qu'une jolie fille sortant d'un gâteau.

Par moments, le débat entre partisans du big bang et avocats de l'état stationnaire ressemblait davantage à une confrontation entre écoles philosophiques qu'entre écoles cosmologiques. Parfois le ton montait, les avocats du big bang répondaient du tac au tac aux sarcasmes de Hoyle et des autres. Dans son livre *Monsieur Tompkins*, Gamow ridiculisait les tenants de l'état stationnaire, dont le foyer était Cambridge, en notant que leur idéal d'un cosmos immuable « s'accordait avec le bon vieux principe de l'Empire britannique de maintenir le monde dans le statu quo ».

En fin de compte, ce ne furent ni les plaisanteries ni la philosophie qui devaient trancher, mais, comme pour toutes les théories scientifiques, le critère décisif allait être l'accord entre leurs prédictions et la réalité. Les théories de l'état stationnaire et du big bang faisaient des prédictions divergentes sur l'âge de l'Univers, sur les abondances comparées des différents éléments chimiques, sur la distribution de matière à travers l'espace et le temps, et sur le fond de rayonnement cosmologique. Examinons chacune de ces prédictions.

1. L'âge de l'Univers

Se fondant sur le rythme alors mesuré de la récession des galaxies, Gamow et ses collègues calculaient que l'Univers avait 1,8 milliard d'années, tandis que l'Univers était infiniment vieux pour Hoyle.

Au début, la théorie du big bang sembla se heurter à cet écueil. La datation des roches par radio-isotopes indiquait que la Terre avait 4 à 5 milliards d'années. Si les calculs de Gamow étaient justes, la Terre serait bien plus vieille que l'Univers, une absurdité évidente. Ce désaccord sur l'âge fut pendant quelque temps un encouragement important pour les théoriciens de l'état stationnaire. Le désaccord disparut dans les années 50 quand l'astronome germano-américain Walter Baade (1893-1960) montra que Hubble avait sous-estimé la distance des galaxies, et ainsi indirectement sous-estimé l'âge de l'Univers. Le cosmos était bien plus vieux, probablement âgé de 10 à 20 milliards d'années, laissant largement à la Terre le temps de se former.

2. L'abondance des éléments

Partant de leur théorie concernant l'origine des éléments, Gamow, Alpher et Herman prédirent que 90 % de la matière de l'Univers est de l'hydrogène, et près de 10 % est de l'hélium. Tous les éléments plus lourds ne représentent que 1 %. De plus, disaient-ils, les éléments devraient être répartis de façon uniforme à travers l'Univers car le big bang s'est produit partout. Au contraire,

Hoyle et ses collègues prédirent que les abondances devaient beaucoup varier de place en place si les éléments étaient formés dans des fournaises célestes locales, les étoiles, comme ils le proposaient.

Comme il arrive souvent dans les débats, les deux parties avaient partiellement raison. Gamow et ses collègues avaient confiance dans la capacité du big bang à produire l'abondance observée de l'hydrogène et de l'hélium, mais étaient moins sûrs des processus conduisant aux éléments lourds. Enrico Fermi et Anthony Turkevich à Chicago montrèrent effectivement en 1949-1950 que les éléments lourds ne pouvaient pas avoir été fabriqués dans le big bang : leurs expériences indiquaient que les noyaux ayant cinq ou huit nucléons (protons ou neutrons) étaient trop instables pour avoir le temps d'absorber d'autres protons ou neutrons avant de se désintégrer, et étaient donc incapables de former des éléments plus lourds. Les avocats du big bang pouvaient donc expliquer l'origine des éléments légers, mais non celle des éléments plus lourds que l'hélium.

Les tenants de l'état stationnaire étaient dans la situation opposée : les réactions nucléaires dans les étoiles pouvaient produire les éléments lourds, mais pas les éléments légers dans les proportions observées. Au milieu des années 60, Hoyle admit que sa théorie ne pouvait pas facilement expliquer l'abondance de l'hélium. Au contraire, les densités et températures élevées de l'Univers du big bang l'expliquaient sans problème.

Hoyle apporta une contribution majeure à la compréhension de l'origine des éléments lourds par ses calculs des années 40 et 50. Il montra avec Geoffrey et Margaret Burbidge, et William Fowler, comment les éléments lourds pouvaient se former dans les étoiles à partir d'hydrogène et d'hélium. L'explosion de certaines de ces étoiles par la suite injectait du gaz enrichi en éléments lourds et des poussières dans le milieu interstellaire. Après des millions d'années, ce gaz pouvait se condenser à nouveau en étoiles ou en planètes. Leur travail révolutionna notre compréhension de l'abondance des divers éléments lourds, et leurs conclusions sont aujourd'hui généralement acceptées. La plupart des atomes de votre corps proviennent d'étoiles qui ont explosé : nous sommes tous littéralement de la poussière d'étoiles.

L'origine des éléments nous apparaît aujourd'hui comme un processus en deux étapes : hydrogène et hélium sont produits dans les premières minutes suivant la création, les éléments lourds sont ensuite manufacturés par des processus nucléaires dans les étoiles. Le big bang (complété grâce aux travaux de Hoyle et ses collaborateurs) s'accorde avec ce scénario, mais non l'état stationnaire.

3. La distribution de matière dans l'espace et le temps

La théorie de l'état stationnaire prédit que les astronomes doivent voir des galaxies d'âges très divers, très vieilles et très jeunes, et que leur répartition dans l'espace et le temps ne doit montrer de variation ni dans leur densité ni dans leur type. Le cosmos étant éternel et la matière continuellement créée, de nouvelles galaxies se forment sans cesse et remplacent les anciennes.

La théorie du big bang prévoit au contraire que plus on regarde loin dans l'espace (et donc dans le temps, puisque la lumière met de plus en plus de temps à nous parvenir) et plus la densité de galaxies doit augmenter. En effet toute la matière ayant été créée lors du big bang, sa densité ne cesse de diminuer du fait de la dilatation de l'espace. De plus les galaxies s'étant formées peu après le big bang, il ne devrait pas y avoir de galaxies jeunes à proximité, mais en regardant de plus en plus loin, on devrait voir des galaxies de plus en plus jeunes.

La prédiction suivante est la plus célèbre de toutes, et c'est elle qui finit par trancher le conflit cosmologique.

4. La température de l'espace

Dans leur article de 1948, Alpher et Herman faisaient une prédiction devenue célèbre, mais longtemps oubliée, concernant un fond de rayonnement cosmologique. Un

Univers né d'un big bang a connu une période d'intense chaleur, et donc d'intense rayonnement, et ce rayonnement s'est constamment dilué au cours de l'expansion. Ils calculèrent que sa température ne devait pas dépasser aujourd'hui 5 k (– 268° C), et suggérèrent qu'il faudrait chercher à le détecter. Mais seize ans passèrent avant qu'une expérience ne soit montée. La théorie de l'état stationnaire ne faisait, elle, aucune prédiction sur une température de l'Univers.

> Il est suspect que dans ce modèle d'explosion [le big bang] aucune relique d'un état superdense de l'Univers ne puisse être trouvée.
>
> Fred Hoyle, *Frontières de l'astronomie* (1955).

La première menace sérieuse contre la théorie de l'état stationnaire vint de la troisième prédiction sur la distribution de la matière dans l'espace et le temps. Ironiquement, la menace ne vint pas de Gamow et de ses collègues, mais de l'un des collègues de Hoyle à Cambridge, le radioastronome Martin Ryle.

La radioastronomie a autant transformé l'astronomie moderne que le télescope de Galilée transforma l'astronomie médiévale. Les télescopes traditionnels ne voient qu'une mince bande du domaine électromagnétique, le domaine optique que nous percevons avec nos yeux. La radioastronomie fut une première fenêtre ouverte sur les autres domaines (radio, micro-ondes, infrarouge, X et gamma). Et les astronomes découvrirent d'incroyables phénomènes, extrêmement énergétiques, les quasars, les étoiles à neutrons et (peut-être) les trous noirs. Les radiotélescopes permirent également de sonder beaucoup plus profondément l'espace (et donc aussi le temps) et de tester ainsi les théories cosmologiques, en particulier les prédictions relatives à la densité de l'espace et à la température du rayonnement.

La radioastronomie naquit par accident. En 1932, Karl Jansky, travaillant sur les télécommunications à grande distance pour les laboratoires Bell, remarqua de curieux parasites venant d'une source fixe dans le ciel, dans la direction de la constellation du Sagittaire. Il construisit un réseau d'antennes pour établir une carte grossière des émissions radio du ciel, mais n'alla pas plus loin. Un astronome amateur, Grote Reber, construisit dans son jardin son propre instrument pour détecter ces signaux radio. Mais c'est la Seconde Guerre mondiale qui fut à l'origine du vrai début de la radioastronomie, grâce aux travaux faits sur les radars qui conduisirent les astronomes à s'intéresser aux domaines non optiques du rayonnement. En 1946, par exemple, un signal radar fut réfléchi par la Lune. Dans les années suivantes, les astronomes du radiotélescope de Jodrell Bank en Grande-Bretagne, et leurs collègues australiens et américains, commencèrent d'établir une carte des sources radio dans le ciel, dont certaines étaient incroyablement intenses (étoiles radio et radiogalaxies).

A cette époque, les radiotélescopes ressemblaient rarement aux bols que l'on voit maintenant, mais plutôt à des champs couverts de fins grillages tendus entre des poteaux. Ces installations fixes ne pouvaient pas être pointées vers tel ou tel objet céleste, mais elles cartographiaient passivement la portion de ciel qui défilait au-dessus d'elles au fur et à mesure que la Terre tournait. C'était assez fastidieux : l'astronomie moderne serait-elle née si Galilée avait dû passer ses soirées à attendre devant un télescope fixe que la Lune veuille bien passer devant lui ?

Jeune diplômé d'Oxford, Ryle avait travaillé sur les radars pendant la guerre et s'était ensuite tourné vers la radioastronomie. En 1950, ses collègues et lui montrèrent que quatre galaxies proches étaient des sources radio, en particulier la galaxie d'Andromède. Quelques années plus tard, Ryle établit la carte des radiosources de l'hémisphère Nord à une longueur d'onde de 3,7 m, en utilisant un réseau d'antennes ressemblant à des lignes à haute tension et couvrant un demi-hectare à côté de Cambridge.

Ses résultats stupéfièrent les partisans de l'état stationnaire; les radiogalaxies n'étaient pas distribuées uniformément dans l'espace : plus elles étaient distantes, plus elles étaient nombreuses. La densité de radiogalaxies était donc plus grande dans le passé, contredisant la prédiction de leur modèle d'une distribution uniforme dans l'espace *et* le temps. Une controverse s'ensuivit car un observatoire australien annonçait des résultats moins nets que ceux de Ryle. Mais le point de vue de Ryle l'emporta : l'Univers était plus dense dans le passé. Et donc le cosmos n'était pas identique en tout lieu et en tout temps, comme le soutenait le principe cosmologique parfait de Bondi, Gold et Hoyle.

Un exemple encore plus fort de non-uniformité de la matière dans le temps fut découvert au début des années 60 : les quasars. Ces objets « quasi stellaires » ont des décalages vers le rouge extraordinairement élevés (les longueurs d'onde sont parfois multipliées par 3 ou 4). D'après la loi de Hubble, ce décalage traduit une distance extraordinairement grande : les quasars sont alors des objets extrêmement anciens, à peine moins vieux que le big bang. Ils diffèrent de tout ce que l'on peut voir autour de nous dans l'Univers moderne, émettant une énergie colossale à partir d'une zone très petite (quasi stellaire). On pense aujourd'hui que les quasars sont des noyaux très actifs de jeunes galaxies. En bref, les quasars donnent une image de l'Univers primordial très différente de l'Univers actuel, et donc très différente de l'Univers immuable de la théorie de l'état stationnaire.

Les découvertes de Ryle menaçaient la théorie de Hoyle et ravissaient Gamow. Sa femme Barbara écrivit un poème qu'il publia dans un de ses livres :

« Vos années de labeur,
Dit Ryle à Hoyle,
Sont des années perdues, croyez-moi.
L'état stationnaire est démodé.
Si mes yeux n'errent point,
Mon télescope a anéanti votre espoir,
Vos dogmes sont réfutés.
Soyons nets :
« Notre Univers
Se dilue de jour en jour ! »

Hoyle répondit : « Vous citez
Lemaître, je le note,
et Gamow ! Oubliez donc
Ce gang errant, et son big bang.
Pourquoi être leur complice ?
Voyez-vous, mon ami,
Il n'a pas de fin,
Et il n'y eut pas de commencement,
Bondi, Gold et moi l'affirmerons
Jusqu'à ce que nos cheveux se clairsèment ! »

Les arguments contre l'état stationnaire se durcissant, Hoyle vacilla. Il concéda en 1965 dans la revue *Nature* que « les comptages de radiogalaxies indiquent que l'Univers était plus dense dans le passé » et que « les quasars montrent que l'Univers a traversé un état de densité plus grande [...] et que l'idée d'état stationnaire doit maintenant être rejetée, en tout cas sous la forme qui est largement connue ». Quelques années plus tard, il revint pourtant à une variante de l'état stationnaire, et il persiste aujourd'hui à considérer qu'une forme ou une autre de création continue est préférable au big bang. Mme Gamow était bonne prophétesse : je puis vous dire que les cheveux de Hoyle sont argentés, mais il ne semble guère en avoir perdu.

J'ai rencontré Hoyle à plusieurs reprises, notamment en décembre 1991 lors d'une conférence sur « La cosmologie observationnelle » à Durham en Grande-Bretagne. Sa chambre était proche de la mienne, et nous avons souvent déjeuné et parlé ensemble. Je l'ai trouvé vif et pugnace. Quand un des participants voulut le présenter comme un précurseur de la théorie de l'inflation (dont nous parlerons plus loin), Hoyle refusa d'y être mêlé d'une manière quelconque. Pour lui, il était beaucoup plus grave d'être associé à une théorie postulant un début à l'Univers, comme la théorie de l'inflation, que de ne pas voir son antériorité reconnue.

Hoyle a maintenant pris du recul et parle avec plus de sérénité de ses batailles passées. Mais parfois l'amertume perce, comme dans ces remarques faites en 1988 lors d'une conférence en Italie : « Dès 1955, Ryle pensait qu'en comptant des radiosources il pourrait réfuter la théorie de l'état stationnaire. Le programme qu'il poursuivit sans relâche pendant des années ne semble pas avoir eu d'autre but. Il n'était pas question d'établir quelle cosmologie était correcte, mais seulement de contredire un collègue de la même université, une situation dont je n'ai jamais pensé qu'elle méritait les applaudissements que le monde scientifique fit pleuvoir sur Ryle. [...] J'en suis à me demander pourquoi quelqu'un aurait dû croire Ryle [...] et la seule explication plausible que je puisse offrir est que les affirmations de Ryle étaient culturellement désirables. »

Hoyle ne précisa pas ce qu'il entendait par « culturellement désirables », mais il n'était pas le premier cosmologiste à accuser ses critiques d'être influencés par des motifs extra-scientifiques. D'autres critiques du big bang ont également dit que sa popularité venait de sa ressemblance avec le récit de la création à la première page de la Bible (c'est, du moins, l'avis de certains apologistes chrétiens). Ils soulignent à plaisir que le premier théoricien du big bang, Lemaître, était aussi un prêtre [3]. « Nos mythes contemporains aiment à se draper dans des voiles scientifiques pour prétendre à une grande respectabilité », accuse un distingué adversaire du big bang, le prix Nobel Hannes Alfvén. De leur côté, les théoriciens du big bang n'ont pas non plus hésité à accuser leurs rivaux de motifs cachés. Edward Harrison, cosmologiste marquant du big bang, a même été jusqu'à suggérer qu'Eddington s'était opposé à la théorie d'un début de l'Univers, parce qu'il n'était pas à l'aise avec les questions de naissance, puisque c'était un « célibataire vivant avec sa sœur ».

Finalement, en 1964, la théorie de l'état stationnaire était au bord du gouffre, et une pichenette suffisait à la faire basculer.

3. Lemaître lui-même a toujours soutenu que sa théorie n'avait aucun rapport avec la religion, et il fut contrarié quand le pape Pie XII cita en 1951 le big bang comme preuve de la création divine.

En août 1959, j'avais quatorze ans, et les Etats-Unis lançaient un satellite appelé Echo. C'était un immense ballon, grand comme un immeuble et si réfléchissant qu'il était facilement visible du sol. La nuit suivant sa mise sur orbite, mes parents et moi sortîmes dans notre jardin pour le voir passer au-dessus de nos têtes. Les ingénieurs radio firent rebondir sur ce brillant point de lumière un message du président Eisenhower. Le but était de savoir si les satellites de communication, proposés dès 1945 par Arthur C. Clarke, étaient réalisables.

Pour ces expériences, une antenne de radio très spéciale avait été construite aux Etats-Unis, à Holmdel dans le New Jersey. Elle ressemblait à un cornet ou à une trompette, assez grande pour détecter des signaux faibles, et était utilisée par les ingénieurs des célèbres laboratoires Bell (où fut inventé le transistor, entre autres choses). Ses constructeurs n'avaient pas imaginé que leur antenne pourrait aussi détecter une forme différente de rayonnement, prédite près de vingt ans avant mais oubliée depuis, le fond de rayonnement cosmologique.

Comme cela arrive souvent pour les avancées majeures de la science, plusieurs personnes s'étaient approchées très près de la découverte, mais pour une raison ou une autre ils n'étaient pas arrivés au but. A la fin des années 40, certains savants avaient enregistré un rayonnement inhabituel venant du ciel, sans pouvoir en préciser la source. Ils conclurent en général qu'il s'agissait de parasites ou d'une erreur de leurs instruments. Aucun ne semble avoir soupçonné un rayonnement cosmologique. En 1946, Robert Dicke inventa le radiomètre différentiel, un instrument très sensible pour déterminer la distribution d'un rayonnement. Il l'utilisa pour explorer le ciel en ondes radio, et il conclut qu'un éventuel fond de rayonnement ne dépassait pas 20 K. A l'époque, il cherchait un rayonnement quelconque venant du ciel profond, pas particulièrement un rayonnement cosmologique, lueur relique du big bang.

Au printemps de 1964, Arno Penzias et Robert Wilson, chercheurs des laboratoires Bell, utilisaient l'antenne d'Holmdel à une longueur d'onde de 7,35 cm pour étu-

Figure 25. Robert Wilson (à gauche) et Arno Penzias devant l'antenne d'Holmdel avec laquelle ils découvrirent accidentellement le fond de rayonnement cosmologique (Archives AT&T).

dier le niveau des parasites qui pourraient perturber les communications avec Echo. De façon inattendue, ils enregistrèrent un rayonnement persistant, correspondant à une température de rayonnement de 3,5 K. Le signal était identique dans toutes les directions, et ils n'arrivaient pas à l'éliminer. Ils envisagèrent même que la cause pouvait être ce qu'ils appelèrent pudiquement un « matériau diélectrique blanc », des fientes de pigeon. Ou peut-être la chaleur dégagée par les pigeons (l'antenne était si sensible). Ils nettoyèrent l'antenne, mais le signal était toujours là. Un de leurs collègues, le radioastronome Bernard Burke du MIT, suggéra qu'il pourrait avoir une origine cosmologique, et il les mit en rapport avec les astrophysiciens Robert Dicke et James Peebles, qui étaient tout près, à Princeton.

A cette époque, Peebles exposait un peu partout l'idée que les éléments légers pourraient avoir été formés dans l'Univers primordial. Il ignorait complètement les travaux de Gamow, Alpher et Herman, et leur conclusion qu'un rayonnement primordial devait aujourd'hui encore baigner l'Univers à une température résiduelle de 5 K environ. Dicke et Peebles redécouvrirent indépendamment que si la théorie du big bang était correcte, un rayonnement primordial devait exister. Ils estimèrent que sa température devait être de l'ordre de 10 K, et préparèrent une expérience pour le détecter.

Alors que Dicke discutait un jour de cette expérience avec ses collègues, Peebles, Peter Roll et David Wilkinson, le téléphone sonna et Dicke répondit. Les autres entendirent des mots comme « fond de rayonnement » et « 3 K », et leurs oreilles se dressèrent. Dicke raccrocha, se tourna vers ses collaborateurs et leur dit : « On s'est fait doubler ! » Penzias et Wilson venaient de lui décrire leur rayonnement bizarre, et ils n'avaient aucune idée de son origine. Dicke en avait-il une ? Il en avait une.

Les deux équipes décidèrent alors de publier deux articles à la suite l'un de l'autre dans la revue *Astrophysical Journal Letters.* L'article de Penzias et Wilson portait le titre peu accrocheur de « Mesure d'un excès de température d'antenne à la fréquence de 4 080 mégahertz », et décrivait de façon très modérée leurs observations, sans plus. Mais il contenait une phrase apparemment innocente : « Une explication possible pour cet excès de température d'antenne est donnée dans l'article de Dicke, Peebles, Roll et Wilkinson, qui suit celui-ci. »

Cette « explication possible » était une bombe. Elle suggérait que l'antenne d'Holmdel avait détecté un rayonnement venant de la création de l'Univers, du big bang. Cet article de Dicke et de ses collaborateurs décrivait comment le big bang pouvait engendrer un rayonnement, aujourd'hui refroidi. Le résultat fit la première page du *New York Times* le 21 mai 1965, qui annonçait qu'une preuve convaincante en faveur du big bang venait finalement d'être trouvée. Wilson raconta plus tard qu'il n'avait pas réalisé l'importance de leur découverte avant de la voir en première page du *New York Times*.

Dans leur jargon technique, la découverte de Penzias et Wilson ne semble guère excitante : ils ont détecté un rayonnement isotrope dont l'intensité correspondait à une température d'environ 3 K. Une longueur d'onde de 7,35 cm correspond à une fréquence de 4 080 mégahertz. Mais le point crucial était l'isotropie de ce rayonnement et son caractère de corps noir. L'isotropie signifie que l'intensité était exactement la même dans toutes les directions du ciel, et c'est ce qu'on attend du big bang, qui s'est passé partout simultanément et dont les dernières lueurs sont uniformes à travers le ciel.

Un rayonnement de « corps noir » survient chaque fois que des particules entrent fréquemment en collision en équilibre thermique. Etant donné l'intensité de ces collisions dans le supposé big bang, un flux énorme de rayonnement aurait dû être produit dans les premiers temps et devrait toujours être présent dans l'Univers. Un rayonnement de corps noir est facilement identifié par son spectre, un « spectre de Planck [4] ».

4. En 1900, Max Planck expliqua la distribution en énergie du rayonnement du « corps noir » en fonction de la longueur d'onde (son « spectre ») en postulant que la lumière ne pouvait absorber ou émettre

La plupart des gens sont familiers avec la décomposition de la lumière blanche au travers d'un prisme en verre (ou d'une goutte d'eau). Chacune des couleurs correspond à une longueur d'onde différente de la lumière, et le spectre présente une distribution caractéristique de l'énergie du rayonnement sur les diverses longueurs d'onde. Les radioastronomes peuvent de la même façon analyser un signal en le divisant en différentes longueurs d'onde, et la courbe spectrale montre comment l'intensité reçue varie avec la longueur d'onde. Le rayonnement de corps noir a un spectre caractéristique, qui ressemble à une bosse de dromadaire, légèrement asymétrique.

Selon la théorie du big bang, l'Univers était en équilibre thermique au début. Une lumière fulgurante emplissait tout l'Univers, voyageant dans toutes les directions, avec le spectre caractéristique d'un corps noir à haute température, des milliards de milliards de degrés. Avec l'expansion, les longueurs d'onde de la lumière augmentèrent comme toutes les longueurs, le bleu se décalant vers le rouge, puis l'infrarouge et finalement les micro-ondes. Le spectre de Planck s'est peu à peu décalé en bloc, mais en gardant sa forme caractéristique et en marquant donc des températures de plus en plus faibles : l'expansion refroidit l'Univers.

Pendant 300 000 ans environ, la température est restée suffisamment élevée pour empêcher électrons et noyaux

que des quantités fixes d'énergie, les quanta. La théorie quantique qui en découla fut une des plus grandes révolutions de l'histoire des sciences. Planck, comme d'autres physiciens, était embarrassé par une prédiction de l'électrodynamique classique, nommée la « catastrophe ultraviolette », selon laquelle un corps chauffé devait émettre l'essentiel de son énergie en lumière de courte longueur d'onde, donc vers l'ultraviolet, ce qui n'est pas observé. La solution radicale de Planck défiait le sens commun, mais elle marchait *très* bien. L'émission de lumière de courte longueur d'onde imposait, selon Planck, de rassembler plus d'énergie que pour les grandes longueurs d'onde. Cela était de plus en plus difficile quand la longueur d'onde diminuait, et un corps noir émettait le maximum de son énergie à une longueur d'onde intermédiaire, d'où la forme en bosse de dromadaire du spectre de Planck. L'idée de Planck était aussi révolutionnaire que les théories d'Einstein de la relativité, car elle indiquait que l'énergie et la matière étaient en fin de compte discontinues.

de se combiner en atomes : chaque fois qu'un électron s'associait avec un noyau, il était éjecté par un photon énergique (quantum de rayonnement) de la soupe chaude primordiale. Particules chargées et photons interagissant très fortement, l'Univers était alors une soupe opaque, les photons émis n'allant pas très loin avant d'être absorbés ou diffusés. Mais l'Univers continuait à se refroidir, et le moment arriva où les photons n'eurent plus assez d'énergie pour déloger les électrons qui s'associaient aux noyaux. Deux choses arrivèrent alors : d'une part, noyaux et électrons formèrent des associations stables et électriquement neutres, les atomes, et d'autre part les photons cessèrent pratiquement d'interagir avec ces objets neutres, et l'Univers devint transparent. Ce découplage de la matière et du rayonnement laissa désormais les photons continuer librement leurs trajectoires dans toutes les directions, et ces photons forment précisément le fond de rayonnement cosmologique que nous observons, perpétuel rappel de notre naissance brûlante.

Parfois certains demandent pourquoi nous voyons ce rayonnement continuellement, pourquoi il ne passe pas à côté de nous avant de disparaître comme l'éclair d'une explosion lointaine. Cette question reflète la confusion fréquente et compréhensible sur la vraie nature du big bang. Celui-ci n'est pas arrivé en un lieu donné dans un vide infini, il est arrivé partout parce qu'il était tout. Il n'y avait rien, pas même le vide, à côté de lui. Par conséquent, le rayonnement est partout, va partout dans toutes les directions, et continuera ainsi aussi longtemps que l'Univers existera, car rien n'interrompt la trajectoire de ces photons (à part quelques très rares interactions avec la matière galactique ou un détecteur...). Chaque année, nous voyons un rayonnement qui est parti dans notre direction au même instant que celui observé l'année précédente, mais qui est parti de 1 année-lumière plus loin que ce dernier. Du fait de cette distance supplémentaire, il est légèrement plus décalé vers le rouge, mais la différence (1 année sur 15 milliards, l'âge de l'Univers) est trop faible pour être détectée.

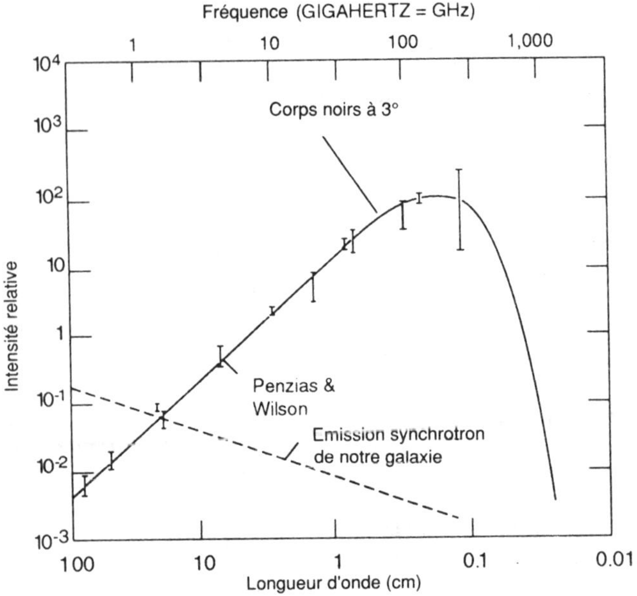

Figure 26. Le spectre d'un corps noir à 3 K. Le point marqué Penzias & Wilson indique la découverte initiale, la barre indiquant l'intensité probable compte tenu de la précision limitée de l'expérience. Les autres barres indiquent d'autres observations jusqu'au milieu des années 70. La ligne en pointillé montre l'intensité du rayonnement provenant de notre propre Galaxie.

La découverte du fond de rayonnement cosmologique porta un coup fatal à la théorie de l'état stationnaire. Dennis Sciama, théoricien de l'état stationnaire, se rendit en 1967 après une vaillante résistance et admit la victoire des partisans du big bang. « Pour moi, se lamentait-il, la perte de la théorie de l'état stationnaire est une grande tristesse. Elle avait une beauté et une ampleur que, pour une raison inexplicable, l'architecte de l'Univers a négligées. L'Univers se révèle un travail bâclé, mais je suppose qu'il faudra faire avec. »

Chapitre V

A LA RECHERCHE D'ANTIMONDES

Les périls de la vie moderne

Bien au-delà de la troposphère
Se trouve une région morne et stellaire
Où sur une traînée d'antimatière
Vivait le Dr Edward Anti-Teller [1].
Bien loin de la Fusion des origines,
Il vivait inconnu et ignorant
Avec tous ses anti-parents et anti-amis.
Un matin, errant sur la plage,
Il vit une boîte de conserve monstrueuse
Qui portait les trois lettres AEC [2]
D'où sortit un visiteur de la Terre.
Se saluant gaiement par-dessus les sables
Les deux se rencontrèrent qui, de leurs façons étrangères,
Se ressemblaient comme deux gouttes d'eau.
Leurs mains droites se joignirent, et le reste fut rayons gamma.

H. P. F., *New York Times* (10 novembre 1956).

L'objectif : soulever 2 tonnes de matériel délicat et coûteux dans la haute atmosphère, et le ramener délicatement au sol pour que les dizaines de milliers de mesures scientifiques rassemblées là-haut puissent être analysées dans le confort d'un laboratoire.

Le moyen : des ballons géants emplis d'hélium, lévia-

1. Le physicien Edward Teller est un des principaux artisans de la bombe H américaine.
2. L'AEC (Atomic Energy Commission) était responsable de toutes les recherches nucléaires aux Etats-Unis. Elle a été remplacée par le DOE (Department of Energy).

thans indisciplinés qui frissonnent et craquent bruyamment dans la plus douce des brises, qui semblent constamment menacer de destruction l'équipement comme les expérimentateurs, et qui sont pourtant aussi fragiles que le mince film de plastique qui les constitue.

Je savais que les ballons scientifiques représentaient une drôle d'aventure, et c'est pour cela que je les avais choisis. Mais cela se révéla beaucoup plus compliqué techniquement que je ne l'avais imaginé, et aussi bien plus romanesque. Ils finirent également par me briser le cœur, ou tout au moins par tempérer mon enthousiasme pour ce genre d'aventure scientifique.

Tout comme le lancement d'une fusée, la préparation d'un vol de ballon exige que tout soit parfait, vérifié et revérifié. Le ballon doit être parfaitement arrimé pour éviter les enchevêtrements au décollage. Chaque pièce de l'équipement doit fonctionner à la perfection, ce qui nécessitait dans notre cas de le maintenir dans le vide à basse température, car il n'y a guère de possibilité de corriger quelque chose une fois dans le ciel. Le mécanisme de largage, qui permet à la nacelle de redescendre en toute sécurité, doit fonctionner sans faute, sinon l'expérience s'achève brutalement, et des centaines de milliers de dollars d'instrumentation scientifique se transforment en ferraille. La météo doit également être plus que bonne, sinon la nacelle, même correctement larguée, disparaît corps et biens emportée par les vents hors d'atteinte, et termine parfois au fond de l'océan.

Quelque chose dans ma nature me pousse à ce genre de défi, et je n'oublierai jamais la joie de mes premiers lancements au début de 1971. L'une de mes responsabilités était de charger un aimant supraconducteur, élément clé de l'équipement que nous lancions. La procédure nécessitait de refroidir l'aimant dans l'hélium liquide, et il y avait un danger toujours réel que la charge et le refroidissement se décalent, conduisant à une dangereuse explosion. J'étais très fier d'avoir les nerfs assez solides pour cela, malgré quelques déconvenues désagréables, pendant que d'autres préféraient se tenir à l'écart [3]. Comme chef de groupe, j'insistais pour attendre une météo idéale, le plus léger souffle d'air mettant en danger le lancement ou l'atterrissage. A cause de cette obsession, l'équipe sur place nous appelait les « poules mouillées de Californie ». Quelqu'un façonna même une poule psychédélique en papier mâché, et la colla sur la nacelle pour le voyage.

Une fois le ballon lâché, son ascension lente et majestueuse déclenche une bouffée de triomphe, et de soulagement, car une multitude de tâches éprouvantes physiquement et mentalement s'achève. Pendant un moment, vous regardez le ballon diminuer de plus en plus dans le crépuscule (les lancers ont souvent lieu le soir), le soleil bas sur l'horizon illuminant la surface réfléchissante qui ressemble à une brillante planète. Bien vite, il ne reste que les bruits de la nuit, vos espoirs pour la mission, et les multiples craintes de l'horrible éventualité que quelque chose aille de travers.

C'est l'attirance pour la cosmologie qui m'avait conduit à lancer des ballons. En 1966, j'avais commencé par être un physicien des particules au MIT où j'eus la chance d'avoir pour professeurs des gens comme David Frisch, Steven Weinberg ou Victor Weisskopf. La science satisfaisait mon besoin de rechercher les fondements de la nature, et peu de disciplines sont aussi fondamentales que la physique des particules ou la cosmologie dans leur examen minutieux de la nature de l'Univers et de son origine. La physique expérimentale des particules était en train de changer à cette époque, en raison de la taille toujours accrue des accélérateurs et des détecteurs. Dans la dernière expérience de physique des particules à laquelle j'ai participé, notre équipe comprenait cinq personnes, mais je savais que la prochaine en comprendrait vingt-cinq, et que ce nombre ne cesserait

3. L'automatisation est arrivée depuis, et la procédure est maintenant contrôlée par ordinateur.

de croître [4]. Je n'avais que vingt-cinq ans et, dans un tel environnement, je n'aurais guère de responsabilités avant longtemps, ni d'occasion de marquer mon passage.

En cosmologie, en revanche, les équipes étaient réduites, et le domaine était sur le point de devenir une science moderne. Traditionnellement la cosmologie était un mélange des autres disciplines, essentiellement l'astronomie et la métaphysique. Je compris que si elle utilisait les techniques de la physique des particules – équipes organisées, acquisition de données utilisant les technologies les plus avancées et analyse de données sur ordinateurs –, la cosmologie pourrait devenir une science puissante à part entière, et je voulais y prendre part. Je quittai donc le MIT en 1970 pour l'université de Californie à Berkeley, pour travailler avec Luis Alvarez au Lawrence Berkeley Laboratory (LBL). Ce laboratoire fonctionne sur des fonds fédéraux et a accueilli un grand nombre de prix Nobel. Il est niché dans les collines boisées au-dessus de Berkeley, où des cerfs surprennent parfois les automobilistes, et où les lumières de San Francisco scintillent de l'autre côté de la baie comme une galaxie voisine. Les trois mille employés du laboratoire travaillent sur un large éventail de recherches civiles [5] de pointe, de l'astrophysique à la cartographie des gènes et aux économies d'énergie.

Mes collègues étaient Andy Buffington, Larry H. Smith et Mike Wahlig, et Charles Orth nous rejoignit rapidement. Luis Alvarez, que nous appelions Luie, était le leader du projet, et pour nous source à la fois d'inspiration et d'une certaine terreur. Il est bien connu à l'extérieur de notre domaine pour avoir suggéré que les dinosaures avaient été anéantis par l'impact d'un asté-

4. Les expériences mobilisent aujourd'hui de cinq cents à mille physiciens (NDT).

5. Cela surprend parfois les visiteurs qui confondent le LBL avec le Lawrence Livermore Laboratory, un centre de recherches sur les armes nucléaires, à une cinquantaine de kilomètres à l'est de San Francisco. Le principal point commun des deux laboratoires est leur fondateur, Ernest O. Lawrence, pionnier des accélérateurs de particules et de la physique nucléaire.

roïde sur la Terre, il y a 65 millions d'années. Prix Nobel en 1968, Luie était déjà une figure de légende. C'était un des hommes les plus changeants, bourrus et brillants qu'on puisse rencontrer, et son influence fut inexorable sur nos carrières et sur notre façon de concevoir la recherche scientifique.

Né en 1912, fils du Dr Walter Alvarez de la Mayo Clinic, célèbre chroniqueur médical, Luie participa au Projet Manhattan, la construction de la bombe atomique, et il fit plusieurs contributions majeures en physique des particules. En dehors de son idée violemment hétérodoxe sur l'extinction des dinosaures, qui secoua le monde de la paléontologie mais est actuellement prise très au sérieux, Luie étudia une variété de sujets exotiques allant de l'assassinat du président Kennedy (sa conclusion étant que l'hypothèse de l'assassin unique était raisonnable) aux secrets des pyramides égyptiennes (par une sorte d'analyse « aux rayons X », mais en utilisant les rayons

Figure 27. Luis Alvarez à son bureau à Berkeley, avec les photographies de ses héros et de ses amis : de gauche à droite, Ernest Rutherford, son père Walter Alvarez, et les physiciens Don Gow, Albert Einstein et Enrico Fermi (Lawrence Berkeley Laboratory).

cosmiques). Luie était un mentor exigeant, qui ne supportait pas facilement les imbéciles. Tous les lundis soir il invitait chez lui ses collaborateurs, et l'un d'eux devait faire un exposé sur un sujet donné. Mon collègue Marc Gorenstein se souvient comment, lorsque à son premier exposé il montra son premier transparent, Luie rugit : « Terrible, terrible, terrible ! » Il y avait cinq erreurs, accusait-il, et il entreprit de les souligner. De tels assauts étaient d'excellents entraînements en vue d'une carrière scientifique. « Je travaille maintenant pour une société commerciale, dit Marc, et les gens se demandent pourquoi je suis un orateur aussi intrépide. »

Luie avait lancé les ballons scientifiques dans les années 60, à travers un programme de la NASA appelé HAPPE *(High altitude particle physics experiment)*, nom malheureusement guère prémonitoire [6]. Luie avait lancé HAPPE par précaution, au cas où de nouveaux accélérateurs ne seraient pas financés.

Par précaution ! En fait, l'accélérateur de Fermilab fut financé, et l'équipe du projet HAPPE connut le désastre. A la fin du premier vol HAPPE en ballon, le dispositif qui reliait la nacelle aux parachutes cassa, et la nacelle fit une chute libre de 30 000 mètres dans l'océan Pacifique. Rien ne fut récupéré et il fallut ouvrir un dossier « Perdu en mer ». J'héritai de ce dossier, et cela aurait dû m'avertir : plus tard, j'ouvrirais les dossiers « Perdu dans les Badlands », « Perdu dans la jungle », « Perdu dans l'espace »...

Quand je rejoignis l'équipe, l'objectif était de mettre sur pied une nouvelle expérience qui permettrait de découvrir une autre relique possible du big bang que le fond de rayonnement cosmologique. Le big bang était alors devenu l'explication favorite de l'origine de l'Univers, soutenue par plusieurs arguments : l'expansion de l'Univers, l'existence d'un fond de rayonnement cosmologique, et l'abondance relative d'hydrogène et d'hélium

6. Expérience de physique des particules à haute altitude. L'acronyme HAPPE se prononce comme le mot *happy*, qui signifie heureux (NDT).

dans l'Univers. L'existence de l'une des substances les plus étranges du cosmos, l'antimatière, était aussi considérée comme l'indice d'un big bang dans le passé. C'est à la recherche de l'antimatière que j'envoyai mon premier ballon, ma première aventure dans la *terra incognita* de la cosmologie.

Même la plus sobre des descriptions de l'antimatière a un petit côté science-fiction. Le monde que nous connaissons, vivant ou non, est fait de matière : protons, neutrons et électrons forment les atomes dont tout est fait. Et l'antimatière ? Un rocher d'antimatière ressemble à un rocher, une personne formée d'antimatière à une personne normale, et une étoile d'antimatière à une étoile normale. Une substance formée d'antimatière possède les mêmes propriétés physiques qu'une substance normale : l'antieau bout à 100° C et gèle à 0° C. Rien n'empêche que, comme le Teller du poème, nous possédions tous un double formé d'antimatière. Mais si vous rencontrez le vôtre, ne lui serrez pas la main ! Car matière et antimatière s'annihilent réciproquement, et la conversion totale de la masse en énergie provoque une explosion extrêmement violente. C'est une conséquence spectaculaire de l'équivalence entre masse et énergie de la relativité restreinte ($E = mc^2$).

Quelque chose qui brûle libère de l'énergie sous forme de lumière et de chaleur. Ce spectacle nous est familier, mais quand du charbon brûle, ou de l'essence, il n'y a que 1 milliardième de la masse qui est convertie en énergie. Un réacteur nucléaire est beaucoup plus efficace : la fission de l'uranium (la cassure des noyaux) libère 0,1 % de l'énergie de masse. La fusion des noyaux d'hydrogène en hélium, la source d'énergie des étoiles, des bombes H, et peut-être un jour notre principale ressource énergétique, est cinq fois plus efficace, mais cela ne fait toujours que 0,5 %. L'annihilation matière-antimatière est efficace à 100 % : 1 kilogramme d'antimatière par jour suffirait à fournir l'Europe en énergie. Cela permet à certains visionnaires de rêver à des perspectives de sources d'énergie illimitées, en supposant que l'on puisse trouver de l'antimatière et la domestiquer.

L'antimatière est formée de particules élémentaires, comme la matière, ou plus exactement d'antiparticules, qui ont les propriétés symétriques des particules habituelles : par exemple, l'antiproton possède la même masse que le proton, mais une charge électrique opposée, négative donc, et d'autres propriétés sont également inversées. A toute particule élémentaire correspond une antiparticule. Parfois l'antiparticule peut être identique à la particule, c'est par exemple le cas du photon, le quantum de lumière.

Le physicien anglais Paul Dirac en proposa l'existence en 1929, comme conséquence des équations qu'il avait écrites pour unifier relativité restreinte et théorie quantique. Dirac était célèbre pour sa concision et n'avait pas de temps à perdre avec les esprits un peu limités. Un jour, à la fin d'un exposé, un auditeur intervint : « Monsieur Dirac, je n'ai pas compris comment vous avez dérivé cette équation, en haut à gauche du tableau. » Dirac répliqua : « Ceci n'est pas une question, c'est une déclaration. Une autre question ? »

Les calculs de Dirac contredisaient son intuition, et cela le mettait mal à l'aise, mais il en acceptait la logique (à la différence d'Einstein devant les conséquences de la relativité générale). Sa conclusion était sans équivoque : la création de matière à partir d'énergie s'accompagne de la création d'une quantité égale d'antimatière. A chaque proton de l'Univers devait correspondre un antiproton, à chaque neutron un antineutron, à chaque électron un antiélectron, ou positron [7].

7. En 1929, le neutron n'était pas découvert, ni aucune antiparticule, et Dirac pensa d'abord que le partenaire de l'électron, de charge positive, n'était autre que le proton. Il était très satisfait d'avoir une théorie selon laquelle l'existence de l'électron impliquait celle du proton, mais il se rendit vite compte qu'une antiparticule devait avoir la même masse que la particule correspondante. Or le proton est deux mille fois plus lourd que l'électron. Il devait donc exister un partenaire de l'électron de charge positive, le positon ou positron, et un partenaire du proton de charge négative, l'antiproton (NDT).

La théorie audacieuse de Dirac intrigua, mais ses pairs l'acceptèrent. Le *New York Times* lui consacra un article le 10 septembre 1930 sous le titre, « Les savants acclament une nouvelle théorie de l'atome ». Les physiciens auraient bien voulu la mettre à l'épreuve, mais comment ? Nous sommes aujourd'hui familiers des accélérateurs de particules, ces immenses machines qui les expédient avec une énergie colossale contre des cibles. Ces collisions produisent parfois de nouvelles particules, et l'expérimentateur n'a plus qu'à noter si la production de ces nouvelles particules s'accompagne des antiparticules correspondantes. Mais dans les années 30, les accélérateurs en étaient encore à leurs premiers balbutiements, et leur puissance était très faible. Le plus grand tenait facilement dans une petite salle [8], et sa puissance était insuffisante pour créer de l'antimatière.

Heureusement, juste à notre porte se trouve un immense accélérateur de particules, l'Univers. La Terre est sans arrêt bombardée par d'innombrables particules élémentaires venant de l'espace, dont certaines venant de galaxies lointaines sont parties avant l'époque des dinosaures. Ces flux de particules sont appelés les rayons cosmiques. La plupart sont des particules chargées, accélérées à des vitesses proches de celle de la lumière par les ondes de choc nées de l'explosion d'étoiles (supernovae) ou d'autres violents événements cosmiques. Quand ils pénètrent dans la haute atmosphère de la Terre, ces rayons cosmiques entrent en collision avec les atomes de l'atmosphère,

8. En comparaison, le projet américain SSC de supercollisionneur à supraconducteurs occuperait quelques dizaines de milliers de kilomètres carrés au Texas au début du prochain millénaire. Son but est de provoquer des collisions de protons et d'antiprotons à une énergie telle qu'elle recrée brièvement les conditions régnant 1 millionième de millionième de seconde après le big bang. Cela permettra de tester les théories qui affirment que les différentes forces connues fusionnaient en une « superforce » dans les premiers instants. Le SSC permettrait d'observer la fusion de la force électromagnétique et de la force nucléaire faible en une force unique plus symétrique. Un nouvel état de la matière, qualitativement différent de tous ceux précédemment observés, devrait apparaître, et cela nous éclairerait sans nul doute sur l'origine de l'Univers.

produisant des cascades de particules secondaires, qui déclenchent à leur tour de nouvelles cascades. La plupart des rayons cosmiques sont absorbés par l'atmosphère, mais les particules secondaires peuvent parfois parvenir jusqu'au sol. Les physiciens se demandèrent s'il serait possible de détecter ces hypothétiques antiparticules parmi les débris atomiques arrivant au sol, et de vérifier ainsi la théorie de Dirac.

En 1932, Carl Anderson surveillait à Caltech (l'Institut de technologie de Californie) les rayons cosmiques avec une chambre à brouillard. Cette chambre fut inventée en 1911 par le physicien écossais Charles Wilson (1869-1959) pour simuler la formation des nuages. Récipient rempli de vapeur d'eau sursaturée, le passage d'une particule chargée y laisse une traînée d'ionisation, car les électrons sont éjectés des atomes, qui deviennent alors des ions, et ces ions catalysent la formation de gouttelettes d'eau. Pendant des années, il y en avait une devant l'entrée principale du LBL : on voyait une légère brume dans la chambre, et brusquement une traînée de gouttelettes matérialisant le passage d'une particule chargée. Parfois la traînée pointait vers vous !

Anderson avait placé sa chambre à brouillard dans un champ magnétique, qui déviait les particules de charge positive dans une direction, et celles de charge négative dans la direction opposée. Le rayon de courbure des trajectoires dépendait de la masse et de la vitesse des particules. A travers le hublot de la chambre, Anderson photographiait les traces laissées par le passage des particules, traces qui signaient ainsi l'identité de la particule.

Comme prévu, le détecteur enregistrait de façon routinière le passage d'électrons et de protons, quand le 2 août 1932 il photographia la trace laissée par une particule de même masse que l'électron, mais dont la trajectoire se courbait dans le sens inverse, celui des charges positives. Ce visiteur surprise était la première particule d'antimatière jamais détectée, un antiélectron ou positron. Ce positron venait probablement d'une cascade engendrée par l'interaction d'un rayon cosmique, électron ou proton, et d'un noyau de la haute atmosphère.

Dirac, qui avait été très prudent sur sa propre prédiction et avait même émis des doutes, était légitimé. Il disait en plaisantant qu'il avait été brillant, mais que son équation l'avait été bien plus. Il reçut le prix Nobel en 1933, et Anderson en 1936. La théorie de l'antimatière ne put être testée en laboratoire que dans les années 50, quand on construisit au LBL le Bevatron, un accélérateur de protons assez puissant pour que ces protons produisent des paires proton-antiproton dans des collisions sur des noyaux cibles. En 1955, Emilio Segrè, Owen Chamberlain, Clyde Weigand et Thomas Ypsilantis démontrèrent la conversion d'énergie en paires de particules et d'antiparticules, établissant scientifiquement l'existence de l'antimatière et la symétrie de son comportement. Pour leurs efforts, Segrè et Chamberlain partagèrent le prix Nobel de physique en 1959.

Suivant la tradition de Galilée et de Newton, les physiciens tenaient à appliquer au cosmos les lois déduites des expériences terrestres. Si l'énergie se transformait en parts égales en matière et antimatière dans ces expériences, la même chose avait dû se passer durant le big bang. En ce cas, la moitié de la substance de l'Univers devait être de l'antimatière. Où se trouvait-elle ? Il n'y en a évidemment pas sur Terre, ni dans le système solaire. Le physicien suédois Hannes Alfvén observa dans les années 60 : « Si ce n'était pas le cas, les sondes spatiales auraient violemment explosé en se posant sur la Lune ou les planètes. De même si le Soleil était formé d'antimatière, il émettrait un plasma d'antimatière, un antiplasma, et en arrivant sur Terre celui-ci provoquerait des aurores boréales des milliers de fois plus intenses. » Un plasma est formé d'électrons et d'ions libres, dus à l'arrachage de certains électrons des atomes, par la température entre autres causes. Une grande part de la matière de l'Univers est sous forme de plasma, dans les étoiles par exemple.

Peut-être l'antimatière est-elle distribuée ailleurs dans

Figure 28. Autour d'Edward Lofgren, au centre, les découvreurs de l'antiproton : de gauche à droite, Emilio Segrè, Clyde Weigand, Owen Chamberlain et Thomas Ypsilantis. Derrière eux, l'accélérateur, le Bevatron (Lawrence Berkeley Laboratory).

la Voie lactée ? Ou ailleurs dans d'autres galaxies ? Ou dans d'autres Univers ? Il y eut même une suggestion selon laquelle la formation de notre Univers lors du big bang fut accompagnée de la formation d'un anti-Univers mais voyageant dans l'autre sens du temps, de sorte que les deux ne se rencontrent qu'au big bang. Entre nos observations sur Terre et la prédiction théorique d'autant de matière que d'antimatière, il semblait à l'époque y avoir un large éventail de possibilités pour expliquer que l'antimatière existe en grande quantité mais que nous ne l'avions pas directement rencontrée.

Dans les années 60, Alfvén proposa une explication originale de cette asymétrie observée. Né en 1908, Alfvén

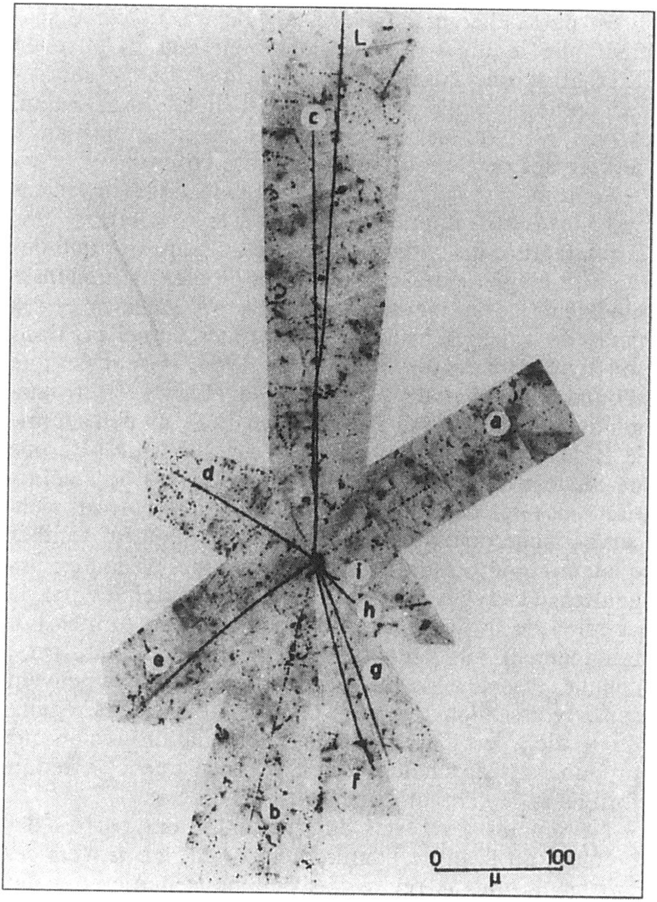

Figure 29. Les traces laissées par l'annihilation de l'antiproton trouvée par l'équipe de Segré en 1955 (Lawrence Berkeley Laboratory).

reçut le prix Nobel en 1970 pour ses travaux sur les plasmas. Cet homme aimable, dont les cheveux argentés le font ressembler à un Père Noël sans barbe, est un iconoclaste-né qui aime se comparer à Galilée (« une victime du jugement par ses pairs », dit-il en plaisantant).

Il est particulièrement intéressant pour nous car il soutient que le big bang n'a jamais eu lieu. Il offre en alternative une cosmologie du plasma, fondée sur ses recherches avec le cosmologiste suédois Oskar Klein. Alfvén est l'un des rares savants de premier plan à refuser des origines brûlantes à notre cosmos.

Toute sa vie, Alfvén a soutenu que les astrophysiciens orthodoxes surestimaient le rôle de la gravitation dans l'architecture du cosmos. Il assure au contraire que des champs magnétiques et des nuages de plasma immenses modèlent les systèmes planétaires, les galaxies et les amas de galaxies jusqu'à leurs formes actuelles. Dans son livre *Mondes-Antimondes* de 1966, il suppose que d'immenses murs de plasma et de champs électromagnétiques séparent matière et antimatière, un peu comme le Rideau de fer séparait l'Europe de l'Est de l'Europe de l'Ouest. Il appelle ces murs des « parois de caléfaction ». L'effet de caléfaction, ou effet Leidenfrost, s'observe facilement dans une cuisine. Laissez tomber quelques gouttes d'eau sur une plaque brûlante : les gouttes d'eau glissent sur la plaque, soutenues par la pression de la fine couche de vapeur d'eau formée instantanément au contact de la plaque. De plus, cette couche les isole de la plaque, et les gouttes d'eau peuvent survivre assez longtemps. A la frontière entre les régions de matière et d'antimatière, l'annihilation réciproque produit tant de chaleur et de pression que cela réduit fortement le contact direct entre ces régions.

Néanmoins les parois de caléfaction ont parfois des brèches, dit-il, et de l'antimatière s'infiltre à travers ces brèches jusqu'aux régions où domine la matière, et des chercheurs peuvent la détecter. A l'occasion, spéculait Alfvén, ces rencontres de matière et d'antimatière pouvaient provoquer des explosions titanesques soufflant d'énormes quantités de matière et d'antimatière à travers le cosmos. C'est pour cela que nous voyons des galaxies s'écarter dans toutes les directions : parce qu'elles s'éloignent d'un point d'explosion et non parce qu'un big bang a eu lieu. « Le big bang est un mythe, il n'a jamais eu lieu, dit Alfvén, notre cosmos est éternel, ce n'est pas quelque chose qui est brusquement apparu il y a une quinzaine de milliards d'années. Ce qu'on appelle " l'Univers en expansion " n'est que l'expansion d'une région de l'Univers, une parmi les innombrables mini-bangs allumés par un mélange de matière et d'antimatière, comme il y en a eu de toute éternité. »

Le résultat le plus frappant de la théorie d'Alfvén est le suivant : « Il est concevable qu'une étoile sur deux dans notre voisinage soit formée d'antimatière », écrivait-il en 1966. « Si quelqu'un assure que Sirius, l'étoile la plus brillante du firmament, est formée d'antimatière, nous n'aurions aucun argument valable pour contredire cette affirmation. Sirius formée d'antimatière aurait exactement la même apparence et émettrait le même spectre lumineux. L'espace autour de Sirius contiendrait alors de l'antimatière, mais celle-ci serait séparée de la matière ordinaire de l'espace autour de nous par une mince paroi de caléfaction, que nous n'avons guère les moyens de détecter. »

La théorie d'Alfvén suscitait beaucoup d'intérêt à la fin des années 60, et elle demandait à être vérifiée. S'il avait raison, une partie des rayons cosmiques qui arrosait la Terre devait être formée d'antimatière.

Carl Anderson avait bien détecté une particule d'antimatière, un positron, dans sa chambre à brouillard en 1932 à Caltech. Mais ce positron venait presque certainement de l'interaction d'un rayon cosmique avec la haute atmosphère, et si l'expérience prouvait que l'antimatière existait, elle ne prouvait pas que de l'antimatière bombardait la Terre depuis les réservoirs lointains imaginés par Alfvén. La quasi-totalité des ces antiparticules serait annihilée dans l'atmosphère terrestre. Pour tester la proposition d'Alfvén, il fallait donc emmener l'équipement de détection le plus haut possible, là où la densité de l'atmosphère devient négligeable. La probabilité qu'une antiparticule venue de loin heurte un noyau dans l'air raréfié et s'annihile devenant très faible, de l'antimatière détectée dans la stratosphère ne peut que venir de loin, et non d'une collision locale entre deux particules de matière. Telle était notre motivation scientifique pour envoyer des ballons à haute altitude.

Mon but était plus précisément de chercher des antinoyaux, qui impliqueraient l'existence d'antiétoiles. Détecter un antiproton pouvait signifier seulement que nous avions trouvé l'un des rares antiprotons produits par une collision entre un rayon cosmique de très haute énergie et le gaz interstellaire extrêmement ténu, voire la haute atmosphère. Nous nous attendions à trouver de ce fait trois antiprotons pour dix mille protons. L'antihélium et les antinoyaux sont produits beaucoup plus rarement (une fois sur mille milliards seulement), aussi leur détection serait un signal beaucoup plus sûr de la présence d'antimatière cosmologique. Trouver un antihélium pouvait signifier qu'il restait de l'antihélium produit en même temps que l'hélium lors du big bang, comme Gamow l'avait suggéré. Mais les éléments plus lourds que l'hélium ne sont produits que dans les étoiles, Hoyle et ses collègues l'avaient démontré, et par conséquent trouver de l'anticarbone, de l'antiazote ou de l'antioxygène impliquait l'existence d'antiétoiles. Ainsi commença notre quête des antimondes.

Nous lancions nos ballons de sites isolés, comme le Centre national des ballons scientifiques à Palestine, au Texas, ou d'Aberdeen dans le Dakota du Sud. Ces sites présentent un avantage : les ballons retombent au sol de façon parfois inattendue, et personne ne souhaite que ce soit sur un endroit habité. Mais de ce fait, en plus de la tension mentale et physique due à la préparation d'un lancement, nous étions victimes de la vie sauvage. Une vie sauvage miniature : nous étions envahis d'insectes volants et rampants, jusque dans les boîtes d'électronique et les instruments d'optique. Des scorpions sortaient de leur cachette pour nous menacer quand nous éteignions les lumières pour les étalonnages optiques, se souvient Andy Buffington. Tout est grand au Texas, même les bestioles ! Elles, et les longues journées de préparatifs, nous portaient sur les nerfs et l'humeur virait parfois au vinaigre.

Pour détecter l'antimatière de façon convaincante, nous devions faire la même chose qu'Anderson quarante ans plus tôt : déterminer la charge électrique des particules traversant le détecteur. Pour infléchir leur trajectoire, nous utilisions un aimant supraconducteur, refroidi par de l'hélium liquide, mais au lieu d'une chambre à brouillard nous avions une chambre à étincelles. Au lieu de former une traînée de gouttelettes sur le passage d'une particule chargée, les électrons arrachés y créent une traînée d'étincelles entre des plaques soumises à une très haute tension : l'ionisation facilite la décharge des plaques, et une étincelle crépite. Mais si la tension était appliquée en permanence, des étincelles apparaîtraient tout le temps et nous manquerions notre gibier cosmique. Elle n'est donc appliquée que lorsqu'une particule arrive. Heureusement, quand un atome ionisé se recombine avec son électron, il libère un bref éclair de lumière, un scintillement, et les physiciens des particules ont mis au point des matériaux qui scintillent très vite et très fort. Nous utilisions donc des scintillateurs en plastique qui détectaient le passage d'une particule chargée et déclenchaient la mise sous tension. En prime, ces scintillateurs mesuraient l'énergie perdue par la particule lors de l'ionisation des atomes du plastique. L'intérêt est que l'énergie perdue augmente comme le carré de la charge électrique : un noyau de carbone a six protons et perd donc trente-six fois plus d'énergie qu'un proton isolé (ou qu'un antiproton, le signe de la charge ne joue pas). L'équipement était réglé de sorte que le passage d'une particule chargée déclenche la mise sous tension de la chambre à étincelles. Des lumières clignotantes indiquaient le numéro de l'événement et la quantité de lumière émise dans le scintillateur. Une caméra filmait ces lumières ainsi que la traînée d'étincelles dans la chambre. Nous pensions analyser les photos pour découvrir une particule aux propriétés exotiques, par exemple une particule ayant la masse d'un noyau de carbone mais une charge négative, un anticarbone.

Plus tard, nous avons installé un microphone qui nous transmettait le bruit du moteur de la caméra et le crépitement des étincelles. Nous étions réconfortés d'entendre l'équipement fonctionner correctement. Moins réconfortants étaient les craquements et les bruissements étranges de la nacelle en fibre de verre, dus à une pression extérieure de plus en plus faible au cours de l'ascension.

Nos instruments présentaient des avantages et des inconvénients par rapport à ceux de nos prédécesseurs. D'une part, l'aimant supraconducteur permettait de détecter des particules cinquante fois plus énergétiques que l'ancienne méthode qui utilisait des empilements d'émulsions photographiques. Plus une particule a d'énergie, plus elle peut voyager loin de sa source, et nous espérions ainsi observer des rayons cosmiques venant de très loin dans notre Galaxie, peut-être même d'au-delà de notre Galaxie. En contrepartie, l'aimant devait être maintenu à très basse température pendant tout le vol, dans un cryostat fonctionnant à l'hélium liquide. Ce n'était pas seulement risqué, mais c'était aussi très lourd.

Le vol se passait bien. Au bout de dix heures, le temps était venu de larguer la nacelle. L'expérience des autres nous avait appris que l'instant était très délicat : bien des choses pouvaient aller de travers, complètement de travers. Il nous suffisait de nous souvenir de l'exemple malheureux du premier vol HAPPE ! Nous eûmes plus de chance : la nacelle se décrocha au signal et son parachute s'ouvrit, ramenant la charge au sol saine et sauve, ou presque. Durant la descente, la nacelle se balançait de manière inquiétante sous le parachute. Nous avions soigneusement protégé la base de la nacelle par une sorte de coussin en polystyrène expansé, mais pas les côtés. La nacelle arriva au milieu de pins, et son balancement lui fit percuter avec violence un tronc massif, écrasant un des côtés et détruisant une partie de l'équipement.

Quand Andy Buffington et moi atteignîmes la pinède, nous fûmes consternés par les dégâts, et nous nous ruâmes pour voir si la caméra était intacte : si le film avait été exposé à la lumière, nos données auraient été effacées. Nous regardions d'un air découragé la nacelle écrasée, imaginant le pire. Heureusement, les caméras avaient survécu à l'impact, et en fait seuls deux miroirs avaient été brisés.

En dix heures, le détecteur avait enregistré 50 000 particules errantes ayant laissé leur trace sur les quelques centaines de mètres de film. Nous avions installé un dispositif automatique pour explorer le film et éliminer tout ce qui semblait normal. Il restait une poignée de traces qui semblaient se courber dans la « mauvaise » direction, signature possible de l'antimatière. Tenions-nous notre gibier ? Luie était excité par nos résultats, et il nous demanda de préparer un dossier sur chacune des traces anormales, décrivant leurs propriétés en détail. A partir de ces dossiers, il étudia en personne chacun des candidats et parvint à trouver une explication « standard » pour tous, sauf un. C'était notre événement numéro 26 262.

Dans les scintillateurs du haut et du milieu, 26 262 produisait autant de lumière qu'un noyau d'oxygène, mais avait libéré une quantité étonnante d'énergie dans le scintillateur du bas. Un frisson nous parcourut quand Luie murmura rêveusement : « Et si cette énergie provenait de l'annihilation d'un anti-oxygène avec un atome normal ? » Nous étions extrêmement inquiets qu'une fuite annonce prématurément notre « découverte ». Imaginez notre embarras si, après une publicité prématurée, 26 262 se révélait un événement banal. Luie nous incita à des analyses de plus en plus approfondies; il disait souvent : « Essayons d'enterrer décemment cet anti-oxygène. » Il voulait dire par là que nous devions trouver une explication plausible et ne pas inventer une excuse vaseuse pour nous en débarrasser, ni le crier sur les toits comme une découverte majeure sans preuve convaincante. Luie était très rigoureux, et il savait à quel point il est facile d'induire en erreur des gens ou des instruments. Il n'avait pas oublié comment, au début des années 50, il avait détecté avec un collègue un effet curieux dans son laboratoire, quelque chose qui ressemblait à une fusion nucléaire « froide ». Les médias avaient proclamé la nouvelle partout et spéculé sur une source d'énergie potentiellement illimitée. Luie s'était rapidement rendu compte que ce n'était qu'un effet chimique bizarre, une catalyse de muons, et non une source d'énergie utile [9]. Il était déterminé à éviter un tel tapage inutile.

Semaine après semaine, 26 262 continuait à défier nos tentatives d'explication par de la matière ordinaire, et nous étions de plus en plus convaincus d'avoir détecté la première antiparticule cosmique. Nous spéculions sur l'existence possible d'antiétoiles et d'antiplanètes, et nous disions en plaisantant que dès que nous rendrions l'information publique, le Vatican se pencherait sur la question de l'antipape.

Seulement, si nous ne pouvions pas prouver que 26 262 était une particule de matière, nous ne pouvions pas non plus prouver que 26 262 était une particule d'antimatière. En particulier, un noyau normal d'oxygène de très haute énergie aurait eu une trajectoire presque rectiligne dans le champ magnétique. De petites erreurs dans l'alignement des miroirs et dans notre reconstruction des trajectoires pouvaient se conjuguer pour donner l'apparence d'une trajectoire très légèrement courbée dans le « mauvais » sens. Et si, par hasard, il interagissait très fortement dans le scintillateur du bas, il y aurait déposé presque toute son énergie. Nous estimions qu'il n'y avait guère qu'une chance sur trois pour que ce scénario fût correct, mais les physiciens exigent plus que cela pour une découverte importante. La détection d'un noyau d'antimatière extragalactique aurait été une découverte tellement extraordinaire, avec des conséquences si vastes, que nos collègues, sceptiques par nature comme Luie, ne l'accepteraient pas sans une preuve également extraordinaire. Nos collègues nous dirent qu'ils ne croiraient jamais que 26 262 fût un noyau d'antimatière, à moins que la probabilité en sa faveur fût de 1 million contre 1.

Nous décidâmes qu'il serait prudent de rejeter 26 262 comme un hasard, et nous publiâmes un article dans la revue *Nature* disant que le vol en ballon n'avait pas trouvé d'antimatière. Parallèlement, nous préparions une

9. La vague de « fusion froide » en 1989 est un autre exemple de savants pensant avoir détecté un effet similaire.

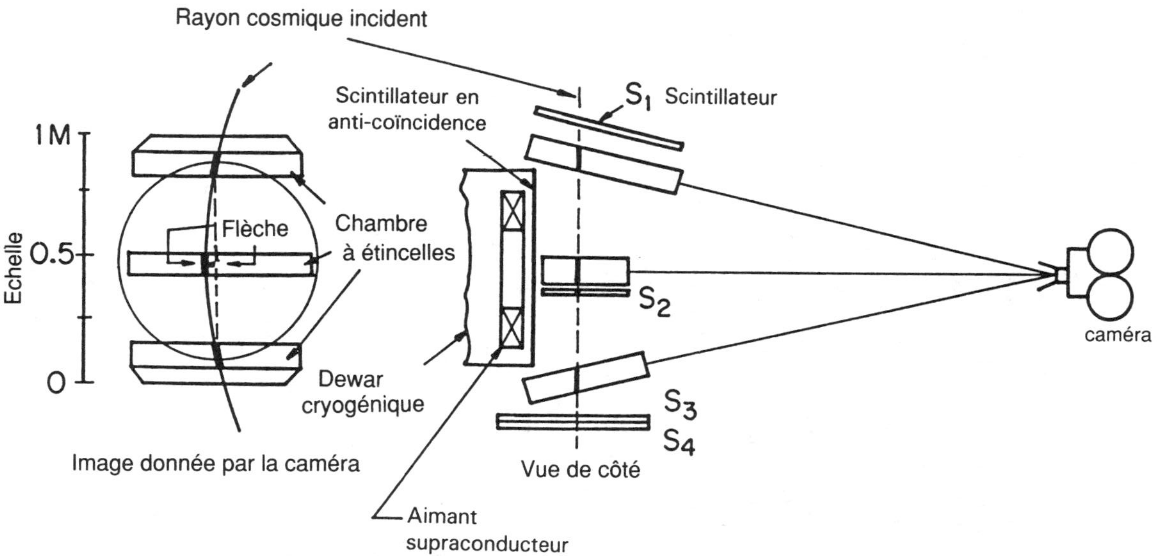

Figure 30. Un diagramme du nouveau montage de l'expérience, dans lequel la caméra regardait directement la courbure des trajectoires des rayons cosmiques dans le champ magnétique de l'aimant supraconducteur. La mesure de la courbure (marquée « flèche ») est le but de l'expérience, et sa direction distingue la matière de l'antimatière.

autre expérience pour vérifier si 26 262 pouvait être un indice d'antimatière. Nous réduisîmes la quantité de matériau pour réduire le nombre d'interactions occasionnelles entre les particules et le détecteur qui risquaient de produire des signaux illusoires d'antimatière. Nous simplifiâmes aussi l'optique en plaçant la caméra directement en face des trajectoires. La nacelle était de ce fait plus longue, plus en forme d'œuf, avec l'aimant et le détecteur de rayons cosmiques à un bout, la caméra et l'électronique à l'autre. L'aimant était aussi plus puissant pour courber plus encore les traces et améliorer nos chances d'identifier correctement le signe de la charge électrique de la particule. S'il y avait vraiment de l'antimatière là-haut, cette fois nous la verrions.

Nous lançâmes six autres ballons les années suivantes, dans des circonstances parfois angoissantes. Le soir du 28 mai 1977, le ballon et sa charge s'élevèrent d'un aéroport dans les faubourgs d'Aberdeen, dans le Dakota du Sud. Tout autour s'étend la grande prairie de l'Ouest, sauf dans une direction, où se trouvent les Badlands. Loin au-dessus de nous, le ballon dériva paresseusement toute la nuit, enregistrant nos données. Charles Orth surveillait les instruments par télémétrie depuis notre remorque. Tout allait bien et soudain, à 7 h 25 du matin, il sursauta et hurla : « Il tombe ! » Il montrait les instruments de la main : « Regarde l'altimètre ! » L'aiguille dégringolait.

Puis nous entendîmes un faible sifflement lointain, comme une bombe qui tombe. Nous courûmes dehors, mais nous ne pouvions rien voir à cause de la brume matinale. Notre chef mécanicien, Hal Dougherty, se dit à lui-même : « Oh! mon Dieu, c'est une chute libre. Pourvu que la nacelle tombe dans le désert et ne touche rien. Si elle tombait sur un orphelinat ou un hôpital ! »

A plusieurs kilomètres de là, un fermier, M. Anderson, était en train de traire sa vache. Il eut l'impression d'entendre un avion passer très bas et sortit voir. Le ciel était trop couvert pour rien distinguer, et il retournait vers sa vache quand le son devint plus fort. Il regarda encore et assista à une scène inoubliable. Une nuée de

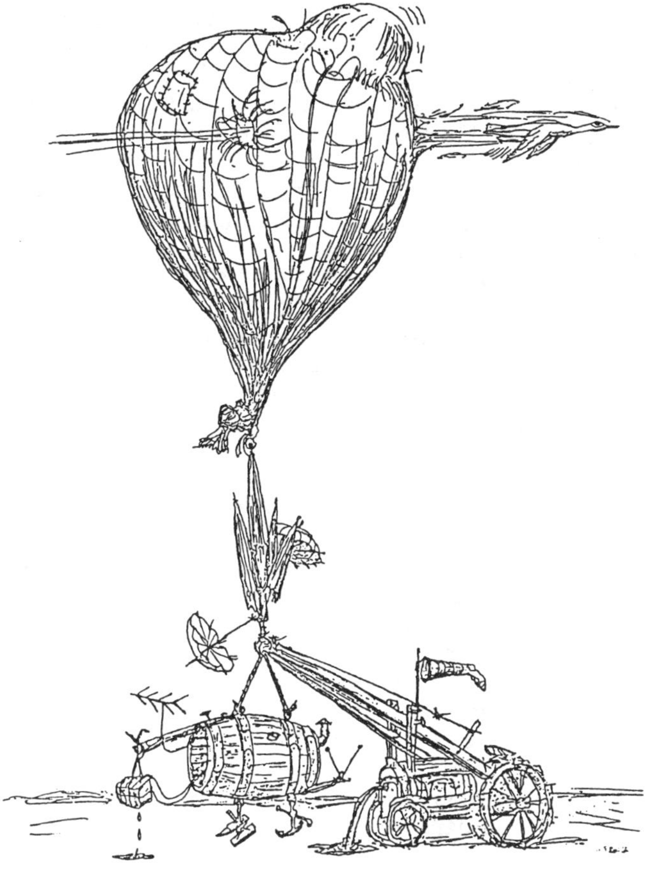

Figure 31. Un dessin de Hal Dougherty montrant les joies des ballons dans la campagne du Dakota du Sud.

débris jaillit des nuages, d'énormes fragments tombaient en tournoyant et s'écrasaient derrière une butte, dans les Badlands. Mme Anderson se précipita hors de la ferme, craignant qu'il fût arrivé quelque chose à son mari. Tous deux montèrent dans leur camionnette et foncèrent vers la butte, ayant peur de ce qu'ils allaient trouver : des corps, du sang, des membres arrachés ? Ils ne trouvèrent qu'un cratère de bonne taille, et des morceaux de métal tordu. Les voisins arrivèrent et fouillèrent les décombres. L'un d'eux trouva un fragment qui portait un numéro de téléphone et il appela la base de lancement, qui nous appela à son tour et nous indiqua le lieu de la chute.

Nous y allâmes, à la fois tristes et excités. Notre spécialiste de la chambre à étincelles et de la caméra, John Yamada, arriva le premier et fut consterné par le spectacle, surtout par les rouleaux de pellicules gisant au soleil. L'impact avait été si violent que non seulement la nacelle avait éclaté, mais le boîtier de la caméra s'était brisé. John eut la présence d'esprit de jeter son blouson sur les films et de les enfermer dans des boîtes noires. Il sauva ainsi les films qui étaient roulés si serrés que seuls les bords avaient été surexposés. Nous sauvâmes de cette façon une grande partie des données, mais les mesures et l'analyse durent être faites à la main.

Les Anderson étaient très gentils. Ils ne cherchèrent pas à extorquer des dommages et intérêts pour la frayeur que nous leur avions causée, à eux et à leurs vaches, mais au contraire étaient tout excités d'avoir pris part à notre aventure (ou mésaventure) scientifique. Ils passèrent les deux ou trois jours suivants à réparer les dégâts. De retour à Berkeley, j'ouvris un nouveau dossier : « Perdu dans les Badlands. »

Durant toutes les années jusqu'à ce dernier vol, nous ne trouvâmes jamais d'indice convaincant de la présence d'antimatière. Mon emballement pour les ballons était terminé.

Aussi frustrants soient-ils pour les chercheurs qui les rassemblent, des résultats négatifs sont aussi importants pour la science que des résultats positifs, même s'ils ne permettent pas de conclusion. Ils définissent des limites du savoir, ils nous disent ce que nous pouvons raisonnablement croire et ce qui reste incertain, non résolu, bref, ce qui reste à étudier. Nous publiâmes nos résultats négatifs (dans les revues *Nature*, *Astrophysical Journal*, et finalement, en 1975, un article dans les *Physical Review Letters* par le dernier carré de l'équipe – Smoot, Buffington et Orth). L'Institut américain de physique considéra un de nos vols de ballon comme l'une des douze meilleures expériences mondiales de physique de 1973.

Notre travail demeure encore aujourd'hui la limite la plus stricte sur l'abondance d'antinoyaux dans les rayons cosmiques. Nous disions que ces antinoyaux sont dix mille fois plus rares que les noyaux dans notre partie de l'Univers. Ils peuvent exister, à raison de 1 pour 1 million, ou 1 milliard, ou ils peuvent ne pas exister, mais en tout cas ils sont extrêmement rares.

Notre résultat contredisait l'hypothèse d'Alfvén sur l'histoire de l'Univers [10] : sa cosmologie de plasma et d'antimatière impliquait bien plus de 1 antinoyau sur 10 000.

Mais alors, la théorie du big bang n'était-elle pas réfutée elle aussi ? Si les expériences de laboratoires peuvent être extrapolées à l'Univers, il devrait y avoir autant d'antimatière que de matière dans l'Univers, et nous n'en avions pas trouvé trace. Peut-être cette extrapolation était-elle fausse ? Peut-être y avait-il toujours eu plus de matière que d'antimatière ?

En 1967, le célèbre physicien russe Andreï Sakharov proposa l'amorce d'une solution au problème de l'asymétrie entre matière et antimatière. Son hypothèse s'appuyait sur les conditions inhabituelles régnant dans l'Univers primordial, conditions très différentes de celles des

10. Alfvén n'est pas d'accord : il pense qu'une expérience en ballon ne peut détecter que des antiparticules de basse énergie, bien trop basse pour leur avoir permis de traverser une paroi de caléfaction.

expériences en physique des particules. Elle ne fut pas très étudiée pendant une décennie, jusqu'à ce que de nouvelles théories en physique des particules la ramènent au premier plan.

La vie de Sakharov, homme de courage et de principes, est le comble de l'ironie. Jeune homme sous Staline, il joua un rôle majeur dans le développement de la bombe H soviétique. Une fois âgé, il devint un dissident politique, ainsi que sa femme Elena Bonner, et Brejnev les condamna à des années d'exil intérieur. Il parvint quand même à conserver une activité de recherche. A la fin des années 80, il fut libéré par Mikhaïl Gorbatchev et vécut assez pour être élu au Parlement soviétique. Il mourut en 1990, peu avant la chute du régime qu'il avait servi d'abord et attaqué ensuite.

A la lumière de la cosmologie moderne, la proposition de Sakharov peut se résumer ainsi. Les processus qui se sont déroulés pendant la première microseconde produisent un très léger excédent (environ 1 milliardième) de matière sur l'antimatière. Un peu plus tard matière et antimatière s'annihilent mutuellement, libérant une énorme quantité d'énergie qui se manifeste encore aujourd'hui dans le fond de rayonnement cosmologique. Le léger excédent de matière, qui a survécu faute d'annihilateurs, forme toute la matière aujourd'hui présente dans l'Univers, et protons, neutrons et électrons sont donc un milliard de fois moins nombreux que les photons du fond de rayonnement cosmologique. Dans ce scénario, l'Univers matériel ne contient que de la matière (à part peut-être quelques rares poches d'antimatière).

Dans le modèle du big bang, quelque chose de ce genre a dû se passer, car sans un léger excédent de matière, l'Univers serait aujourd'hui bien différent. Si matière et antimatière avaient été créées en quantités égales, leur annihilation réciproque n'aurait laissé que de très rares particules et antiparticules, complètement diluées dans un océan de photons. Le ciel nocturne ne contiendrait rien d'autre que le bruissement du rayonnement en micro-ondes, sans la tapisserie des galaxies et des étoiles.

La proposition de Sakharov violait deux axiomes de la physique des particules : la « conservation du nombre baryonique » et la « conservation de CP ». Cela semble mystérieux, mais cela veut simplement dire d'une part que l'énergie est toujours convertie en autant de particules que d'antiparticules, qu'il n'y a pas d'augmentation ni de diminution de la différence entre le nombre de baryons (protons et neutrons) et le nombre d'antibaryons (antiprotons et antineutrons). D'autre part, la « conservation de CP » signifie essentiellement que matière et antimatière se comportent de façon symétrique dans les réactions physiques ou chimiques. En 1964, Val Fitch et James Cronin découvrirent que les mésons K violaient cette symétrie en se désintégrant, une fois sur un milliard. La nature ouvre donc une porte à la violation de CP, permettant à la matière de se comporter de façon légèrement différente de l'antimatière. Si de plus le nombre baryonique n'est pas conservé, il devient possible de produire un léger excédent de matière sur l'antimatière.

Dans les années 70, plusieurs développements, tant théoriques qu'expérimentaux, encouragèrent l'idée que le nombre baryonique n'était peut-être pas tout à fait conservé. Une famille de théories était alors développée pour unifier les trois grandes forces de la nature, l'interaction nucléaire faible, l'interaction nucléaire forte et l'interaction électromagnétique (la gravitation restant sur la touche). Ces théories de « grande unification » s'inspiraient de l'unification de l'interaction faible et de l'électromagnétisme, développée indépendamment par Sheldon Glashow, Abdus Salam et Steven Weinberg.

Les interactions nucléaires et l'interaction électromagnétique se comportent très différemment dans l'Univers dont nous avons l'expérience, mais selon les théories de « grande unification » elles se ressemblent beaucoup aux très hautes températures comme celles qui régnaient 10^{-34} secondes après le big bang. Selon les théoriciens, une conséquence de cette unification est que le nombre baryonique n'est plus alors conservé. Cela donne un peu l'impression de sortir un lapin de son chapeau, mais c'est un dogme central des théories de « grande unification ».

Je suis optimiste, et je pense que la baryogenèse, la production d'un excédent de matière par rapport à l'antimatière, se passe sans doute lors de l'unification de l'électromagnétisme avec l'interaction faible, ce qui survient, selon la théorie, à une énergie de quelques centaines de masses du proton, énergie que le supercollisionneur à supraconducteurs (SSC) atteindra d'ici une dizaine d'années. Nous connaîtrons alors la réponse.

Produire un excédent de matière n'est qu'un début. Dans un système en équilibre, les réactions physiques ou chimiques ont lieu dans les deux sens, et l'excès de matière pourrait disparaître aussi vite qu'il apparaît. Mais l'Univers se dilate et se refroidit, et il arrive un moment où la température devient trop faible pour que les réactions produisant l'excédent de matière se déroulent à l'envers. L'excédent présent à ce moment devient permanent.

Il peut sembler, en suivant cette description, que l'Univers et notre existence résultent d'un accident heureux : un minime excédent de matière obtenu en brisant les règles au bon moment. Cela n'est peut-être qu'une parmi d'innombrables possibilités offertes dans le bref intervalle de temps qui a suivi le big bang, ou bien résulte inexorablement des lois de la physique. Nous ne le savons pas encore. La recherche de l'antimatière, l'obsession de plusieurs d'entre nous pendant si longtemps, nous a obligés à regarder en face une propriété cruciale, et l'un des défis les plus difficiles, de la cosmologie : l'extrapolation nécessaire au cosmos des lois physiques observées sur Terre. Cette extrapolation semble fonctionner admirablement pendant la plus grande part de l'histoire de l'Univers, mais peut-être cesse-t-elle d'être valide à l'approche du big bang. Là est vraiment la *terra incognita*.

Chapitre VI

L'ESPION DANS LE CIEL

Bien avant que notre dernier ballon ne s'écrase dans les Badlands du Dakota en mai 1977, j'avais commencé à penser à autre chose qu'à la recherche de l'antimatière, sous l'impulsion de Luie Alvarez, notre chef de groupe. Sentant dès le début de 1974 que nous étions probablement allés aussi loin que nous pouvions avec nos instruments, il nous donna un bon conseil. Il dit en substance : « Avant de vous précipiter pour améliorer votre expérience actuelle, asseyez-vous et réfléchissez. Quels sont les problèmes importants en physique ? Et songez profondément aux perspectives importantes ouvertes par les technologies nouvelles et les résultats expérimentaux récents. Prenez un mois ou deux pour y penser, étudiez quels sont les problèmes les plus intéressants et les plus importants. Puis décidez ce que vous voulez faire ensuite. » Cette sagesse découle d'années d'expérience.

J'approchais de la trentaine, et je n'avais pas de temps à perdre. Aucun de nous n'avait de temps à perdre, nous, c'est-à-dire Andy Buffington, Terry Mast, Rich Muller, Charles Orth et moi. Nous prîmes les mots de Luie très à cœur et nous commençâmes à explorer les projets possibles. Après des semaines de réflexion et de discussions libres, chacun prit sa décision. Andy et Charles décidèrent de continuer la recherche d'antimatière dans les rayons cosmiques, et je collaborai avec eux jusqu'à l'incident des Badlands. Rich s'intéressa au développement des spectromètres de masse pour mesurer les espèces radioactives. Il mit ensuite au point un télescope automatique pour détecter les supernovae, ce qui permettrait, espérait-il, de mieux déterminer la valeur de la constante de Hubble, et le ralentissement de l'expansion de l'Univers. Terry explora plusieurs projets avant de travailler avec Jerry Nelson sur ce qui est maintenant le télescope Keck, le plus grand du monde avec un miroir de 10 mètres de diamètre au sommet du Mauna Kea à Hawaii.

Je trouvai mon inspiration dans le livre de James Peebles, *Physical Cosmology* (Cosmologie physique), qui constituait pour ma génération de cosmologistes observateurs ce que le livre de Darwin, *De l'origine des espèces...*, fut pour les naturalistes victoriens, un plan des recherches à mener [1].

Un des chapitres du livre de Peebles avait pour titre « Applications de la boule de feu primordiale ». La première de ces applications était « L'expérience du vent d'éther », une discussion argumentée avec force, qui me fit comprendre que mon avenir était dans l'exploration du fond de rayonnement cosmologique. Cette relique du big bang est un bourdonnement radio en micro-ondes, un bain de lumière à 3 K, partout répandu dans le cosmos. La plupart des astrophysiciens considèrent que cet écho lointain de la création porte une empreinte de l'évolution de l'Univers, mais qu'il leur faudra beaucoup d'ingéniosité pour la relever. Peebles faisait référence à un article de Dennis Sciama, de Cambridge, qui avançait en 1967 que ce fond de rayonnement pourrait permettre de voir si notre voisinage était en rotation par rapport à la matière éloignée. Le principe de Mach pourrait être vérifié avec un gain en précision d'un facteur 5 000. Je fus passionné : on pouvait utiliser le fond de rayonnement cosmologique pour apprendre quelque chose sur la rotation de l'Univers.

En 1949, le célèbre mathématicien Kurt Gödel trouva une solution des équations d'Einstein dans laquelle l'Univers entier est en rotation. En prime, cette solution

1. Parallèlement, le livre de Steven Weinberg, *Gravitation and Cosmology*, inspirait beaucoup de jeunes théoriciens des particules à se tourner vers la cosmologie.

ouvrait aussi la possibilité de voyager dans le temps. D'autres modèles d'Univers en rotation furent trouvés plus tard, parfois plus bizarres que celui de Gödel, parfois moins, mais tous n'impliquaient pas la possibilité tentante d'un voyage dans le temps. Mais dans tous, la rotation conduisait à des variations caractéristiques de la température du fond de rayonnement cosmologique à travers le ciel. Nous devions être capables de les détecter. On pourrait aussi déterminer si l'Univers était en expansion symétrique, ou s'il se dilate plus vite dans certaines directions. En ce cas, l'Univers serait plus complexe que les théories en vogue le supposaient.

Ce qui embarrassait le plus les théoriciens dans le big bang, c'était cette image d'un Univers rassemblé en un point, ce qu'on appelle une singularité. L'Univers étant de dimension nulle et de densité infinie en ce point, les lois de la physique perdent leur sens et l'Univers se trouve en fait au-delà d'une description mathématique. Les théoriciens renâclent à cette perspective, car ils n'aiment pas voir les lois de la physique en échec et le chaos régner. Quelqu'un suggéra que cette perspective embarrassante était peut-être évitable si l'expansion n'était pas symétrique. L'Univers oscillerait alors, alternant expansion et contraction, car le big crunch à la fin de la contraction serait évité : si une direction s'effondrait plus vite que les autres, l'Univers s'aplatirait comme une crêpe dans cette direction puis se redilaterait pendant que les autres directions continueraient à se contracter.

Ce territoire important était inexploré, aussi étais-je sûr que si je m'y aventurais j'y découvrirais quelque chose d'intéressant.

Le titre du chapitre de Peebles qui m'avait orienté dans cette direction, « L'expérience du vent d'éther », était une allusion à une idée qui traverse les cosmologies depuis l'Antiquité grecque. Originellement conçu comme un fluide pur, idéal, immuable, dans lequel se déplaçaient les corps célestes, l'éther devint avec Aristote une substance cristalline parfaite : des sphères cristallines d'éther entouraient la Terre, portant le Soleil, la

Lune, les planètes et les étoiles. La cosmologie de Newton abolit la nécessité de l'éther, l'espace étant vide. Mais la notion réapparut au siècle suivant et traversa l'époque victorienne, l'éther étant alors perçu comme une substance gazeuse permettant la propagation des ondes lumineuses. Les savants cherchèrent avec persévérance à mettre cet « éther luminifère » en évidence, mais sans succès. Une expérience célèbre d'Albert Michelson et Edward Morley en 1887 montra que ces efforts étaient vains.

Les deux savants américains raisonnèrent ainsi. Quand la Terre se déplace autour du Soleil, elle se déplace six mois par an dans une direction par rapport à l'éther, et six mois dans l'autre. Un faisceau de lumière devrait alors aller moins vite dans une direction que dans l'autre, et cette variation de la vitesse de la lumière devrait révéler le mouvement de la Terre par rapport à l'éther. Le résultat complètement inattendu fut qu'il n'y avait aucune variation : l'éther était inutile.

La perte de l'éther priva la physique de Newton de la notion d'espace absolu, de système de référence universel. Ce concept donnait un cadre solide à l'espace et au temps. Un mètre est toujours un mètre, jamais plus long ou plus court, une seconde toujours une seconde, jamais plus lente ou plus rapide. Bien sûr, un être humain ne peut pas dire qu'une balle se déplace absolument à telle vitesse. Il peut seulement dire qu'elle s'est déplacée d'une certaine distance en un certain temps par rapport à un cadre de référence donné, la surface de la Terre par exemple. Le « vrai » mouvement de la balle est impossible à connaître : tandis qu'elle se déplace par rapport à la Terre, mettons à 1 mètre par seconde, d'autres mouvements s'y ajoutent à plus grande échelle : la Terre tourne autour du Soleil, le Soleil autour du centre de la Voie lactée, et la Voie lactée elle-même se déplace.

Quel est alors le « vrai » mouvement de la balle ? On peut dire que c'est la somme de tous les mouvements précédents. Mais jusqu'où aller, quel est l'ultime cadre de référence ? Newton pensait que c'était quelque chose qu'il appelait l'espace absolu, et qu'il semble avoir identifié à Dieu. Plus tard, l'espace absolu fut incarné par l'éther, supposé remplir tout l'Univers. Mais Michelson et Morley démontrèrent qu'il n'existait pas. Cette absence est à la base de la théorie de la relativité restreinte formulée par Einstein en 1905. Tous les observateurs, quel que soit leur mouvement, voient la lumière se déplacer exactement à 299 792,458 kilomètres par seconde. Cela entraîne qu'il n'existe ni espace ni temps absolus, pas de cadre ultime auquel rapporter les vitesses.

Mais tout n'est pas perdu, disait Peebles. Le fond de rayonnement cosmologique partage certaines des propriétés que les physiciens de l'époque victorienne attribuaient faussement à l'éther. Il remplit tout l'espace, et remplace ainsi l'espace absolu de Newton rejeté par Einstein, mais sans violer la relativité restreinte. Il constitue ainsi un cadre de référence universel par rapport auquel détecter un mouvement « absolu ». C'était là mon point d'appui pour explorer l'Univers.

Le fond de rayonnement cosmologique semble identique dans toutes les directions. Cette uniformité ne semble guère prometteuse pour détecter un mouvement, car il n'y a pas de point de repère, pas plus que dans un brouillard épais. Heureusement, l'effet Doppler permet de détecter un mouvement. Si la Terre est immobile par rapport au rayonnement, il apparaît uniforme, présentant exactement la même température dans toutes les directions. Le rayonnement est parfaitement isotrope. Mais si la Terre se déplace, il apparaît une variation régulière de température d'un bout du ciel à l'autre. Le rayonnement paraît plus chaud dans le sens du mouvement, plus froid dans le sens opposé [2]. C'est un peu comme de rouler sous une pluie verticale : la pluie semble plus violente sur le pare-brise que sur la lunette arrière. L'effet Doppler fait donc apparaître dans le ciel

2. L'effet Doppler augmente la fréquence des photons reçus de la direction vers laquelle se déplace la Terre. Des fréquences plus élevées signifient des photons plus énergétiques, donc une température plus élevée (NDT).

un pôle chaud et un pôle froid, on parle d'une anisotropie dipolaire.

Le dipôle s'aligne sur la direction du mouvement, et la variation de température est égale à la vitesse du déplacement divisée par la vitesse de la lumière. Notre Galaxie est en rotation, et la Terre et le Soleil tournent autour de son centre à 250 kilomètres par seconde environ. Sciama et Peebles en concluaient qu'une anisotropie dipolaire de 0,08 % devrait exister.

Je compris que les difficultés techniques et logistiques de l'expérience du vent d'éther seraient énormes. Le soutien de Luie était donc déterminant pour le succès du projet. Dix ans après son prix Nobel, il avait une grande influence dans les cercles scientifiques et politiques. Il était naturellement sceptique sur notre aventure, et dit même un jour à Rich Muller, de manière véhémente, que nous ne verrions jamais de dipôle. Rich en conclut que la réaction excessive de Luie venait de l'influence que l'expérience de Michelson et Morley avait eue sur lui. Leur incapacité à trouver l'éther avait été si nette que, depuis, les physiciens avaient d'instinct un préjugé défavorable à l'encontre de toute expérience voulant détecter un cadre de référence absolu, et Luie partageait ce préjugé. Pourtant, au prix de beaucoup d'efforts, nous arrivâmes à le convaincre de soutenir le projet. Nous en modifiâmes le nom en « *Nouvelle* expérience du vent d'éther », avant de demander une subvention [3]. Bob Birge, le directeur de la Division de physique du LBL, nous finança au début.

Le scepticisme de Luie était compréhensible en un sens : le dipôle serait difficile à détecter. Le signal serait extrêmement faible, une variation de quelques millièmes de la température, quelques millièmes de degrés, vraiment à la limite de sensibilité des instruments de l'époque.

3. Même le mot « Nouvelle » ne suffisait pas toujours. Quand mon amie Constantina Economou visita mon laboratoire et vit le panneau, elle demanda amusée : « Vous n'avez jamais entendu parler de l'expérience de Michelson et Morley ? Nous l'avons étudiée en cours de philosophie. »

En plus, il nous faudrait discerner notre signal, cette faible différence de température, au milieu du bruit causé par toutes les variations de température d'autres origines. Les objets célestes, étoiles, poussières interstellaires, galaxies, tous produisent du « bruit ». Depuis le big bang, toute une évolution cosmique avait eu lieu, et tout cela engendre du « bruit ». En outre, la Terre et nos instruments eux-mêmes sont assez chauds pour émettre un rayonnement thermique en micro-ondes. Enfin l'atmosphère terrestre contient des atomes d'oxygène et de la vapeur d'eau, qui émettent du rayonnement micro-onde. Il faudrait donc placer l'instrument à haute altitude, au-dessus de l'essentiel de l'atmosphère, où il enregistrerait le fond de rayonnement cosmologique mais aussi l'atmosphère et la Galaxie. Une fois ces sources de bruit identifiées, nous pourrions les soustraire de la mesure globale. Le résidu serait le signal cherché. En bref, nous voulions détecter un murmure sur une plage bruyante, parmi le ressac des vagues, avec des radios à fond, les cris des gens, les aboiements des chiens, et les rugissements des motos de trial.

Deux problèmes majeurs restaient à résoudre. D'abord, comment construire un instrument assez sensible pour détecter l'anisotropie attendue, mais qui ne soit pas pour autant submergé par le rayonnement issu du ciel, de l'atmosphère et de l'instrument lui-même ? Ensuite, sur quelle plate-forme installer cet instrument pour les observations ? Une montagne ? Un ballon ? Ou quelque chose d'autre ? Je savais que Brian Corey et David Wilkinson à Princeton s'apprêtaient aussi à rechercher le dipôle, sans doute en utilisant un ballon. Dirk Muehlner et Rainer Weiss au MIT préparaient également une expérience en ballon. A Cambridge, Adrian Webster examinait la possibilité d'une expérience en montagne, de même que Paul Boynton à l'université de Washington. Nous nous demandions qui serait le premier, mais les problèmes techniques étaient si aigus que nous ne pouvions nous permettre de commettre une erreur par suite d'une hâte excessive. De toute façon, je suis un perfectionniste, certains diraient même un obsessionnel, et j'ai toujours pensé qu'on était généralement gagnant à viser la perfection.

Tout en réfléchissant à la meilleure plate-forme, et sans perdre de vue la compétition, nous commençâmes à recruter une équipe plus étendue pour le projet. J'avais connu Marc Gorenstein quand il était étudiant au MIT, et son aide fut précieuse. Il avait grandi à Boston et avait toujours été intéressé par la science, même s'il était resté un peu romanesque, le genre de garçon qui à dix ans est stupéfait d'apprendre que les gens sont formés d'atomes. En plus de Marc, Rich et moi, l'équipe de la « Nouvelle expérience du vent d'éther » comprenait Jon Aymon, qui s'occupa de la programmation des ordinateurs. Il écrivit les programmes pour transférer les données des cassettes magnétiques vers notre gros ordinateur, et il écrivit avec moi les logiciels d'analyse. Notre aimable chef mécanicien, Hal Dougherty, vétéran de nombreux projets du LBL, fut un autre allié inappréciable. Il construisit toute la partie mécanique du projet, plus un modèle de l'équipement de contrôle de la mécanique du détecteur et de son système de rotation. John Gibson construisit l'électronique et une partie des systèmes auxiliaires, comme les thermomètres. Robbie Smith conçut et construisit le système de rotation de l'expérience, très stable et très rapide.

Tony Tyson fut un autre membre déterminant de l'équipe : il était alors détaché pour six mois au LBL par les laboratoires Bell et partageait mon bureau. Expert en instrumentation sensible, grâce à son expérience avec les détecteurs d'ondes gravitationnelles, il savait comment empêcher que notre expérience ne soit perturbée par les vibrations de la plate-forme d'observation : notre travail avec les ballons, qui vibrent assez peu, ne nous avait pas préparés à ces problèmes.

Pendant une décennie, les astronomes avaient étudié le fond de rayonnement cosmologique avec divers instruments, surtout des récepteurs radio et des bolomètres qui enregistrent l'énergie extrêmement faible du rayonnement micro-onde du ciel. Nous décidâmes d'utiliser un type de récepteur radio appelé un radiomètre micro-onde différentiel ou DMR *(differential microwave radiometer)*, inventé dans les années 40 à Princeton par Robert Dicke. Dicke dirigeait l'équipe qui expliqua en 1964 à Penzias et Wilson la signification du fond de rayonnement cosmologique qu'ils avaient découvert.

Le radiomètre différentiel ne mesure pas la température d'un point du ciel, mais la différence entre les températures de deux points du ciel, d'où le mot « différentiel » dans son nom. Un radiomètre à une seule antenne dirait : « La température du point A est de 2,725 K. » Mais un radiomètre différentiel à deux antennes dirait : « La différence entre les températures des points A et B est de 0,002 K. » A cette époque, un bon récepteur avait un bruit équivalant à une température de 400 K, aussi un radiomètre absolu devait avoir une stabilité meilleure que 1/400 000 pour mesurer des variations de température de 1/1 000. Un radiomètre différentiel n'exigeait qu'une stabilité de 1/1 000, à condition d'accorder correctement les deux antennes. Pour cela, nous conçûmes un radiomètre différentiel symétrique monté sur un pivot permettant de permuter rapidement les deux antennes. De cette manière, quand les antennes échangeaient leur champ de vue, le signal venant du ciel était aussi échangé, mais tout faux signal venant d'une asymétrie de l'instrument restait constant. Cette double vérification de chaque mesure augmentait énormément la sensibilité de l'instrument et la confiance qu'on pouvait lui accorder.

Nous savions que la construction d'un tel instrument serait un travail techniquement ardu. La difficulté dépendait bien sûr de la plate-forme choisie. Nous voulions être aussi hauts que possible au-dessus de l'atmosphère, au-dessus des radars militaires, de l'oxygène et de la vapeur d'eau de l'atmosphère, et de toutes les sources d'interférence. C'est à ce moment que je commençai à rêver à la possibilité de placer l'instrument sur un satellite en orbite, et à préparer des plans pour convaincre la NASA. Mais une telle perspective était à long terme, et en attendant je devais me contenter de solutions plus terre à terre.

Le sommet de la White Mountain, une montagne dans l'est de la Californie, était un emplacement envisageable : l'université projetait d'y construire un observatoire. C'était un endroit froid et sec, à 4 300 mètres d'altitude, où les savants avaient le souffle court et où le mal de l'altitude était fréquent. Un très bel endroit pour des vacances, mais épuisant pour y travailler. L'avantage de cet endroit était que nous pouvions construire exactement le radiomètre que nous voulions, l'observatoire pouvant accueillir n'importe quoi de taille et de forme raisonnables. De plus, les réparations seraient relativement faciles. Nous envisageâmes aussi de lancer l'instrument sous un ballon, ce qui nous aurait permis une plus grande altitude, jusqu'à 40 000 mètres. Mais je n'étais pas du tout enthousiaste à cette idée, étant donné mes expériences récentes : si possible, je préférais ne plus avoir affaire aux ballons.

C'est alors qu'à l'automne de 1973 survint un événement fortuit. J'écoutais un exposé de Charles Townes, un des prix Nobel de Berkeley, célèbre pour avoir développé le laser. Il avait aussi joué un rôle clé dans le développement de l'observatoire aéroporté Kuiper (Gerard Kuiper était un astronome célèbre), qui est un avion de transport militaire C-141 transformé en observatoire volant. Je me dis : « Pourquoi ne pas mettre notre radiomètre dans cet avion ? » Il serait à plus haute altitude qu'en montagne, et nous aurions un meilleur accès à l'instrument que sur un ballon. Rich était très sceptique devant cette idée, mais Luie était intrigué. Il aimait les avions et les connaissait bien. Il avait d'ailleurs reçu une très importante récompense aéronautique en 1946, le Collier Trophy, pour avoir développé l'atterrissage aux instruments pendant la Seconde Guerre mondiale, sauvant ainsi la vie de nombreux pilotes. Il se trouvait qu'il connaissait Hans Mark, alors directeur de l'Ames Research Center de la NASA, et cela nous ouvrit la porte du processus bureaucratique d'approbation de notre proposition d'expérience. Luie écrivit immédiatement une lettre à Mark pour lui exposer nos besoins.

Je visitais les installations d'Ames, à Mountain View, à une cinquantaine de kilomètres au sud de San Francisco, pour examiner l'observatoire aéroporté Kuiper, et je me heurtai immédiatement à deux problèmes. D'abord le C-141 n'avait qu'un seul hublot pour les installations astronomiques, alors que notre radiomètre devait avoir deux antennes pointées dans des directions différentes : il ne conviendrait donc pas. Ensuite, cet avion ne pouvait pas monter assez haut pour éliminer suffisamment le bruit atmosphérique. Il semblait bien que nous allions devoir nous résigner aux ballons en définitive. C'est alors que Luie et moi pensâmes à une alternative : l'avion espion U-2.

Construit au milieu des années 50, en pleine guerre froide et avant les satellites d'espionnage, l'avion de reconnaissance U-2 était alors le meilleur instrument américain pour surveiller les forces soviétiques et le développement de nouvelles armes. Les U-2 étaient essentiellement des planeurs motorisés. Extrêmement légers, ils volaient dans la stratosphère, à plus de 25 000 mètres d'altitude, et violaient régulièrement l'espace aérien soviétique pour photographier les activités loin en dessous d'eux. Ils volaient si haut que leurs pilotes portaient des scaphandres, ancêtres de ceux portés ensuite par les astronautes. Au début, les Soviétiques ne protestèrent pas publiquement contre le survol de leur territoire, mais ils utilisèrent les voies diplomatiques et menacèrent d'abattre les intrus. Les fusées étaient alors trop peu précises et ne montaient pas assez haut, mais les progrès étaient rapides. Pour rendre les U-2 plus difficiles à repérer, leurs ventres furent alors peints en bleu sombre pour se fondre avec la haute atmosphère (l'avion fut alors baptisé la « Dame noire » par ses équipages intrépides). Cela n'empêcha pas plusieurs pilotes d'être abattus. Quand j'étais enfant, le monde fut abasourdi d'apprendre que les Soviétiques avaient abattu Francis Gary Powers, provoquant un incident diplomatique majeur. L'existence de l'U-2 ne fut plus un secret.

Quand Luie et moi parlâmes pour la première fois de l'U-2, nous nous rendîmes compte qu'il ferait une plate-forme idéale pour notre instrument : l'avion vole à très haute altitude et il est très stable, juste ce qu'il nous fallait. Pour obtenir un U-2, Luie ne fit pas pression sur Mark, un homme imposant aux cheveux en brosse avec un accent allemand et qui ressemblait à un général. Mais nous attendîmes, et il finit par dire ce que nous espérions : « Vous devriez essayer l'U-2, ce serait parfait. »

Nous frissonnions : nous allions placer notre radiomètre à bord d'un avion espion. C'était difficile à croire. Je me souviens du plaisir étrange que je ressentis lorsque j'eus dans les mains le *Manuel de l'utilisateur de l'U-2*. Le soutien enthousiaste de Mark nous donna l'espoir de faire franchir à la « Nouvelle expérience du vent d'éther » le labyrinthe bureaucratique de la NASA. Mark écrivit à Luie le 8 octobre 1974 : « Cela nous amuserait beaucoup de travailler avec votre équipe sur ce sujet. » Le projet était lancé.

Malgré quelques incertitudes initiales sur le coût, nous étions très contents de l'équipe d'ingénieurs de l'U-2 chez Lockheed. Ils avaient construit l'avion dans les années 50 et le connaissaient parfaitement. Marc Gorenstein et moi nous rendîmes à l'aéroport de Burbank, où se trouvent les *skunkworks* de Lockheed, ces ateliers ultra-secrets d'où sont sortis bien des projets militaires très confidentiels (l'U-2, son successeur le SR-71, plus récemment l'avion « furtif » F-117). Les experts de Lockheed étaient excités à l'idée de nous aider. Ils disaient que la reconnaissance photographique était vieillotte et qu'ils étaient désireux de conquérir de nouveaux domaines.

Notre premier défi majeur fut l'intégration du radiomètre différentiel sur l'U-2. Il n'était pas possible de l'installer aussi simplement qu'on visse une ampoule électrique dans une douille. L'U-2 était un oiseau délicat, un avion vraiment minimaliste. Quand l'ingénieur Clarence « Kelly » Johnson avait dessiné l'avion dans les années 50, il voulait qu'il vole le plus haut et le plus loin possible, en utilisant un carburant spécial qui ne s'évaporait pas à haute altitude. Pour cela, il avait dépouillé l'avion au maximum, réduisant le plus possible longerons, raidisseurs et rivets. L'U-2 tenait essentiellement par sa mince peau de métal, raidie par surpression comme un ballon [4]. Pour donner des hublots au radiomètre, nous ne pouvions pas découper tout simplement un trou dans le sommet du fuselage, cela aurait diminué la rigidité du fuselage et l'avion serait devenu instable en vol. Il pourrait même se briser : les pilotes nous racontaient nombre d'histoires horribles d'U-2 qui volaient parfaitement et qui, en une seconde, se déchiquetaient en mille morceaux. Nous disions en plaisantant que la seule solution, pour éviter tous ces problèmes et recueillir nos données astronomiques, était de faire voler l'U-2 sur le dos, puisqu'il était conçu pour emporter des caméras dans son ventre. Heureusement Bill Ferguson de chez Lockheed résolut notre problème quand il découvrit l'existence d'un capot de rechange permettant de viser vers le haut. L'armée de l'air l'avait construit pour une opération encore plus secrète que d'habitude – surveiller la rentrée dans l'atmosphère des missiles balistiques – et très peu de gens étaient au courant. En faisant des pieds et des mains, Ferguson finit par obtenir ce capot pour notre expérience.

Ce souci réglé, Hal Dougherty, le chef mécanicien, fit une maquette grandeur nature de la soute à équipements de l'U-2. Ainsi, nous pouvions étudier l'assemblage des instruments au laboratoire. La capacité de Hal à imaginer un dispositif, et à le construire, était surprenante, tout comme le pouvoir qu'avait Einstein de visualiser ce que pouvait être un voyage sur un rayon de lumière. Hal résolvait dans la journée des problèmes là où d'autres ingénieurs mettaient des semaines ou des mois, et en plus sa solution était toujours économique. Nos fonds

4. Il n'avait pas de réservoirs, le carburant remplissait l'intérieur des ailes : c'était le premier exemple de « réservoirs intégraux », très répandus aujourd'hui. Le poids du carburant courbait les ailes quand l'avion était au sol, et elles étaient soutenues par des balancines, larguées au décollage.

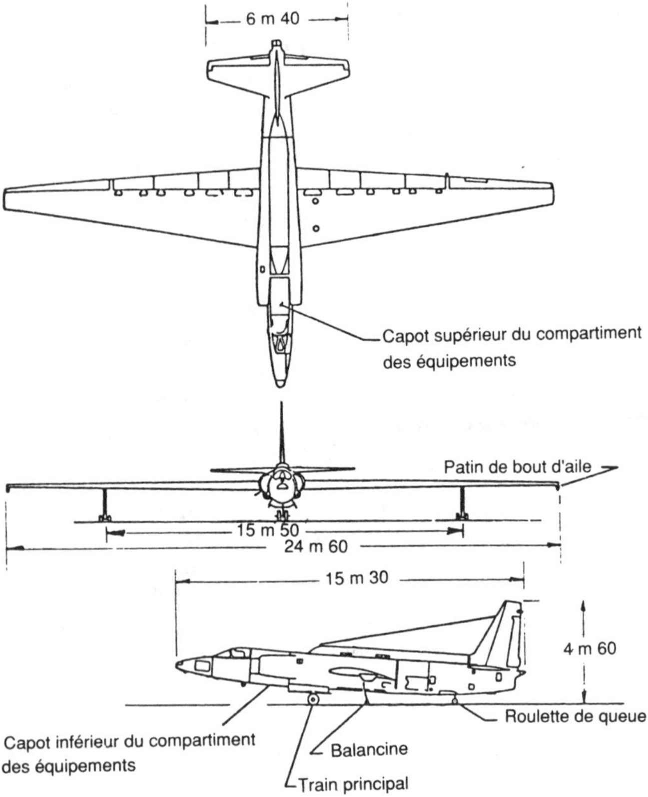

Figure 32. L'allure générale de l'U-2 (*Investigator Handbook*, 1976).

étaient limités, aussi appréciions-nous que son imagination nous permît de rester solvables.

Le radiomètre devrait fonctionner automatiquement, car le pilote serait trop occupé avec cet avion délicat, et il n'y avait pas de place pour un passager. Il nous fallait aussi nous assurer que le radiomètre ne mettrait pas en danger l'U-2 et son pilote, par exemple en émettant des signaux interférant avec la radio. Il ne fallait pas non plus qu'il soit trop lourd pour ne pas handicaper les performances de l'avion. En particulier, le poids du radiomètre devrait être équilibré : trop lourd d'un côté, il ferait pencher l'avion, et cela pourrait vite être dangereux. Qui plus est, cette inclinaison perturberait nos mesures, car l'épaisseur d'atmosphère traversée serait plus grande d'un côté que de l'autre.

Le plus grand défi était de s'assurer que le radiomètre ne serait pas affecté par le vacarme électromagnétique et thermique venant de la Terre, de l'atmosphère, du ciel, et de l'U-2 lui-même. Le rayonnement parasite pourrait s'insinuer par diffraction à travers l'ouverture de l'instrument et atteindre le récepteur. Il serait alors pris pour une variation du fond de rayonnement cosmologique. Même une faible interférence pouvait être gênante : le radiomètre était si sensible que l'aiguille oscillait violemment quand on passait la main devant (la main a une température de 300 K). « Quand nous l'avons mis en route la première fois, il réagissait à tout ce qui se passait dans la pièce », se souvient Marc. Rich se donna beaucoup de mal pour concevoir des écrans à installer sur l'U-2 afin de protéger les instruments du rayonnement terrestre (la température de la Terre est voisine de 290 K). Mais ces écrans n'étaient pas une bonne solution, car ils interféraient avec l'aérodynamique de l'avion. Luie écrivit à Hans Mark que ce problème restait le plus difficile à résoudre. Finalement, grâce à l'aide des ingénieurs de Lockheed, une solution fut trouvée : ils dessinèrent un carénage plat pour couvrir le capot supérieur où pointaient les deux antennes. Leurs sommets arrivaient juste au niveau du carénage, mais l'aérodynamique était assez bonne pour les protéger des turbulences.

Comme je n'y connaissais pas grand-chose, je passai beaucoup de temps à apprendre la théorie et la technologie des antennes. Je me rendis à Boston à la société TRG (rachetée depuis par Alpha Corporation) pour rencontrer leurs ingénieurs et mettre au point la conception particulière des antennes. Nous obtînmes une magnifique paire d'antennes réglées sur une fréquence de

33 gigahertz [5] choisie parce que l'émission atmosphérique est minimale à cette fréquence et qu'elle perturbe moins notre vue du fond de rayonnement cosmologique. La directionnalité des antennes, leur capacité à voir droit devant elles sans rien recevoir de sources sur les côtés, était optimisée en utilisant l'apodisation, technique qui consiste à graver des sillons sur la paroi interne de l'antenne, parallèles à l'ouverture. Ces sillons interceptent la plus grande partie du rayonnement qui ne pénètre pas dans l'axe de l'antenne.

Nous continuions à nous faire du souci pour la stabilité et la symétrie de l'avion. Il avait beau être assez stable pour prendre des photographies bien nettes des sites militaires, nous ne savions pas si ce serait suffisant pour la recherche cosmologique. Il devrait voler parfaitement horizontal : une inclinaison, et une antenne verrait plus d'atmosphère que l'autre et conclurait à un rayonnement plus intense dans cette direction. Pour corriger cet effet, nous décidâmes que l'avion volerait en ligne droite dans une direction donnée, puis effectuerait un virage à 180°, suivrait une trajectoire parallèle à la précédente, puis ferait un nouveau virage à 180°, et recommencerait le cycle. De cette manière, les effets dus à l'inclinaison et à l'asymétrie de l'avion finiraient par se compenser.

Malgré cette précaution, nous étions un peu paranoïaques au sujet de l'interférence de l'atmosphère, aussi nous décidâmes d'ajouter par mesure de sécurité un second radiomètre, réglé sur une fréquence de 54 gigahertz. L'émission atmosphérique y est environ quatre cents fois plus intense, et par conséquent le second radiomètre détecterait la moindre variation de l'émission atmosphérique, et donc la moindre inclinaison de l'avion. A la fin du vol, nous pourrions comparer les enregistrements à 54 gigahertz et à 33 gigahertz, et séparer les signaux dus à une anisotropie du fond de rayonnement cosmologique de ceux causés par l'atmosphère. Le radio-

5. Une fréquence de 33 gigahertz, soit 33 milliards d'oscillations par seconde, correspond à une longueur d'onde de 0,91 cm, ce qu'on appelle des micro-ondes ou des ondes centimétriques.

mètre à 54 gigahertz fonctionnait fort bien et détectait des inclinaisons de l'avion de moins de un sixième de degré (ce qui signifie que le bout de l'aile, à 12 mètres du fuselage, s'inclinait de moins de 4 centimètres).

Nous passâmes aussi beaucoup de temps à éliminer les sources thermiques de rayonnement parasite venant des antennes elles-mêmes. Mais nous n'arrivions pas à les éliminer toutes, aussi nous dûmes recourir à une pratique analogue aux trajectoires parallèles de l'avion : puisque nous ne pouvions atténuer les sources de chaleur, nous fîmes en sorte que les deux antennes y fussent également exposées. Pour cela les antennes devaient être aussi identiques que possible, pour être « trompées » de la même manière par de faux signaux : une erreur identique est sans importance pour un radiomètre différentiel, c'est une différence dans l'erreur qui est grave.

La mise au point des radiomètres fut un gros travail, et nous y passâmes des nuits entières pendant des semaines. Nos vies privées en souffraient, et la lenteur de nos progrès nous déprimait tous. Marc Gorenstein se souvient d'un jour où il redescendait du LBL vers Berkeley dans sa vieille Chevrolet. La journée avait été mauvaise, le radiomètre refusait de fonctionner correctement, et il était vraiment découragé. Arrivé au bas de la côte, il prit une rue où des étudiants se reposaient sur les pelouses. Des dizaines de voitures étaient garées le long du trottoir, et il pensa : « Regardez ces voitures. Je pourrais m'asseoir dans n'importe laquelle, mettre le contact, et elle démarrerait ! Elle démarrerait et me conduirait où je veux. Et pourtant chacune est une machine compliquée. » C'était un moment simple mais important, la reconnaissance du fait que les gens utilisent sans problème des milliers de machines complexes tous les jours – réflexion banale, mais qui lui redonna courage.

Notre moral fut soutenu par les pilotes de l'avion eux-mêmes. Ils étaient fiers, compétents, et nous ne pouvions remettre notre radiomètre en de meilleures mains. « Qui est le meilleur pilote d'U-2 que j'aie jamais rencontré ? C'est moi ! » déclarait Jim Barnes. Puis il éclatait de

Figure 33. Autour du radiomètre utilisé lors des vols de l'U-2, et de gauche à droite, Luis Tenorio, Charles Lineweaver, John Gibson, Giovanni De Amici, George Smoot et Jon Aymon. Tous furent membres de l'équipe DMR de COBE (Lawrence Berkeley Laboratory).

rire : « Bien sûr, tous ici pensent qu'ils sont les meilleurs ! »

Nous finîmes par bien connaître ces pilotes. Par exemple Ivor « Chunky » Webster était un drôle d'Anglais qui ressemblait à l'image traditionnelle du vieux pilote de la RAF, et qu'on imaginait bien esquivant les balles d'un Messerschmitt au-dessus de l'Angleterre pendant la guerre. Il avait rejoint le programme U-2 dans le cadre d'un programme d'échange entre les armées de l'air américaine et britannique. Chunky était un homme cordial, et il avait un sixième sens aux commandes d'un avion. Des années plus tôt, il pilotait un jour un U-2 au-dessus de la base d'essais d'Edwards, tandis que l'ingénieur Johnson, l'inventeur de l'avion, suivait le vol depuis le sol. Chunky annonça à la radio que l'avion ne se comportait pas normalement, il avait l'impression qu'une des ailes était légèrement tordue. Les experts au sol en doutaient, et quelqu'un demanda son avis à Johnson. Il répondit : « Si Chunky dit qu'il a une aile tordue, elle doit être tordue. » Après l'atterrissage, les techniciens examinèrent l'avion, et l'aile était bien imperceptiblement vrillée. C'est dire sa compétence.

Ces pilotes avaient un code de l'honneur complexe : l'une des règles était de ne jamais, au grand jamais, laisser un des patins de bout d'aile toucher le sol. Barnes disait : « Mon garçon, si jamais vous laissez traîner un patin, vous vous faites bizuter sans pitié. Et si jamais vous faites quelque chose d'impardonnable, par exemple éclater un de ces drôles de pneus à haute pression, whaou ! C'est votre fête ! Vous n'avez plus qu'à payer une caisse de bière à toute l'équipe qui va changer votre roue. » En trente années de vols sur l'U-2, il n'éclata qu'un seul pneu.

Barnes racontait comment, dans les années 50, alors qu'il était pilote dans l'armée de l'air, on lui demanda s'il voulait rejoindre un projet secret, sans rentrer dans le détail. Des officiers supérieurs le courtisèrent de réunion en réunion, distillant des informations fragmentaires, lui rappelant qu'il s'agissait d'un projet ultra-secret, et précisant les dangers : « Vous serez dans un environnement hostile, dont la médecine ne sait rien, sinon qu'il est hostile. Vous piloterez un nouveau type d'avion, extrêmement fragile. Les équipements de bord sont d'un nouveau modèle. Cela n'a jamais été fait avant. Vous allez entrer dans l'inconnu. Etes-vous absolument sûr de vouloir prendre cette responsabilité ? Rentrez chez vous et laissez la nuit vous porter conseil. » Il n'en avait pas besoin, il était pour, à fond, et il le dit. D'après le peu qu'il avait appris, cela semblait tellement excitant qu'il ne pouvait y renoncer. « Je regrette de le dire, mais je n'ai pas tenu compte du risque, jamais. »

La même chose arriva à Bob Erickson. En 1956, il était pilote militaire à la base aérienne de Tinker, près d'Oklahoma City, il était célibataire et gagnait 500 dollars de l'époque par mois. Staline était mort depuis trois ans, le sénateur McCarthy, rendu célèbre par sa « chasse aux sorcières », venait de mourir, mais la guerre froide battait son plein. Avant peu, les Soviétiques lanceraient leurs chars sur la Hongrie. L'année suivante serait celle de Spoutnik. Les Etats-Unis tentaient désespérément de savoir ce qui se préparait derrière le Rideau de fer, surtout dans les arsenaux les plus secrets. Un jour, Erickson fut appelé dans le bureau du commandant, où un officiel lui dit que le Pentagone, le ministère de la Défense, préparait un « programme spécial », en dehors de l'armée régulière. Serait-il intéressé ? « Bien sûr ! » dit-il. Les mois suivants, il assista à des exposés ultra-confidentiels, où il reçut peu à peu des informations sur ce « programme spécial ». Cela concernait la reconnaissance... la surveillance des blindés et des troupes soviétiques... un nouveau type d'avion... ce genre de choses. Le puzzle s'assemblait petit à petit. De temps en temps, un officier conseillait à Erickson de rentrer chez lui et de réfléchir à ce qu'il faisait. Voulait-il vraiment y participer ? Il leur assura que oui, malgré les risques.

Comme tous les pilotes, Barnes adore raconter des histoires, tenir un auditoire en haleine, incrédule, horrifié, admiratif. A l'écouter, on se demandait comment un pilote avait jamais pu revenir d'un vol en U-2 : la façon dont il le racontait, le réacteur s'éteignait d'un seul coup, ou l'avion volait un peu trop vite et se brisait. Barnes racontait le jour où, des années plus tôt, un de ses copains nommé Buster volait au-dessus de la base d'entraînement, dans le désert de Mojave, et annonça à la radio que quelque chose n'allait pas avec une aile. « Je vais ralentir pour voir ce qui ne va pas », prévint-il, et l'avion grimpa à 600 mètres. Barnes ne le quittait pas des yeux, et il dit à son voisin : « Hubert, il coupe le moteur. » Soudain, l'aile gauche se tordit et se détacha d'un seul coup. Instantanément ! L'avion partit en vrille, fit à peine deux tours, et l'on entendit *zooooooooooooommmmmmmm smack* ! Juste devant leurs yeux ! Incroyable. Et ce n'était pas le premier pilote qui mourait ainsi.

Erickson se souvient qu'à la fin de 1962, quand la crise des missiles de Cuba amena le monde au bord de la guerre nucléaire, ses photos furent les premières à révéler la présence de ces missiles soviétiques à proximité des côtes américaines. « La seule chose que ces photos m'aient rapportée, c'est de rester cloué au sol plusieurs mois ! Mes supérieurs se sont dit : Erickson en sait trop, ce n'est pas le moment qu'il soit abattu. » Ses photos montraient aussi de fines lignes blanches montant dans le ciel. Les analystes des photos lui dirent que c'étaient des missiles cubains lancés contre l'U-2. On lui avait tiré dessus, et il ne s'en était pas rendu compte.

Barnes considérait comme des histoires de bonne femme la légende selon laquelle les pilotes d'U-2 portaient un comprimé de cyanure à avaler s'ils étaient abattus. Mais ils emportaient autre chose. Il sortait lentement, théâtralement, une pièce de monnaie de sa poche. Un trou était percé dans la tranche, de la taille d'une aiguille, jusqu'à 2 millimètres de l'autre bord. En le dévissant, on retirait un étui contenant une aiguille, couverte de curare concentré deux mille fois. Avec elle, disait Barnes, un pilote dont l'avion avait été abattu pouvait tuer un mouton ou un autre animal pour se nourrir, ou un soldat ennemi. « Ou, s'il n'y avait pas d'issue, l'utiliser à autre chose. »

Nous fûmes enfin prêts pour le test de notre instrument, le radiomètre différentiel fraîchement achevé. Une nuit, quinze jours avant le premier vol, Marc Gorenstein et moi chargeâmes le radiomètre à l'arrière de notre camionnette, recouvert d'une bâche et amarré par des chaînes. Puis nous allâmes à travers l'obscurité jusqu'à un parking isolé du LBL, sortîmes le radiomètre et pointâmes ses deux antennes vers le ciel noir. Notre banc de mesure nous montra ce que voyait l'instrument. Une nappe invisible de vapeur d'eau passa au-dessus de nous, et il indiqua une montée de la température. Très bien, cela montrait que l'appareil fonctionnait correctement, puisque la vapeur était source de rayonnement parasite. Le passage de tels nuages nous rappela combien il était important de placer le radiomètre dans la stratosphère, au-dessus des nuages.

Nous déchargâmes aussi deux grands miroirs polis par Hal Dougherty, et nous les plaçâmes de sorte qu'ils renvoient vers les deux antennes le rayonnement venant du zénith. Si toutes deux voyaient la même région du ciel, réfléchie par des miroirs identiques, elles ne devraient détecter aucune différence de température. Si, du moins, elles fonctionnaient comme prévu. En fait la variation était faible, mais pas assez pour nos besoins. Nous ramenâmes donc le radiomètre dans le laboratoire pour ajuster les deux côtés et les rendre plus symétriques. Nous le ressortîmes la nuit suivante pour répéter le test. Après deux autres essais et corrections, le test fut réussi : les deux antennes mesuraient le même rayonnement.

Quelques jours après, nous remîmes le radiomètre dans la camionnette pour faire les 80 kilomètres qui séparent Berkeley d'Ames. Là, nous testâmes de nouveau notre création après son installation dans l'U-2, encore dans le hangar. Marc et moi nous relayâmes à la place du pilote, assis dans le minuscule habitacle à faire fonctionner le radiomètre en pressant divers boutons. Pendant ce temps, l'autre plaçait des sources de rayonnement devant l'une ou l'autre antenne pour tester leur sensibilité. Quand tout fut vérifié, nous laissâmes le pilote conduire l'U-2 sur la piste. Il alluma sa radio et d'autres équipements, pour voir s'ils allaient interférer avec le radiomètre. Aucun problème n'apparut. Nous étions prêts pour le vol.

Le premier vol était prévu pour le 7 juillet 1976 (trois jours après le Bicentenaire des Etats-Unis, deux semaines avant que la première sonde Viking se pose sur Mars). C'était le début de la soirée, le Soleil disparaissait derrière la chaîne côtière, et le ciel bleu s'assombrissait. Ron Williams, le pilote, enfila son scaphandre et marcha vers l'avion, ressemblant à un astronaute en route pour la Lune. Sa mission devait en fait le conduire, par radiomètre interposé, beaucoup plus loin que la Lune, plus loin que notre Galaxie, loin dans le cosmos. Il se tassa dans l'habitacle, referma la verrière transparente et pointa sa check-list – la liste des vérifications à faire avant le vol. Il récita peut-être aussi une prière silencieuse, je ne sais. Il mit les gaz et s'ébranla, les ailes alourdies de carburant soutenues par les balancines.

Puis il accéléra et s'envola, larguant les balancines, et grimpa sous un angle très accentué comme une fusée. L'instant d'avant, il était horizontal, et brusquement nous ne voyions plus que sa tuyère et la flamme blanche du réacteur contre le ciel indigo. Dans la stratosphère, le pilote mit le radiomètre en route, et il commença à tourner. Le pilote pouvait savoir qu'il marchait, parce qu'une lampe sur le tableau de bord s'allumait chaque fois que les antennes permutaient leurs positions, régulièrement toutes les trente-deux secondes. Elles comparaient automatiquement de façon répétitive la température de régions éloignées du cosmos.

Bientôt deux années d'efforts intenses de l'équipe allaient être mises à l'épreuve. Aucun instrument de ce genre n'avait encore volé dans la stratosphère. Nous espérions que notre difficile travail allait être récompensé, et que tout se passerait bien. Au sol, j'analysais les résultats qui arrivaient. Je ne savais pas ce que nous allions trouver mais, quel que soit le résultat, j'étais sûr qu'il serait intéressant.

Chapitre VII

UN UNIVERS DIFFÉRENT

Pendant les deux mois qui suivirent le premier vol en juillet 1976, les données du radiomètre commencèrent à s'accumuler. Nous avions sévèrement testé le système au cours de plusieurs vols de mise au point, et nous étions passés aux vols scientifiques. L'U-2 se révéla remarquablement stable, restant horizontal avec une précision meilleure qu'un sixième de degré, ce qu'il nous fallait pour réduire au minimum les faux signaux. Les quelques difficultés initiales du radiomètre furent rapidement résolues, et il s'attaqua à son travail exigeant : la mesure des faibles différences de température du fond de rayonnement cosmologique entre diverses parties du ciel. Pendant les vols d'essai, nous avions réussi à pousser la sensibilité du radiomètre et mis au point les logiciels d'analyse. Nous étions prêts à exploiter le rayonnement cosmologique, cette faible lueur témoin de l'immense énergie de la création, à l'utiliser comme outils pour explorer la dynamique de l'Univers.

A cette époque, la théorie classique du big bang envisageait l'origine et l'évolution de l'Univers comme quelque chose de relativement calme après l'événement primordial d'il y a 15 milliards d'années. Sous l'influence de la gravitation, les galaxies se condensaient lentement dans les petites régions légèrement plus denses que la moyenne, des germes cosmiques. On pensait l'espace faiblement peuplé de ces galaxies arachnéennes, dont l'évolution était peu perturbée par les autres corps célestes. Tous les endroits de l'Univers se ressemblaient plus ou moins, l'Univers était uniforme. Nous savions que des germes avaient dû être présents suffisamment tôt dans l'histoire de l'Univers pour avoir le temps de se développer ensuite, mais cette uniformité supposée ne poussait pas à examiner de façon urgente la nature de ces germes. Aussi étais-je plus intéressé par certaines des grandes questions concernant la dynamique de l'Univers : rechercher des signes de rotation d'ensemble ou explorer l'uniformité de l'expansion.

Nous n'attendîmes pas longtemps pour avoir des réponses. Au bout d'une demi-douzaine de vols scientifiques, il fut parfaitement clair que les données n'indiquaient aucune rotation de l'Univers. Ce fut une surprise majeure, car tout ce que nous voyons dans l'Univers – planètes, étoiles, galaxies – est en rotation. Je m'étais convaincu que l'Univers aussi devait être en rotation, comme tous les systèmes, des protons jusqu'aux galaxies. Je savais que la relativité générale permettait cette rotation, malgré la question inévitable : par rapport à quoi l'Univers peut-il être en rotation ? A partir de nos résultats, nous calculâmes que la rotation de l'Univers était de moins de 1 cent-millionième de tour pour le dernier milliard d'années. Cette absence de rotation signifiait que le voyage temporel risquait d'être difficile. Nous avions très largement amélioré les tests antérieurs du principe de Mach, et nous pouvions faire mieux encore en détectant le « vent d'éther » causé par la rotation de notre Galaxie.

Les indications sur la nature de l'expansion aussi étaient claires : elle est remarquablement uniforme à travers les cieux. Aucun indice d'asymétrie. « Vu de près, le big bang, le cataclysme le plus violent que l'on puisse imaginer, semble remarquablement orchestré », écrivais-je à l'époque de nos observations. « Soit les conditions initiales étaient extrêmement régulières, soit des processus dont nous n'avons pas idée ont opéré pour uniformiser l'Univers. » Cette conclusion était anodine et ne pouvait choquer personne, puisque l'uniformité de l'Univers paraissait en accord avec la théorie classique du big bang. Ce n'est que plus tard, avec d'autres découvertes, qu'on réaliserait qu'il y avait là un problème.

Ce qui surprit vraiment les gens, les astronomes en particulier, fut une découverte complètement inattendue. Nous tombâmes sur une preuve que l'Univers n'était pas du tout tel qu'on l'imaginait.

La Voie lactée, comme toutes les galaxies spirales, est en rotation, cet immense disque d'étoiles tournant lentement pendant que les étoiles orbitent autour du centre. Nous savions que nous devions détecter cette rotation dans le fond de rayonnement cosmologique. A cause de l'effet Doppler dû au mouvement du Soleil autour de la Galaxie, le rayonnement devait nous paraître un peu plus chaud dans la direction du mouvement, et un peu plus froid dans la direction opposée. Nous savions aussi que cette différence de température, l'anisotropie dipolaire, serait faible. Si les données ne montraient pas le dipôle, nous saurions qu'il y avait une erreur dans l'instrument ou dans l'analyse.

Au début de décembre, cinq mois après le premier vol, je sentis que nous étions sur le point de découvrir le dipôle attendu. Jon Aymon et moi travaillâmes longtemps sur plus de vingt et une heures d'observations enregistrées sur cassettes, nous battant avec un lecteur de bandes magnétiques récalcitrant. Nous n'avions que six minutes de données perdues en raison de contaminations par diverses formes d'interférence. Cela montrait à quel point le système marchait bien. Toutes les données étaient maintenant dans le gros ordinateur du LBL, qui imprimait des résumés pour chaque direction suivie lors de chaque vol. Après vérification et préanalyse des données de chaque vol, je les ajoutais aux précédentes et j'analysais l'ensemble. Peu à peu l'image du dipôle se formait sur la carte céleste établie à partir des données cumulées. Si tout allait bien, dis-je à Jon, nous pourrions prédire quelles données sortiraient du prochain vol. Je fis le calcul et j'estimai où les points devraient tomber sur la carte. Puis je regardai les vraies données : l'accord était très bon.

C'était excitant, mais je voulais être sûr de la signification de ces résultats et je suggérai à Jon d'écrire un programme de contrôle qui simulerait des données sans signal, avec seulement le bruit de l'instrument. Si l'accord était aussi bon dans ce cas, cela voudrait dire que nos résultats n'avaient pas la signification que nous leur accordions, et que c'était seulement les fluctuations du bruit qui imitaient un dipôle. Mais l'accord n'était pas bon, la carte ressemblait vraiment à du bruit. Notre confiance augmenta. Nous avions porté nos résultats sur un globe céleste, une grande sphère où étaient dessinées les étoiles brillantes, les constellations, la Voie lactée. Toute la nuit j'y plaçai des marques de couleur pour indiquer les variations de température, et au matin nous pouvions voir le motif tant cherché : le dipôle montrant une partie du ciel plus chaude que la moyenne, et l'autre plus froide.

Le degré d'anisotropie était faible, 1 millième comme prévu. Mais quelque chose n'était pas prévu. « Regarde ça, dis-je à Jon, qu'est-ce que ça signifie ? » L'anisotropie avait l'ampleur attendue, mais la direction était complètement différente. Le ciel était plus froid en direction de la constellation du Verseau, et plus chaud vers le Lion, ce qui n'est pas du tout la direction de rotation de notre Galaxie. Jon dit : « Si nous n'avons pas fait d'erreur de calcul, il n'y a qu'une explication. » Nous savions tous les deux laquelle : non seulement le Soleil tourne autour de la Galaxie, mais la Galaxie elle-même se déplace dans l'espace, ce qui était inattendu. Et en plus, elle se déplace vite, à 600 kilomètres par seconde.

Jon et moi étions épuisés au matin, mais excités par notre découverte. Nous pouvions à peine attendre pour partager la nouvelle avec toute l'équipe. Les implications, nous le savions, étaient immenses.

On peut voir les choses de la manière suivante. Quand Copernic annonça que la Terre tournait autour du Soleil, quelqu'un s'est sûrement assis avec une plume et du papier, et s'est dit : « Bon, faisons le calcul. Si Copernic a raison et que la Terre a une orbite presque circulaire, le périmètre de l'orbite est de 900 millions de kilomètres, parcourus en 365 jours, soit presque 9 000 heures. La vitesse de la Terre est donc de 100 000 kilomètres à l'heure, ou 30 kilomètres par seconde ! Comment tout ne tombe-t-il pas ? Ce type doit être cinglé ! »

C'est la version Renaissance de ce que nous avions trouvé, ce qu'on appelle le problème de la vitesse propre des galaxies (par opposition à la vitesse d'ensemble des galaxies due à l'expansion). Les contemporains de Copernic furent abasourdis d'apprendre que la Terre bougeait. Beaucoup de nos collègues furent pareillement abasourdis d'apprendre que notre Galaxie se déplaçait aussi vite dans l'espace par rapport au fond de rayonnement cosmologique. Les théoriciens étaient prêts à accepter des vitesses galactiques de quelques dizaines de kilomètres par seconde, mais pas dix fois plus. La seule façon de comprendre nos résultats était d'imaginer une gigantesque masse au loin, insoupçonnée, capable d'attirer avec force la Voie lactée par sa gravitation énorme. La théorie en vigueur envisageait la matière distribuée de manière assez uniforme dans le cosmos, et certainement pas des objets aussi extraordinaires quelque part. Nous publiâmes nos résultats dans un article des *Physical Review Letters* : « La grande vitesse propre de la Voie lactée est inattendue, et présente un défi à la cosmologie théorique [...]. L'Univers est peut-être beaucoup plus inhomogène que nous ne l'avions soupçonné jusqu'à présent. » Si nous n'avions pas fait d'erreur, nous étions sûrs de faire des vagues.

Une chose m'ennuyait cependant : et si le dipôle variait avec la saison ? Quand la Terre est d'un côté du Soleil, au printemps, elle se déplace dans une direction par rapport à la Galaxie, et à l'automne elle va dans l'autre direction. Cela pouvait-il imiter un dipôle [1] ? Nous vérifiâmes cette éventualité en demandant aux pilotes quelques vols supplémentaires, où le radiomètre pourrait repasser sur les zones explorées six mois plus tôt. Les

1. Des astronomes ont annoncé en 1991 qu'ils avaient indirectement détecté une planète en orbite autour d'un pulsar éloigné, à partir du mouvement de ce pulsar. Cela se révéla faux, car ils avaient mal tenu compte du mouvement de la Terre : ils avaient bien détecté une planète, la Terre.

pilotes travaillèrent en heures supplémentaires, volant beaucoup plus tard la nuit que d'habitude. Quand nous comparâmes les nouvelles données avec les précédentes, nous retînmes notre souffle. A notre grand soulagement, aucun effet saisonnier n'était présent, et le dipôle était toujours là.

Confiant dans la valeur de nos résultats, je voulais les annoncer à la réunion de la Société américaine de physique en avril 1977 à Washington. Nos rivaux, en particulier l'équipe de Brian Corey et David Wilkinson à Princeton, étaient sur la piste du dipôle avec des observations en ballon, mais je ne savais pas s'ils étaient près du but. Il était important pour nous de prendre date, et cette réunion nous en donnait l'occasion. Nous n'avions pas de place normale sur le programme, parce que nous n'avions été sûrs de nos résultats qu'après la date limite d'inscription et de présentation des résumés. Heureusement, James Peebles, dont le livre avait inspiré notre expérience, présentait un exposé invité [2] sur la cosmologie, et il m'accorda généreusement quelques minutes pour parler de nos résultats. Je trouvais sa présence poétique, cela refermait le cycle de la « Nouvelle expérience du vent d'éther ».

Avant la réunion, j'avais répété mon bref exposé une dizaine de fois. C'était un grand jour pour moi, j'avais mis une veste et une cravate, contrairement à mes habitudes, et mon amie Constantina Economou était venue m'encourager.

Debout devant mes collègues dans la salle de réunion, je me sentais jeune et nerveux. Peebles me présenta avec gentillesse et me céda la place. Ma présentation fut brève; j'expliquai que, pendant que le Soleil et la Terre se dirigeaient à 350 kilomètres par seconde dans la direction de la constellation du Lion, la Voie lactée se déplaçait à 600 kilomètres par seconde. « C'est vraiment un grand objet, pour se mouvoir à une telle vitesse »,

2. Dans les grandes conférences scientifiques, on distingue les exposés « invités », demandés à certains participants (généralement les « stars » du domaine) par les organisateurs, des exposés normaux demandés aux organisateurs par les participants (NDT).

Figure 34. George Smoot (à gauche) et Jim Peebles lors d'une conférence en 1992 (El Escorial conversaciones de Madrid).

dis-je avec un sourire forcé. Je me souviens avoir pensé : « Il n'y a probablement que Peebles qui comprenne ce que cela implique. » Puis ce fut fini, je répondis à trois questions banales, et avant que je réalise ce qui se passait Peebles avait repris la parole. Notre détection de ce mouvement galactique présentait un « vrai dilemme aux théoriciens », dit-il nonchalamment.

C'était un euphémisme. Le public ce jour-là était surtout composé de physiciens pour qui de telles vitesses d'objets physiques semblaient naturelles et acceptables. Nos résultats n'avaient qu'un intérêt marginal pour eux et ne remettaient donc pas en cause leur vision chérie du monde. La réaction des astronomes serait différente.

Six mois plus tard, Marc Gorenstein présenta nos résultats à une réunion de la Société américaine d'astronomie à Atlanta. La réaction de l'assistance fut fraîche, pour ne pas dire glaciale. Marc fut soumis à des questions serrées, qui sous-entendaient clairement que nos mesures ou notre interprétation étaient faussées quelque part. Les conséquences de nos résultats, nous nous en rendions compte, menaçaient tellement les certitudes astronomiques que peu d'astronomes étaient prêts à nous prendre au sérieux.

La présentation de Marc accrocha l'attention du journaliste Walter Sullivan, qui publia le 14 novembre 1977 un article dans le *New York Times* intitulé : « Les galaxies foncent à plus de un million de kilomètres à l'heure dans l'Univers. » Il y expliquait de manière succincte le défi que cela posait à la cosmologie orthodoxe. D'abord, ces vitesses extraordinaires exigent la présence de corps massifs dans l'Univers, non détectés, ce qui veut dire que la distribution de matière dans l'Univers n'est pas aussi homogène qu'on le supposait. Ensuite, cela redonnait de l'importance à la question de savoir par quels moyens l'Univers avait évolué du big bang à nos jours. L'existence inattendue de structures énormes dans l'Univers signifie que des germes devaient être présents très tôt dans l'Univers primordial pour leur donner naissance. Sinon, ces structures n'auraient pas eu le temps de croître suffisamment. Un des effets de nos résultats fut donc de relancer l'intérêt pour la nature de ces germes et les manières de les détecter.

Les astronomes nous attaquèrent sur deux fronts, en présentant des objections empiriques et théoriques contre notre travail. Robert Roeder, un astronome canadien de l'université de Toronto, souligna que notre carte du fond de rayonnement cosmologique s'alignait de près sur le plan du système solaire. Comment, demandait-il, pouvions-nous être sûrs que notre « anisotropie » n'était pas simplement due à la poussière qui orbite autour du Soleil ? De la poussière comme celle qui diffuse la lumière du Soleil et produit la lumière zodiacale, poussière résultant de collisions d'astéroïdes ? Roeder remarquait aussi qu'entre décembre et mai, le signal semblait venir de la direction où la lumière zodiacale était la plus forte.

L'argument était solide. Je pensais avoir correctement soustrait les effets dus à la lumière zodiacale avant de publier nos données. Mais peut-être le système solaire contenait-il des particules de poussière plus grosses que celles que nous avions considérées, qui pourraient être la cause des différences de température que nous avions relevées.

Au cours des mois suivants, Roeder m'envoya des lettres où il développait sa critique initiale. Il analysa nos données et confirma qu'il y avait d'inquiétantes corrélations entre notre signal d'anisotropie et le plan du système solaire (quasiment toute la matière du système solaire se trouve dans le même plan – planètes, astéroïdes, poussières). Notre signal pointait entre 5° et 10° au-dessus du plan de l'écliptique, la trajectoire du Soleil sur la sphère céleste, et en plus elle s'alignait fortement vers le point où l'écliptique coupe l'équateur. Ce n'étaient peut-être que des coïncidences, mais même en ce cas ce genre de coïncidences empêche les astronomes de dormir. Je n'avais pas de réponse définitive, et ce n'est que plus tard que nous parvînmes à éliminer cette possibilité.

Je dus bien présenter nos résultats dans une douzaine de colloques au moins, Marc et Rich firent aussi plusieurs exposés. Pratiquement à chaque fois, des critiques s'exprimèrent contre notre mesure de la vitesse de notre Galaxie. Même à Berkeley, des astronomes doutaient de l'existence du dipôle. Les objections théoriques venaient du fait que notre découverte s'attaquait à l'axiome central de la cosmologie moderne, la loi de Hubble. D'après cette loi établie en 1929 par Edwin Hubble, l'expansion régulière de l'espace se traduit par une corrélation linéaire entre la distance d'une galaxie et sa vitesse de récession. Une galaxie pouvait bien avoir une légère vitesse propre qui s'ajoutait à l'expansion cosmique (ou se retranchait), mais cette vitesse était supposée très faible, comme plusieurs experts me l'avaient assuré avant notre expérience avec l'U-2. Comment les galaxies pouvaient-elles avoir des vitesses aussi élevées que nous le prétendions, et néanmoins suivre la loi de Hubble ? Le point est le suivant : si les galaxies se déplacent à très grande vitesse dans toutes les directions, alors les galaxies qui se trouvent à une distance donnée de nous vont avoir des vitesses très variées. La relation de Hubble entre distance et vitesse devrait être très approximative, et la corrélation beaucoup plus faible qu'on ne le considérait alors.

Le corollaire selon lequel notre Galaxie était attirée par une masse éloignée incroyablement élevée était bien sûr un problème majeur, car aucun modèle théorique de l'Univers n'incluait de telles structures, et aucune n'avait été vue. Si c'était vraiment le cas, disaient nos critiques, pourquoi notre Galaxie n'était-elle pas déchirée par une telle masse ? Les astronomes avaient observé de nombreuses galaxies disloquées en approchant de trop près d'autres galaxies. Ces cataclysmes montrent que les galaxies ressemblent à un tas de plumes : la moindre perturbation, et elles se dispersent. A cette époque, il était difficile d'imaginer une masse assez importante pour accélérer notre Galaxie à 600 kilomètres par seconde sans que les forces de marée ne la brisent [3]. Et la Voie lactée n'est pas la seule galaxie à posséder une vitesse propre élevée. La douzaine de galaxies de notre voisinage, ce qu'on appelle le Groupe local, se déplace aussi sous l'influence de cette structure distante non vue. Pour qu'une masse produise cette vitesse sans disloquer le Groupe local, il faut qu'elle soit très éloignée pour que la différence d'attraction entre un bord et l'autre du Groupe soit faible. Des années plus tard, des astronomes commencèrent à la chercher, la trouvèrent et la bapti-

3. Une masse exerce une force de marée sur un objet étendu parce que le côté proche de la masse est plus fortement attiré par elle que le côté le plus éloigné. Cette différence de force entre les deux côtés peut déchirer l'objet si elle est supérieure aux forces qui en assurent la cohésion. Le même effet est responsable des marées océaniques sur Terre : l'océan du côté de la Lune est plus attiré par elle que le globe terrestre, qui est lui-même plus attiré que l'océan de l'autre côté. L'observateur terrestre voit donc l'océan se gonfler du côté de la Lune et aussi du côté opposé, et la Lune faisant presque un tour par jour autour de la Terre, cet observateur voit passer deux marées par jour (NDT).

sèrent le « grand attracteur ». Il est peu probable qu'une structure pareille soit unique, il doit y en avoir beaucoup d'autres dans l'Univers.

Pourtant, il n'y avait pas alors de théorie expliquant comment de telles structures massives auraient pu se former. Les germes primordiaux, les rides de l'espace-temps, qui engendraient les structures étaient supposés relativement petits, produisant une faible attraction gravitationnelle, et les amas de galaxies en résultant devaient aussi être relativement petits.

Toutes ces objections étaient très fortes, et nous n'avions pas de moyen d'y répondre. Certains pensaient que nous étions dangereusement près de remettre en cause les fondements de la cosmologie moderne. On comprend que les savants soient réticents à admettre des idées extraordinaires en l'absence de preuves également extraordinaires, et beaucoup d'astronomes ne considéraient pas alors nos preuves comme extraordinaires. Avec le recul du temps, je ne puis les critiquer pour leur prudence. Ils appliquaient le même principe que Luie Alvarez quand nous étions étudiants et que nous prétendions avoir découvert tel ou tel effet : il nous passait sur le gril, parfois avec brutalité, pour s'assurer que nous n'avions négligé aucun détail. Une telle contre-enquête est indispensable en science : jusqu'où serait allée la lamentable affaire de la « fusion froide » si les physiciens n'avaient pas examiné avec le plus grand soin les affirmations initiales ?

De toute manière, nous n'étions pas les premiers astrophysiciens à passer sur le gril pour avoir remis en question le concept orthodoxe d'une homogénéité du cosmos [4]. Vera Rubin nous avait devancés d'un quart de siècle.

Un jour neigeux de décembre 1951, cette jeune astronome de vingt-deux ans était emmenée par son père et

4. En 1600, Giordano Bruno, lui, était passé sur le bûcher pour avoir remis en cause le concept d'une *hétérogénéité* du cosmos, entre autres hérésies (NDT).

son mari à une réunion de la Société américaine d'astronomie, à Haverford College en Pennsylvanie. Son premier enfant était né trois semaines plus tôt. Elle préparait sa thèse sous la direction de George Gamow à l'université George-Washington, et n'avait jamais assisté à une telle réunion. Et là, elle devait y parler. « Etudiante boulotte qui n'avait rien à se mettre », comme elle le raconte en plaisantant, elle avait acheté pour l'occasion une robe en maille bleue. En entrant dans la salle de conférences, elle parcourut l'assistance du regard : elle ne connaissait personne. Son père et son mari s'assirent. Elle commença à parler. Le titre de son exposé, « Rotation de l'Univers », avait paru bizarre aux organisateurs, et ils l'avaient remplacé par « Rotation de la métagalaxie » [5].

Rubin posait une question apparemment simple : l'expansion décrite par Hubble rend-elle bien compte de la façon dont la densité de galaxies change avec le temps ? Quand l'espace se dilate, les galaxies s'écartent les unes des autres, exactement comme des fourmis sur un ballon que l'on gonfle s'écartent les unes des autres, même si elles ne marchent pas. Mais les fourmis peuvent aussi marcher sur le ballon pendant qu'il se gonfle. La question était donc : les galaxies ont-elles des mouvements propres qui ne soient pas liés à l'expansion ? Rétrospectivement, c'était une question on ne peut plus sensée. La rotation de la Terre n'est pas une simple rotation autour de l'axe des pôles : cet axe oscille aussi de façon complexe avec des périodes de plusieurs milliers d'années (l'une de ces oscillations, la précession des équinoxes, fait par exemple que l'étoile Polaire s'écarte régulièrement du pôle Nord avant d'y revenir). Rubin se demandait donc si les galaxies avaient d'autres mouvements que le mouvement général d'expansion. Une analogie simple serait de se demander si des fourmis sur un ballon qui gonfle marchent en plus sur la surface.

5. Des années plus tard, Rubin rencontra l'un de ces organisateurs, qui lui dit qu'ils avaient eu une « discussion très sérieuse » pour savoir s'ils devaient la laisser parler.

Figure 35. Vera Rubin, dont le travail montra que les galaxies ont des vitesses propres (Carnegie Institute of Washington).

Pour le savoir, elle analysa le mouvement d'une bonne centaine de galaxies pour voir si leur vitesse était bien celle prévue par la relation de Hubble. Celle-ci dit que le décalage vers le rouge de la lumière (qui révèle sa vitesse de récession) est proportionnel à la distance de la galaxie. Aussi Rubin compara-t-elle le décalage vers le rouge, mesuré par d'autres astronomes, à la distance.

Pour estimer la distance, elle supposa audacieusement que les galaxies qui se ressemblent ont les mêmes propriétés intrinsèques, et en particulier la même luminosité absolue : en la comparant à la luminosité apparente, et sachant que la luminosité décroît comme le carré de la distance, elle obtenait la distance de la galaxie. Elle trouva que les galaxies avaient bien un mouvement propre, indépendant de l'expansion : certaines allaient plus vite, d'autres plus lentement que le prévoyait la relation de Hubble. C'est ce qu'elle annonça à la conférence. C'était une nouvelle surprenante, et l'exposé de Rubin était très audacieux : il impliquait que la loi de Hubble n'était pas sacro-sainte et que le mouvement des galaxies était loin d'être régulier.

Son exposé « fut très très mal reçu. Il y eut un vrai brouhaha », se souvient-elle. Les gens étaient particulièrement émus de ce que son analyse n'indiquait pas de barres d'erreurs. Les barres d'erreurs sur un diagramme représentent l'estimation que l'on fait de la précision des données et des erreurs de mesure. Elles indiquent donc la zone dans laquelle les données pourraient varier si l'on répétait les mesures. Modestement, elle reconnaît qu'elle ne savait pas alors comment estimer ces erreurs. « Ils trouvaient que mon analyse était fragile, et c'était le cas », admet-elle. Pour apaiser les vagues, le célèbre astronome Martin Schwarzschild se leva et dit les choses anodines que les savants chevronnés disent aux jeunes étudiants dans ces circonstances : « C'est un travail très intéressant. Les données ne sont peut-être pas suffisantes, mais c'était bien de le faire. » Un critique persista : « Pourquoi ne pas avoir mis de barres d'erreurs ? – Eh bien, répondit-elle, toute l'affaire est si... nébuleuse. » La salle éclata de rire à ce trait d'humour involontaire. Elle rit aussi. « L'affaire se termina ainsi sur une note gaie. »

Après la pause, les Rubin rentrèrent chez eux. « Je me sentais plutôt bien », se souvient-elle. « Mon exposé avait été très bon, je l'avais complètement dans la tête et j'aurais pu le répéter dix ans après. Je rentrais à la maison m'occuper de mon bébé. » Les journaux s'emparèrent de l'affaire, le *Washington Post* titra en première page : « Une jeune mère trouve le centre de la création. »

Les journaux d'astronomie rejetèrent l'article de Rubin, et son travail fut presque totalement ignoré par les astronomes. Un astronome français établi au Texas, Gérard de Vaucouleurs, la prit pourtant au sérieux. Il s'intéressait à la possibilité que l'Univers fût moins homogène qu'on ne le pensait, et que la densité de galaxies soit plus élevée à certains endroits. Ces régions plus denses pourraient exercer une attraction gravitationnelle suffisante pour accélérer les galaxies aux vitesses rapportées par Rubin, pensait-il.

L'idée d'amas de galaxies n'était pas nouvelle. Dès les années 30, l'astronome suisse Fritz Zwicky travaillant au California Institute of Technology (Caltech) avait suggéré que les galaxies pourraient se rassembler en amas, grands d'une dizaine de millions d'années-lumière [6], et que des « cellules d'amas » pourraient emplir l'Univers « comme de la mousse divise un volume de mousse ». Mais Vaucouleurs pensait à des superamas beaucoup plus étendus que ceux qu'envisageait Zwicky, et il reconnut plus tard que le travail de Rubin l'avait incité à publier ses données indiquant qu'il y avait un « courant » de galaxies traversant l'hémisphère Nord. Les galaxies de l'amas situé dans la constellation de la Vierge sont réparties dans un immense disque, qu'il appela un superamas. « Il me vint à l'esprit que cette ceinture de galaxies devait être une association physique », et non une coïncidence, raconta Vaucouleurs à Alan Lightman dans les années 1980. « Je fus incité à publier, j'en eus le courage, parce que Vera Rubin venait de publier le résumé de sa thèse. » A cause de l'hostilité de la réception, Rubin ne toucha plus au sujet pendant vingt ans. Mais Vaucouleurs dit : « J'étais sans doute plus pugnace, et si quelque chose se trouve là, eh bien, je n'hésite pas à dire que quelque chose se trouve là. » Néanmoins, la communauté

6. Le plus grand superamas connu aujourd'hui est des dizaines de fois plus étendu.

astronomique réagit à son travail par un « silence complet ».

Dans le bureau de Vaucouleurs à l'université du Texas à Austin, les doutes de ses premiers critiques sont affichés sur son tableau. Même Zwicky est épinglé pour avoir dit en 1959 : « Les superamas n'existent pas. »

Et ce fut le point de vue qui prévalut pendant les années qui suivirent, et contre lequel nos résultats avec l'U-2 se heurtèrent avec violence.

Parmi les nombreuses objections élevées contre nos découvertes, l'une était sans aucun doute fondée, et nous n'avions d'autre choix que d'y répondre. Peut-être l'extraordinaire vitesse de notre Galaxie n'était qu'une illusion causée par un « effet local », au sens astronomique du terme, et n'était pas représentative de l'Univers dans son ensemble. Nous n'avions effectué nos observations que dans l'hémisphère Nord. « Si vous observez le même effet dans l'hémisphère Sud, disaient nos critiques, alors nous vous croirons. »

Nous allâmes donc au sud. Si nous observions le même dipôle dans le sud, nos critiques devraient s'y résigner ou se taire.

Depuis le XIXe siècle, l'Amérique du Sud est devenue une base d'observation de plus en plus importante pour les astronomes. C'est là que les astronomes de Harvard photographièrent les céphéides, ces étoiles variables qui permirent à Henrietta Leavitt de découvrir la relation entre période et luminosité, et qui fournirent ainsi la clé de l'Univers en expansion. Plus récemment, en 1987, les astronomes y découvrirent la première supernova proche de notre Galaxie depuis près de quatre siècles : située dans le Grand Nuage de Magellan, petite galaxie satellite de la nôtre, elle n'est pas visible depuis l'hémisphère Nord.

Dans un commentaire, la revue britannique *Nature* approuva notre idée de contrôler nos résultats par des vols d'U-2 dans l'hémisphère Sud, mais s'inquiéta : étant donné les relations souvent difficiles entre les Etats-Unis et l'Amérique latine, « les vols d'U-2 ne sont peut-être pas très bien vus en dehors des Etats-Unis ». En fait, la principale barrière était plus financière que politique. En janvier 1977, j'écrivis à Hans Mark pour lui dire que je demandais à la NASA de financer un voyage dans l'hémisphère Sud, mais que « la seule réponse de la NASA pour le moment était d'interrompre les vols dès septembre 1977 ». J'expliquais qu'une des raisons était le transfert du programme U-2 d'une division de la NASA à une autre, et qu'une autre raison était que nous avions déjà détecté le dipôle, et que les officiels ne voyaient pas pourquoi nous voulions recommencer. « Notre demande est examinée en ce moment au quartier général de la NASA et, en attendant, nous ne recueillons aucune donnée », me plaignais-je.

Ce fut une période très frustrante. Je pensais que nous pouvions intéresser de nouveau la NASA si l'expédition proposée avait des buts plus vastes. Peut-être pourrions-nous intéresser une autre équipe scientifique et partager l'espace disponible pour les instruments à bord de l'U-2 ? « Informez-nous, s'il vous plaît, de tout autre utilisateur qui pourrait avoir besoin de vols dans l'hémisphère Sud », écrivais-je à Mark. « Notre équipement est compatible avec un grand nombre d'instruments, aussi nous pourrions combiner des vols, ou les alterner. » C'est ainsi que progresse la science à la fin du XXe siècle : on passe plus de temps à remplir des formulaires et à bousculer sociétés ou administrations pour avoir un financement qu'à faire de la recherche dans son laboratoire. Dans notre cas, le harcèlement fut payant et nous reçûmes une subvention. Nous partageâmes effectivement l'U-2 avec d'autres expérimentateurs.

Une autre question survint : où aller dans l'hémisphère Sud ? Nos premiers choix étaient l'Australie, l'Argentine et le Chili. Mais l'Australie était trop loin, l'U-2 ne pouvait pas voler jusque-là : il fallait le démonter et l'envoyer par avion-cargo à un prix exorbitant. C'était exclu. Argentine et Chili étaient des pays intéressants car, situés très au sud de l'équateur, ils nous offraient une large vue du ciel austral. Malheureusement ils étaient alors en très mauvais termes et la guerre menaçait entre eux. Trop risqué ! Le Pérou était notre quatrième choix, mais ce n'était pas l'idéal : les militaires avaient pris le pouvoir en 1975, et le pays était dans un chaos politique, social et financier. C'était pourtant le mieux que nous pouvions faire.

« Entouré de collines brunes et nues, Lima s'étend à l'endroit désolé où le morne désert péruvien rejoint la mer », écrivait en 1978 Milton Viorst dans la revue *Atlantic Monthly*. « Le vent glacé du Pacifique l'ensevelit sous des nuages gris la plupart du temps. Lima est toujours humide, mais sans pluie, et rares sont les arbres ou les fleurs pour en éclairer la mélancolie. » Le conquistador Pizarre l'avait appelé la « cité des rois », une allusion à son passé glorieux, quand les Andes brillaient de l'or des Incas. Mais en cette fin du XXe siècle, l'or avait disparu, et le pays se débattait pour sauver sa flotte de pêche de la ruine, et pour que son industrie pétrolière naissante survive. Lima était devenu une métropole du tiers-monde, une zone urbaine en extension rapide de cinq millions d'âmes.

Le pilote de l'U-2, Bob Erickson, se souvient de son arrivée avec notre avant-garde à l'aéroport Jorge Chávez, sur la côte près de Lima, pour examiner les installations. Il alla avec un collègue, Jack Wall, à l'ambassade des Etats-Unis, parler avec l'attaché de l'air. On leur dit qu'il faudrait des semaines pour installer le matériel nécessaire à l'avion. Erickson raconte : « “ Revenez dans deux ou trois semaines ”, nous dit le type de l'ambassade. Alors on est rentrés à l'hôtel et on s'est soûlés. On s'est réveillés le lendemain avec une gueule de bois, et on s'est dit : “ Bon, qu'est-ce qu'on fait maintenant ? ” Alors Jack et moi, on est allés à la base aérienne, on s'est un peu baladés, et puis on est tombés sur le chef du bureau des opérations de la base. Il nous a dit : “ Ouais, j'ai un hangar pour vous. Ouais, on a ci..., on a ça... ” Il nous a emmenés et présentés au commandant en chef de la marine péruvienne. C'était le type avec lequel l'attaché de l'air essayait d'arranger un rendez-vous. On a pris le thé, ou quelque chose de ce genre. Il a dit : “ Ouais,

ouais, on peut s'arranger comme ça, on peut faire ceci... on peut faire cela... " On est rentrés à l'hôtel le soir, on s'est encore soûlés, et puis le lendemain on est retournés voir l'attaché de l'air, et on lui a dit : " Hé, on quitte la ville... Tout est arrangé, on n'a pas besoin de vous. " »

Une seule équipe de soutien arriva par avion. Le matériel scientifique fut envoyé par un cargo militaire. L'U-2 nécessite beaucoup d'équipements spécialisés qu'il faut envoyer avec lui, son propre carburant, son propre équipement au sol, ses propres chariots de transport pour le réacteur, ses propres remorques, et ainsi de suite. Tout ce matériel conçu spécialement pour lui devait être envoyé par avance au Pérou. Le carburant avait été envoyé par bateau en bidons de 200 litres. L'équipe totalisait dix-huit personnes de la NASA et de chez Lockheed, et était dirigée par James Cherbonneaux, ancien pilote d'U-2 et alors directeur du programme U-2 à la NASA. La préparation et la logistique me rappelaient un safari d'autrefois.

Les avions civils occupaient une extrémité de l'aéroport Jorge Chávez, les militaires l'autre. Nous installâmes notre base pour l'U-2 près de la zone militaire, où la présence américaine se réduisait à une baraque de deux pièces. C'était le poste de l'attaché militaire américain, et le point de passage du courrier diplomatique pour l'Amérique du Sud.

Sur le toit de la baraque, nous montâmes un polarimètre automatique pour rechercher une polarisation, une direction privilégiée de vibration, du fond de rayonnement cosmologique. Cette expérience constituait la thèse de mon étudiant Phil Lubin, et elle devait fournir un indice important sur la source du dipôle. Si le rayonnement était polarisé, nous saurions qu'il vient de notre Galaxie, sinon, il pouvait être un signal cosmique. Les études de polarisations se passent mieux en climat sec, et les terres sèches du Pérou semblaient idéales pour les observations de Phil. Malheureusement, les mesures étaient contrecarrées par l'humidité élevée, les nuages fréquents et la poussière. De plus, par une coïncidence exaspérante, cette région désertique reçut sa première pluie en huit ans pendant notre séjour. Les pavés furent à peine humides, mais cela fit des titres énormes dans les journaux locaux.

Travailler au Pérou était très différent de travailler à l'Ames Research Center de la NASA. Par exemple, il fallait trois semaines pour obtenir une pièce de rechange. Les gens tombèrent malades et déprimèrent. Pis encore, notre équipement souffrit du voyage : il se refroidit pendant le vol en altitude, et comme les tropiques sont très humides, quand l'avion se posa à Lima, cette humidité se condensa sur notre matériel. L'eau se rassembla dans les sensibles guides d'ondes qui relient les antennes du radiomètre au récepteur. Il nous fallut démonter le récepteur pour le sécher à l'aéroport, mais pendant ce temps les lumières s'éteignirent : panne de courant. Nous nous retrouvâmes dans le noir, ruisselant de sueur, en équilibre instable sur des échelles, ces pièces délicates dans nos mains. L'un de nous trouva une torche et, à sa faible lueur, nous terminâmes notre bricolage. Nous déposâmes les pièces pour les laisser sécher, et nous allâmes prendre un peu de repos à l'hôtel.

Très tard dans la nuit, Phil et moi retournâmes dans notre Volkswagen de location à l'aéroport, voir si notre équipement avait séché. Pour y accéder, nous dûmes franchir un contrôle de la marine péruvienne. Je montrai notre laissez-passer aux gardes, puis j'allai jusqu'au hangar où se trouvaient l'U-2 et notre équipement. Un cri jaillit soudain de l'obscurité : « Alto ! », suivi d'un son terrifiant : *raaaaaaack* ! Nos phares illuminèrent un garde de dix-sept ans pointant une mitrailleuse droit sur nous. J'écrasai le frein. Personne ne lui avait dit que nous arrivions, et les soldats ont tendance à être nerveux dans les pays où les coups d'Etat font occasionnellement partie du processus politique. Nous lui montrâmes notre laissez-passer, lui expliquâmes que nous faisions partie de l'équipe de l'U-2, et il finit par nous laisser aller. Au hangar, notre équipement avait séché. Il ne restait qu'à le réassembler et le tester : il marchait. Avec un peu de chance, les vols d'U-2 rassembleraient bientôt des données qui établiraient la valeur de nos résultats précédents, ou montreraient que nous avions été les victimes naïves d'un effet nord-sud dans l'anisotropie du fond de rayonnement cosmologique.

Vers la fin des vols de l'U-2, Constantina et moi partîmes faire une excursion qui renforça en nous à la fois la longue fascination de l'homme pour le cosmos et la fragilité de la collecte de données. Nous voulions voir les sites extraordinaires du Pérou, naturels et archéologiques. Nous visitâmes Cuzco, la capitale précolombienne des Incas, et les sites plus écartés comme la forteresse de Sacsahuamán. Les Incas étaient d'impressionnants bâtisseurs : leurs murailles cyclopéennes ne laissent pas passer une lame de couteau entre leurs blocs énormes. Un guide se moqua des spéculations qui attribuent ces prouesses à « d'anciens astronautes ». Une partie vraiment spectaculaire du voyage nous emmena par le petit train de montagne de Cuzco à Machu Picchu, et nous comprîmes alors quelle place importante tenait la cosmologie dans la mythologie inca, comme dans toutes les grandes civilisations anciennes.

Quand l'Inca Pachacútec reconstruisit Cuzco au milieu du XVe siècle, il divisa la cité en quartiers nord et sud, chacun subdivisé en quatre parties, symbolisant les quatre directions de l'Empire et les quatre angles du cosmos. Au centre de la cité, le Coricancha ou temple du Soleil abritait plusieurs images en or du Soleil dans le saint des saints. La célébration des solstices d'été et d'hiver tenait une place importante dans le rituel inca.

Après Machu Picchu, nous prîmes un train vers les hauts plateaux et le lac Titicaca, visiter les indiens Uros qui vivent sur des îles flottantes de roseaux. Puis nous reprîmes l'avion pour Lima via Arequipa. A l'aéroport, je vérifiai notre polarimètre, je modifiai son réglage pour qu'il explore une autre partie du ciel, et je changeai les bandes magnétiques de l'enregistreur qui étaient presque au bout.

Une quinzaine de jours après, les vols d'U-2 et l'expérience avec le polarimètre se terminaient, et nous revînmes aux Etats-Unis avec une montagne de données à analyser. Très vite il se confirma que le dipôle était vraiment d'origine cosmique, et non un effet local : il était identique dans les deux hémisphères. La conclusion était nette : nous vivons dans un Univers très différent de celui qui était généralement supposé.

Une révolution se déroulait en cosmologie, et j'étais fier que mon équipe y eût joué un rôle. Nous avions renversé la vieille notion des galaxies uniformément réparties dans l'espace, et l'avions remplacée par une image bien différente. Certaines régions de l'Univers étaient presque vides de galaxies, immenses espaces de néant; dans d'autres, des milliards de galaxies s'accumulaient en immenses superamas exerçant une énorme influence sur des galaxies distantes de centaines de millions d'années-lumière. Notre propre Voie lactée, nous l'avions découvert, était l'une de ces victimes, attirée à 600 kilomètres par seconde vers un grand superamas invisible que nous ignorions.

Cet Univers où d'énormes concentrations de galaxies séparent des vides inimaginables est très différent de la description faite au début des années 70. Une des conséquences de cette nouvelle réalité était de remettre au centre des préoccupations le mécanisme de formation de ces structures à la suite du big bang. Les agglomérats massifs d'aujourd'hui durent croître à partir de germes présents dans l'Univers primordial. De tels germes doivent apparaître dans le fond de rayonnement cosmologique, laissant l'empreinte des régions légèrement plus denses sous forme de zones de rayonnement légèrement plus chaud. Ces rides de l'espace-temps déclenchèrent la condensation locale de la matière sous l'influence de la gravitation, produisant l'embryon de ce que nous voyons maintenant. Et pourtant ces germes n'avaient pas été repérés. Le fond de rayonnement cosmologique paraissait complètement uniforme, pour autant que nous ou toute autre personne ayons pu le déterminer. Dans ce cas, soit les théories cosmologiques étaient complètement fausses, soit nous n'avions pas cherché ces germes avec assez d'opiniâtreté.

J'étais alors convaincu que la théorie du big bang était correcte, et que les galaxies étaient formées par effondrement gravitationnel autour de germes cosmiques. Je décidai donc de rechercher ces germes avec plus d'ardeur, en poussant à la limite les possibilités humaines et techniques. La cosmologie moderne repose sur quatre piliers : le noir de la nuit, la composition chimique, l'expansion de l'Univers, le fond de rayonnement. La découverte des rides du temps fournirait un cinquième pilier, et leur découverte serait donc un événement majeur de la cosmologie moderne.

A la fin des années 70, je pensais qu'il ne faudrait pas très longtemps, cinq ou dix ans.

Chapitre VIII

AU CŒUR DES TÉNÈBRES

Vera Rubin avait tenté sans succès de persuader les astronomes que beaucoup de galaxies ont des mouvements inattendus, des mouvements propres en plus de l'expansion générale de Hubble. En décembre 1950, quand cette étudiante de vingt-deux ans présenta ses résultats, peu de gens étaient prêts à l'entendre. Son message était tellement opposé aux idées reçues que l'auditoire était totalement sourd à ses arguments. Rubin cessa alors d'étudier les mouvements propres, passa les années 50 et 60 à élever ses enfants, à passer son doctorat, et à travailler avec Margaret et Geoffrey Burbidge à l'université de Californie à San Diego. Jusque-là, elle avait utilisé les décalages vers le rouge mesurés par d'autres astronomes. Avec les Burbidge, elle apprit à mesurer elle-même ces décalages en utilisant un grand télescope.

Plus tard, travaillant avec Kent Ford à l'observatoire national de Kitt Peak en Arizona, pas très loin de là où Slipher avait effectué ses mesures capitales de décalages vers le rouge, Rubin s'embarqua dans une série d'observations qui allaient encore une fois saper les points de vue orthodoxes sur l'Univers. Cette fois, la découverte remarquable de Rubin fut largement acceptée, et elle constitue une pièce du plus stimulant des puzzles cosmologiques.

En novembre 1977, Rubin et Ford commencèrent à employer une nouvelle technique pour mesurer le mouvement des étoiles dans les galaxies spirales, dont notre

Voie lactée est un exemple. Les galaxies spirales sont des disques aplatis où la majorité des étoiles est concentrée dans un centre extrêmement brillant. Les étoiles sont plus rares à la périphérie, qui est donc plus pâle. Les étoiles des bras spiraux orbitent toutes dans la même direction autour du centre massif, et toutes ensemble forment une galaxie en rotation. Cela ressemble au système solaire, où toutes les planètes tournent autour du Soleil dans le même sens et quasiment dans le même plan.

Ford avait mis au point un amplificateur de lumière, grâce auquel il put enregistrer avec Rubin sur une plaque photographique le spectre d'une galaxie entière, du centre brillant aux bords plus faibles. Ils purent ainsi déterminer la vitesse des étoiles sur toute la surface de la Galaxie. C'était une première en astronomie, car un spectrographe a besoin de beaucoup de lumière pour enregistrer un spectre. La loi de la gravitation de Newton permettait de prédire la vitesse de ces étoiles en fonction de leur position.

Un des grands triomphes de la cosmologie était l'extrapolation faite par Newton de la gravitation dont nous avons l'expérience sur Terre (la chute des pommes) au mouvement des planètes orbitant autour du Soleil. La loi de la gravitation prévoit que les planètes les plus éloignées du Soleil comme Pluton sont moins rapides que les planètes les plus proches comme Mercure. C'est bien ce qu'indique l'observation : Pluton se déplace à 1,6 million de kilomètres à l'heure, et Mercure est dix fois plus rapide. Le même comportement est attendu de la part des galaxies spirales : les étoiles les plus éloignées du centre devraient orbiter moins vite.

La première nuit, excitée par la perspective d'essayer leur nouvelle technique, Rubin laissa Ford s'occuper de son amplificateur et du télescope, et elle se précipita au laboratoire pour développer la première plaque dès qu'elle fut exposée. Elle sursauta en voyant le résultat. La relation prédite entre vitesse et distance de l'étoile au centre de la galaxie n'était pas vérifiée : les étoiles de la périphérie se déplaçaient presque aussi rapidement

L'avion U-2 de la Nasa survolant le pont du Golden Gate ; San Francisco dans le brouillard à l'arrière-plan. Les avions U-2 de reconnaissance à haute altitude étaient célèbres pendant la Guerre froide. On les utilise maintenant pour la recherche scientifique.

Une expérience d'antimatière juste après le lancement. La charge utile est environ de la taille et du poids d'une grosse voiture. Le parachute est long de trente mètres. Quand le ballon atteint une haute altitude, l'hélium qu'il contient le gonfle jusqu'à la taille d'un stade de football.

Le mont Erèbe, volcan en activité, dans l 'Antarctique. Photographie prise pendant le vol jusqu'au site expérimental du pôle Sud.

Vision artistique du satellite COBE déployé en orbite.

Lancement du satellite COBE par une fusée Delta.

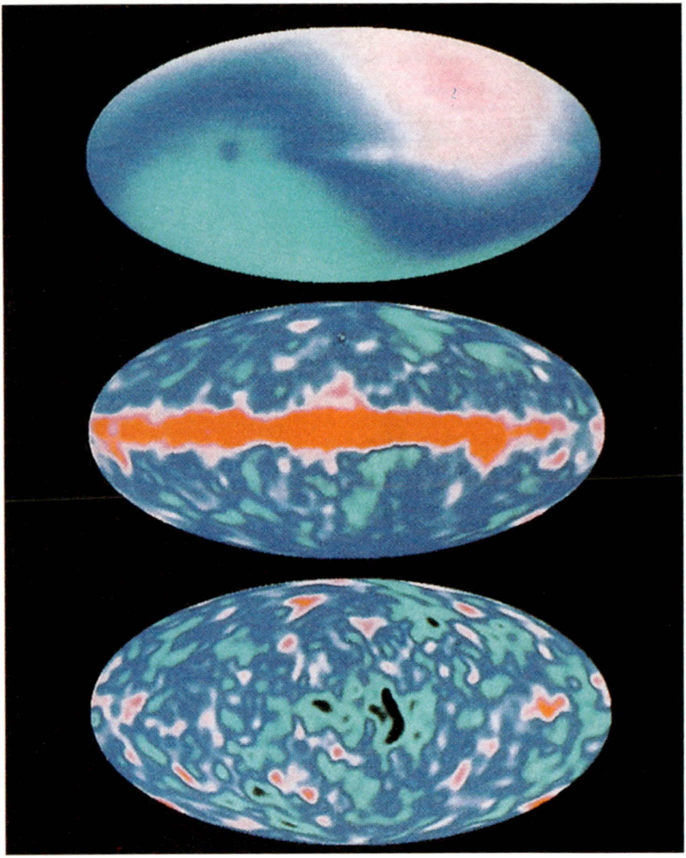

Trois cartes intégrales réalisées par le Radiomètre différentiel (DMR) du satellite COBE :

en haut, anisotropie dipolaire causée par le mouvement de la Terre par rapport au fond de rayonnement cosmologique (plus chaud dans la direction que nous suivons, plus froid dans la direction opposée)

au centre, le dipole enlevé, le ciel montre l'émission du plan de la galaxie - la bande rouge horizontale et, à grande échelle, les rides de l'espace-temps

en bas, carte des rides du temps.

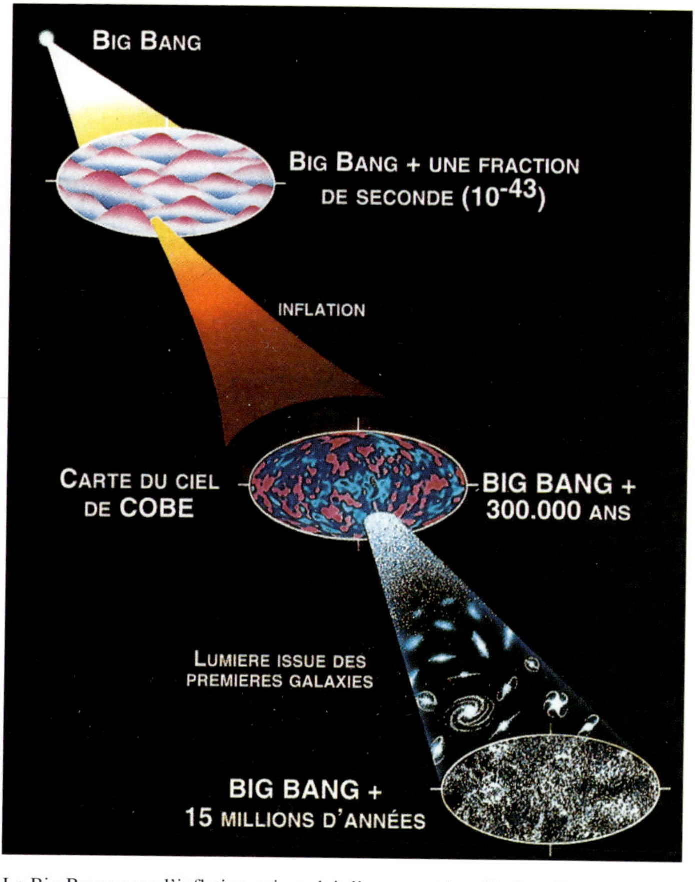

Le Big Bang, avec l'inflation qui produit l'espace et les plis dans l'espace-temps repérés par COBE, et évoluant par la suite en galaxies, amas de galaxies et super-amas.

1- L'origine de l'Univers : prégéométrie d'une «écume» spatio-temporelle dont les lois sont inconnues.

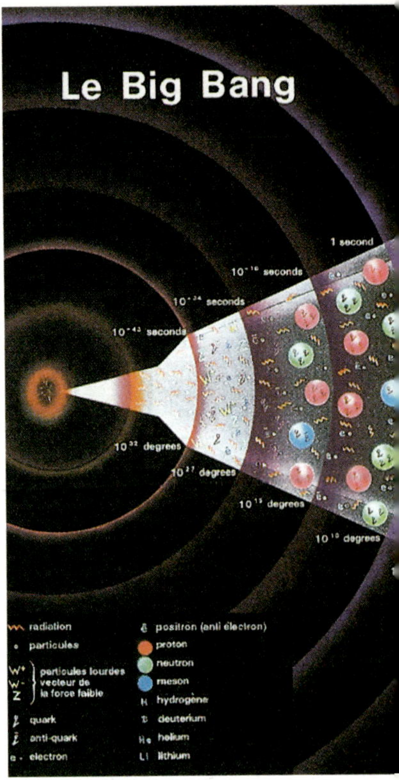

2- A 10^{-43} secondes, température 10^{32} degrés Kelvin. Les forces nucléaires forte et faible et la force électromagnétique ne font qu'une seule et même force. On appelle souvent cette période celle de la Grande Unification (ou époque GUT). Il a pu alors se produire une expansion accélérée de l'Univers, extrêmement rapide, appelée inflation cosmique. Cette inflation a rendu notre univers très grand et plat, mais a produit aussi des rides dans l'espace-temps qu'il créait.

3- A 10^{-34} secondes, température 10^{27} degrés Kelvin. La force nucléaire forte se différencie des autres forces (faible et électromagnétique). L'Univers est un plasma de quarks, d'électrons et d'autres particules. L'inflation se termine, l'Univers en expansion poursuit sa lancée, ralentissant graduellement son expansion sous l'attraction de la gravité.

4- A 10^{-10} secondes, température 10^{15} degrés Kelvin. Les forces électromagnétique et faible se distinguent. Un excès d'un pour un milliard de matière sur l'antimatière s'est développé. Les quarks sont capables de fusionner pour former les protons et les neutrons. Les particules ont acquis de la substance.

5- A une seconde, température 10^{10} degrés Kelvin. Les neutrinos se découplent, et les électrons et les positrons s'annihilent, laissant des électrons résiduels mais, de manière prédominante, le rayonnement cosmique de fond demeure le constituant le plus actif de l'Univers.

6- A 3 minutes, température 10^{9} degrés Kelvin.Protons et neutrons sont capables de s'attacher ensemble pour former des noyaux, puisque leur énergie nucléaire est maintenant plus grande que celle du rayonnement cosmique de fond. Une

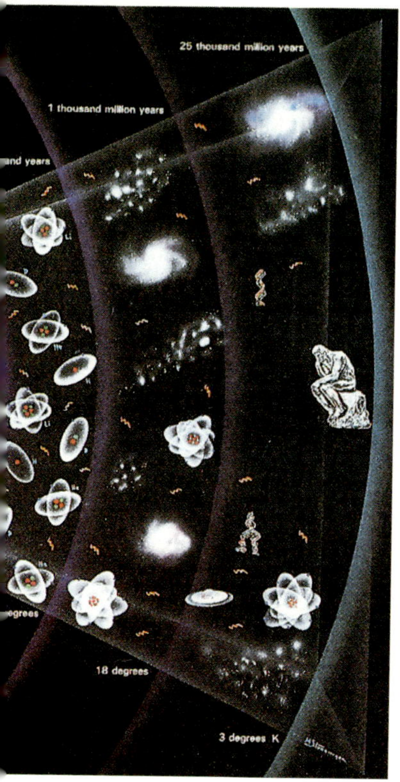

rapide synthèse de noyaux légers a lieu : d'abord, le deuterium (hydrogène lourd : un proton et un neutron), puis des éléments plus lourds, de l'hélium surtout mais jusqu'aux noyaux de lithium (3 protons et 4 neutrons). Environ 75% des noyaux sont de l'hydrogène (1 proton) et 25% de l'hélium (2 protons et 2 neutrons) ; on n'a qu'une connaissance superficielle d'autres éléments. Les éléments plus lourds sont formés ensuite par la combustion nucléaire des étoiles.

7- A 300.000 ans, température 3.000 degrés Kelvin. La matière et le rayonnement cosmique de fond se découplent tandis que les électrons s'atachent aux noyaux pour former des atomes neutres. L'Univers devient transparent pour le rayonnement cosmique, permettant ainsi à COBE de tracer une carte de cette époque d'ultime diffusion.

8- A un milliard d'années, température 18 degrés Kelvin. Des amas de matière se sont formés à partir des rides primordiales pour créer quasars, étoiles et protogalaxies. A l'intérieur des étoiles, la combustion de l'hydrogène primordial et des noyaux d'hélium synthétise des noyaux plus lourds comme le carbone, l'azote, l'oxygène et le fer. Ils sont dispersés par les vents stellaires et les explosions de supernova, créant de nouvelles étoiles, des planètes, et rendant la vie possible.

9- A 15 milliards d'années, température 3 degrés Kelvin. C'est le présent actuel. Cinq milliards d'années plus tôt, notre système solaire s'est condensé à partir des restes d'étoiles plus anciennes. Les processus chimiques ont lié ensemble les atomes pour former des molécules, puis des solides et des liquides complexes. L'Homme a émergé de la poussière des étoiles pour contempler l'Univers qui l'entoure.

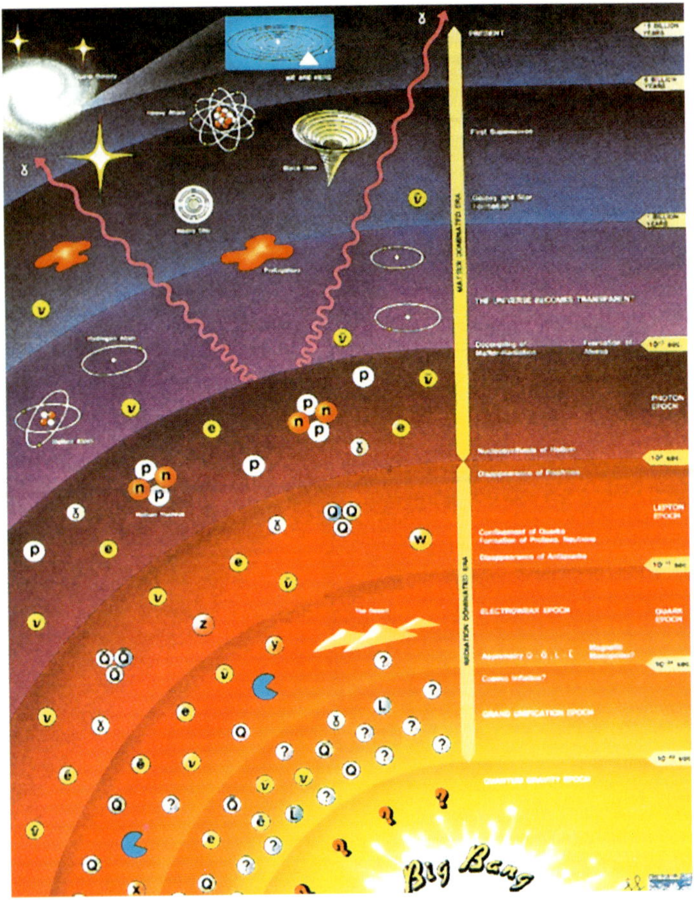

Echelle du temps et constituants importants de l'histoire de l'Univers.

que celles du centre. Deux explications étaient envisageables : soit la loi de Newton devait être modifiée sur des distances galactiques, et la physique tremblerait sur ses bases, soit les galaxies n'étaient pas ce qu'elles paraissaient.

La masse visible des galaxies semble se concentrer près du cœur et diminuer vers la périphérie. Et pourtant les étoiles de la périphérie se déplacent comme si elles étaient au milieu d'une masse très importante, si importante que la masse invisible doit s'étendre bien au-delà de la périphérie. En ce cas, les galaxies ne sont vraiment pas ce qu'elles paraissent : la partie visible, les étoiles que nous voyons, doit être noyée dans une immense quantité de masse invisible. Devant une telle conclusion, Rubin et Ford se hâtèrent de multiplier les mesures.

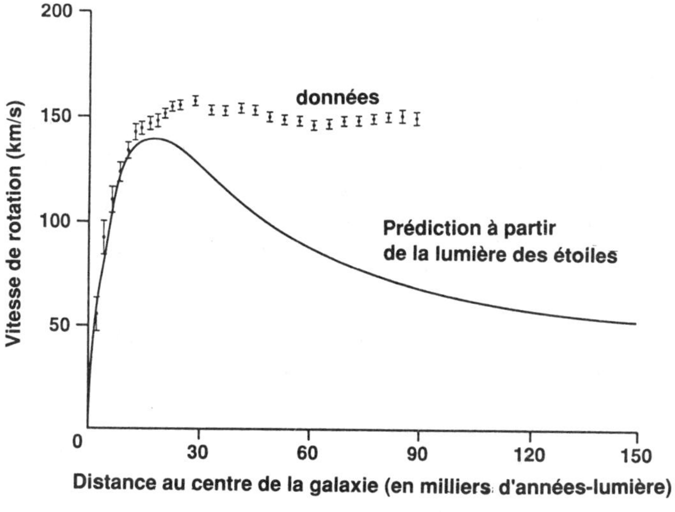

Figure 36. Courbe de rotation d'une galaxie. Les barres indiquent les vitesses de rotation mesurées autour de la galaxie spirale NGC 3198, la ligne continue montre ce à quoi on s'attendrait si la lumière des étoiles révélait toute la matière de la galaxie. Le désaccord implique qu'il y a de la matière noire dans l'Univers, et qu'il y en a beaucoup plus que de matière lumineuse (Christopher Slye).

Dans tous les cas examinés, le même schéma se répéta : les étoiles à la périphérie des galaxies spirales étaient trop rapides si ce que l'on voyait des galaxies correspondait à toute la masse présente. Rubin et Ford publièrent leurs résultats en 1978 avec des données rassemblées sur dix galaxies. Cette matière invisible, qui, par inférence, doit constituer une composante dominante des galaxies, fut appelée la matière noire. Les astronomes se firent à l'idée que ce qu'ils avaient observé pendant des générations à travers leurs télescopes n'était qu'une petite fraction de la matière de l'Univers, que les étoiles qui illuminent nos nuits ne sont peut-être qu'une petite part des produits de la création.

La grande qualité des données de Rubin et de Ford fut sûrement un facteur important dans l'acceptation rapide de la réalité de la matière noire, mais il y avait d'autres raisons. Depuis des années, certains astronomes suggéraient que les galaxies étaient entourées d'un halo sombre, un manteau de matière invisible [1]. Mais une telle notion était si éloignée des théories acquises qu'elle ne fut pas prise très au sérieux. L'astronome suisse Fritz Zwicky avait soutenu dans les années 30 qu'il avait repéré un mouvement insolite de certaines galaxies, explicable par une « masse manquante » (en fait, ce n'est pas la masse qui manque, mais la lumière). Puis, en 1974, Jeremiah Ostriker, James Peebles et Amos Yahil prédirent à Princeton que quelque chose comme la matière noire devait exister. Leurs calculs de la stabilité gravitationnelle des disques des galaxies spirales montraient qu'elles devraient se fragmenter rapidement, en raison de vibrations dues à l'hétérogénéité de leur composition. Mais si le disque visible était enfoui dans une masse (invisible) beaucoup plus grande, ces vibrations seraient amorties et la galaxie spirale serait stable. Ils conjectu-

1. Les astronomes pensent maintenant que les halos s'étendent une trentaine de fois plus loin que la partie lumineuse. Si ces halos étaient visibles à l'œil nu, le ciel serait encore plus spectaculaire : nous verrions un millier de galaxies avec des halos plus grands que la pleine Lune.

raient que l'existence même de notre Voie lactée exige la présence d'autre chose que la matière visible.

Il arrive parfois en science que différentes pistes convergent vers le même phénomène, créant un argument irrésistible. Ce fut le cas avec la matière noire. Quelques années après la publication de l'article de Rubin et de Ford, la matière noire était devenue l'obsession des cosmologistes. Les premières questions étaient : quelle quantité de matière noire y a-t-il et de quoi est-elle faite ? D'autres questions sont plus profondes et sont fondamentales pour notre compréhension de l'Univers : quel rôle joue la matière noire dans la formation des galaxies, et qu'implique la matière noire sur l'origine de l'Univers et sur son destin ? Ces dernières questions interfèrent inévitablement avec les sujets principaux de ce livre, en particulier avec la recherche des germes à partir desquels notre Univers s'est développé.

Le destin de l'Univers est déterminé par son contenu, comme Mach ou Aristote l'auraient souhaité. S'il y a assez de masse dans l'Univers, les forces gravitationnelles suffiront à arrêter un jour son expansion, et la contraction qui s'ensuivra aboutira à un big crunch cataclysmique. Mais si la masse est insuffisante pour cela, l'expansion continuera éternellement, et la température de l'Univers diminuera sans cesse. On appelle parfois cette perspective le big chill, le grand frisson. Quel que soit le destin qui nous attend, et nous ne savons pas encore avec certitude lequel, il se situe dans un lointain rassurant, au moins 50 milliards d'années. Il y a pourtant une échappatoire à ces perpectives inconfortables : si la densité de masse est juste à la limite entre l'effondrement terminal et l'expansion illimitée, alors l'expansion ralentira de plus en plus, mais sans jamais s'inverser. Cet état particulier s'appelle la densité critique.

Calculée à partir de la vitesse d'expansion actuelle qui n'est pas très bien connue, cette densité critique est aux environs de 5.10^{-30} gramme par centimètre cube, soit environ 1 atome d'hydrogène par mètre cube. Cela semble incroyablement faible, et ça l'est. Mais c'est une valeur moyenne, qui ne donne pas une idée claire de l'extraordinaire diversité de densités rencontrées dans l'Univers, depuis les régions de densité extrêmement élevées jusqu'aux zones complètement vides. Si nous connaissions la densité critique, nous saurions, en théorie, quel est notre destin. Tout ce que nous avons à faire est d'additionner toutes les masses de l'Univers, de diviser par le volume et de comparer le résultat à la densité critique. Le rapport entre la densité moyenne de l'Univers et la densité critique est appelé, d'une façon inquiétante, par la dernière lettre de l'alphabet grec, oméga : Ω. Un oméga plus petit que 1 conduit à un Univers en expansion éternel (le « grand frisson »), un oméga plus grand que 1 au « big crunch ».

On dit aussi qu'un oméga plus petit que 1 correspond à un Univers ouvert, et un oméga plus grand que 1 à un Univers fermé, par référence à la courbure de l'espace. Einstein présenta en 1915 sa théorie de la relativité générale, dans laquelle la gravitation est causée par la courbure de l'espace-temps. Einstein pensait que l'Univers était si massif que l'espace est de ce fait refermé sur lui-même comme une sphère. Le résultat, disait-il, est un Univers sans frontière mais fini : un vaisseau spatial naviguant des milliards d'années en ligne droite n'arriverait jamais au « bord » de l'Univers, mais reviendrait à son point de départ. L'espace se refermant sur lui-même, le vaisseau aurait fait le tour de l'Univers comme les premiers navigateurs ont fait le tour du globe terrestre.

Cela semble difficile à croire, mais imaginez à quel point le voyage de Magellan a dû effarer ses marins qui pensaient la Terre plate. Pendant trois ans, ils se sont sans cesse dirigés vers l'ouest sur un océan plat, et se sont retrouvés en Europe à la fin du voyage. La raison est bien sûr que la Terre n'est pas plate, mais ronde, et que leur navire a suivi un cercle à sa surface. L'idée d'un Univers courbé semble aussi étrange à beaucoup de personnes que l'idée d'une Terre ronde il y a plusieurs siècles.

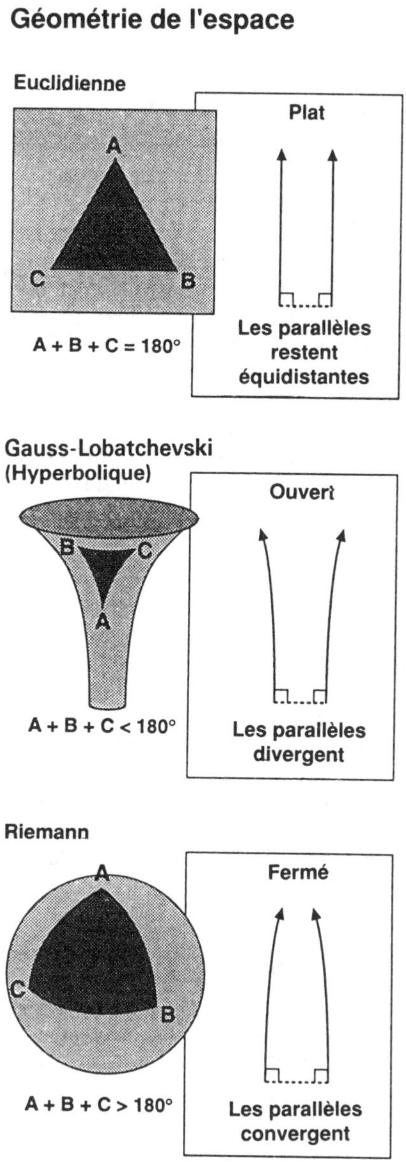

Figure 37. Quelle est la forme de l'espace ? Cela dépend de la quantité de matière présente. L'espace est riemannien, euclidien ou hyperbolique (fermé, plat ou ouvert) selon que sa densité est supérieure, égale ou inférieure à la densité critique (Christopher Slye).

Un Univers ouvert est courbé, lui aussi, mais sa courbure a un sens différent dans des directions perpendiculaires, comme une selle de cheval. Un vaisseau spatial naviguant en ligne droite dans un Univers ouvert ne reviendrait jamais à son point de départ. Entre l'Univers ouvert et l'Univers fermé, de courbures opposées, se situe l'Univers plat, correspondant à la densité critique. Sa géométrie est euclidienne (« normale »). Cet Univers plat euclidien correspond au modèle d'Einstein-de Sitter de 1932.

L'important est de se souvenir que la forme, la masse et le destin de l'Univers sont indissolublement liés. Ces trois aspects constituent un même sujet, synthétisé dans le concept d'oméga, rapport entre densité moyenne et densité critique, augure du destin de l'Univers.

La mesure de la densité de l'Univers est une tâche extrêmement délicate, et la plupart des mesures que l'on peut faire ne donnent que des nombres approximatifs. Il faut commencer par estimer la quantité de matière que l'on voit dans les galaxies, et additionner la quantité de matière noire impliquée par les observations de Rubin et de Ford sur les vitesses des étoiles dans les galaxies. La masse des étoiles, et des autres formes visibles de matière comme le gaz ou les poussières interstellaires, ne correspond guère qu'au centième de la densité critique, peut-être moins. En ajoutant la matière noire des halos qui enveloppent les galaxies spirales, on atteint le dixième de la densité critique : le destin de l'Univers serait-il glacé ?

Mais d'autres réservoirs de matière noire sont possibles. Certaines galaxies semblent former une paire, tournant l'une autour de l'autre, et leur vitesse relative est reliée à la masse de la paire. Quand les astronomes mesurent cette vitesse, ils la trouvent en général très grande, suggérant une masse très élevée de matière noire : il semble que les halos des deux galaxies se rejoignent. Cette technique peut s'étendre aux amas et superamas de galaxies, et presque à chaque fois ces structures se déplacent comme si elles étaient immergées dans des océans de plus en plus vastes de matière noire.

Par ailleurs, les vitesses propres des galaxies, mesurées par plusieurs équipes aux Etats-Unis, au Canada, en Grande-Bretagne et en Australie, sont telles qu'elles nécessitent encore plus de matière noire. Les galaxies sont entraînées à grande vitesse par de la matière invisible.

Si nous additionnons tous les réservoirs potentiels de matière noire et ajoutons la minime contribution de la matière visible, nous atteignons une densité moyenne proche de la densité critique, un oméga voisin de 1. Il demeure néanmoins une certaine incertitude sur ces résultats, encore controversés. S'ils sont corrects, la matière noire représenterait 99 % de la matière de l'Univers, idée bien difficile à admettre.

Dans les années 70, Robert Dicke et James Peebles firent une série d'exposés expliquant pourquoi oméga *devait* être égal à 1. Leurs exposés portaient souvent comme titre : « Le problème de la platitude ». Leur argument était le suivant : nous savons que les étoiles à elles seules impliquent qu'oméga est plus grand que 0,01, et le fait que l'Univers soit encore en expansion et non déjà en contraction implique qu'oméga est plus petit que 2. D'autre part, le modèle du big bang implique que la densité moyenne était plus proche de la densité critique dans le passé qu'aujourd'hui : plus on s'éloigne du big bang, plus oméga s'éloigne de 1. Si l'on remonte à l'époque où la formation de l'hélium et des éléments légers se terminait, 3 minutes après le big bang selon Gamow et Weinberg, la densité moyenne était celle de l'eau (1 gramme par centimètre cube) et oméga différait de 1 de moins de 10^{-14}; 1 seconde après le big bang, de moins de 10^{-16}, et à l'instant le plus proche du big bang où nous avons une confiance minimale dans notre théorie, le temps de Planck (10^{-43} secondes), oméga ne différait de 1 que de 10^{-60}. Une valeur si proche de 1 ne peut pas être le fait du hasard, et les gens raisonnables pensent que quelque chose oblige oméga à être égal à 1.

Une seconde raison théorique suggère qu'oméga est très proche de 1, c'est qu'il semble plus facile de produire des galaxies, des amas et des grands vides dans un

Univers dense. Dans les années 80, des observations persévérantes révélèrent un Univers bien plus structuré qu'on ne le pensait. Par exemple Marc Davis, mon collègue de Berkeley, commença un relevé systématique du ciel, obtenant le décalage vers le rouge et la distance de milliers de galaxies. Il est maintenant clair que les galaxies ne se dispersent pas au hasard dans l'espace, comme on le croyait au début, mais s'assemblent en amas et superamas, comme une mousse cosmique où les parois des bulles seraient les concentrations de galaxies et l'intérieur des bulles les zones immenses apparemment vides, donnant à l'Univers un peu l'aspect d'une éponge. Se fondant sur les vitesses propres des galaxies de notre voisinage, un groupe d'astronomes [2] qui s'est baptisé les « sept samouraïs » a déduit l'existence d'un géant du cosmos situé à 150 millions d'années-lumière, et grand d'une centaine de millions d'années-lumière, dans la direction du superamas qui s'étend entre les constellations de l'Hydre et du Centaure. C'est le « grand attracteur » dont nous avons parlé au chapitre précédent. Peuplé de dizaines de milliers de galaxies, un tel objet représente une concentration inimaginable de matière.

Un article marquant fut publié en 1986 par Valérie de Lapparent, Margaret Geller et John Huchra. Ils trouvèrent qu'au-delà de cette disposition en mousse des galaxies dans l'espace, il existait des structures encore plus étendues, s'étendant sur des centaines de millions d'années-lumière (en comparaison, la Voie lactée ne s'étend que sur 60 000 années-lumière). L'un de ces immenses feuillets de galaxies, baptisé la « Grande Muraille », est un kaléidoscope de milliers de galaxies. En contrepoint de ces énormes concentrations, des vides immenses existent aussi. L'un des plus célèbres est le « Grand Vide du Bouvier », d'une centaine de millions d'années-lumière de diamètre.

Il est clair, à partir du résultat de ces observations et de ces indices théoriques, que l'Univers actuel est beau-

2. David Burstein, Roger Davies, Alan Dressler, Sandra Faber, Donald Lynden-Bell, R. J. Terlevich et Gary Wegner.

coup plus grumeleux que nous ne le pensions naguère. Mais la quantité de matière que nous voyons concentrée dans les amas et les superamas n'est qu'une fraction de la masse de matière noire. C'est donc la façon dont la matière noire se répartit, selon qu'elle est diffuse ou concentrée en grandes structures, qui détermine si l'Univers est ou non vraiment grumeleux.

Nos observations du fond de rayonnement cosmologique avec l'U-2 corroborent d'autres mesures qui indiquent que les fluctuations primitives, ces rides du temps, étaient très petites dans l'Univers primordial. Elles étaient les centres d'accrétion de la matière à partir desquelles les structures actuelles de l'Univers ont pu se développer. Elles étaient initialement si petites que cela limite la quantité de matière qu'il peut y avoir dans l'Univers. Si la densité moyenne de l'Univers est proche de la densité critique, certaines régions auront une densité un peu supérieure à la densité critique, d'autres une densité un peu inférieure. Les régions plus denses finissent par s'effondrer et former des structures, les moins denses deviennent des vides, l'ensemble menant à la répartition en mousse observée. Mais si la densité moyenne est bien plus faible que la densité critique, très peu de régions peuvent s'effondrer, et si elle est beaucoup plus forte, toutes les régions vont s'effondrer. Il est un peu plus facile d'aboutir à la répartition observée si la densité moyenne est proche de la densité critique.

Mais quelle est donc cette matière noire qui semble tellement importante dans l'Univers ? La matière qui nous est la plus familière est constituée de protons et de neutrons (collectivement appelés des baryons), et des électrons qui les accompagnent. La matière noire est-elle aussi de nature baryonique, mais simplement sous une forme peu brillante, et de ce fait invisible ? Aucune raison théorique ne l'interdit. Les calculs de nucléosynthèse primordiale, c'est-à-dire la fabrication de noyaux à partir des protons et des neutrons dans l'Univers primitif, permettent d'estimer la quantité de matière baryonique nécessaire pour parvenir aux abondances mesurées. Cela concerne la matière baryonique sous toutes ses formes, qu'elle soit aujourd'hui brillante ou sombre. Si cette quantité était proche de la densité critique, nous aurions la sérénité de nous dire que toute la matière est formée des mêmes particules bien connues, les baryons. Si la densité requise de baryons est beaucoup plus basse que la densité critique, il doit y avoir une autre composante, une classe totalement inconnue. Mais si la densité de baryons prédite par la nucléosynthèse est intermédiaire, nous devons nous résigner à un Univers composé d'au moins trois types de matière : la matière baryonique visible dans les étoiles, la matière baryonique noire, et une troisième classe inconnue.

Selon les calculs de David Schramm et de ses collaborateurs à Chicago, et de beaucoup d'autres équipes, la matière baryonique nécessaire à la nucléosynthèse est de l'ordre de 10 % de la densité critique. Nous sommes donc forcés d'admettre que 90 % de la matière de l'Univers, non seulement est invisible, mais en plus d'un type inconnu, sinon inconnaissable. Un énorme mystère se révèle dont la matière noire baryonique et non baryonique est un élément majeur.

Les candidats ne manquent pas pour la moins exotique de nos proies, la matière noire baryonique, et elle peut fort bien se trouver sous de multiples formes. Il peut s'agir de nuages de gaz ou de poussières, de grands objets semblables aux planètes, de diverses formes d'étoiles mourantes, de trous noirs. Il est vrai que certains de ces objets figurent parmi les êtres les plus énigmatiques de l'Univers, mais nous sommes sûrs de leur existence et ils sont peut-être suffisamment nombreux pour constituer toute la matière noire baryonique.

Il est peu probable que de l'hydrogène ou de l'hélium soient présents en grande quantité sous forme de gaz diffus ou de nuages car, affectant la visibilité des galaxies situées derrière, ils seraient trop facilement détectables. Mais s'ils se condensent en objets compacts telles de petites étoiles naines brunes ou des planètes comme Jupiter, ils peuvent aisément dissimuler de grandes quantités de matière noire. Mes collègues Kim Griest et

Bernard Sadoulet (un physicien français qui dirige le Centre d'astrophysique des particules à Berkeley) appellent un tel objet un MACHO. Ce mot est formé à partir des initiales de *massive compact halo object*, objet massif compact du halo. Mon autre collègue de Berkeley, Joseph Silk, suggère qu'un MACHO pourrait aussi être une étoile morte ou mourante (trou noir, étoile à neutrons ou naine blanche).

De tous ces objets, les trous noirs sont les plus surprenants et ceux pour lesquels la détection est la plus difficile, ainsi que l'estimation de leur nombre. Dès le XVIIIe siècle, les savants ont spéculé sur des mondes si denses que rien ne pourrait échapper à leur gravitation, pas même la lumière. En 1939, Oppenheimer utilisa la relativité générale pour expliquer comment un trou noir pouvait se former. L'espace-temps est si déformé autour d'eux que même un rayon lumineux ne peut en sortir. Il est possible que des trous noirs géants soient tapis au centre des galaxies, la nôtre par exemple. Le centre de la Voie lactée émet un rayonnement gamma intense, que certains interprètent comme le « cri d'agonie » des étoiles sur le point d'être absorbées par le trou noir. De petits trous noirs pourraient aussi être répartis dans les halos des galaxies et constituer une part importante de la matière noire baryonique.

La détection de matière noire baryonique est en principe possible parce qu'elle est formée de particules qui nous sont familières. Mais il faut faire preuve d'imagination. Si elle est surtout formée d'une forme de MACHO, elle sera très difficile à voir directement, mais on peut la détecter par ses effets indirects sur des objets visibles. Par exemple Bohdan Paczynski, astronome à Princeton, a suggéré en 1986 d'utiliser l'effet de lentille gravitationnelle : quand un MACHO passe devant une étoile lointaine, sa gravité dévie les rayons lumineux de l'étoile, qui apparaît plus brillante à un observateur pendant quelques heures ou quelques jours. Les équipes de Charles Alcock, du Lawrence Livermore Laboratory en Californie, de Michel Spiro en France et de Bohdan Paczynski à Princeton se sont lancées dans cette recherche. Ils observent les étoiles du Grand Nuage de Magellan, une petite galaxie proche, à 160 000 années-lumière de nous : si l'idée des MACHO est correcte, il doit y en avoir des milliards dans le halo de la Voie lactée et chacun peut jouer le rôle de lentille sur une des étoiles du Grand Nuage de Magellan. Mais il faut être patient et persévérant [3].

N'oublions pas que ces recherches ne s'adressent qu'à 10 % à peine de la quantité probable de matière noire dans l'Univers. Les 90 % restants ne sont pas baryoniques et sont formés d'autre chose que de protons, de neutrons et d'électrons. Si la recherche de matière baryonique est difficile, la recherche de matière non baryonique est beaucoup plus difficile. Nous devons nous rappeler que les conditions régnant dans l'Univers peu après le big bang étaient très différentes de celles que nous connaissons maintenant, et bien des formes de matière ont pu être produites. Certaines de ces formes ont pu être suffisamment stables, massives et abondantes pour former aujourd'hui une composante dominante mais invisible de l'Univers. Cette forme exotique de masse exerce une influence gravitationnelle sur la matière visible, d'où les grandes vitesses propres des galaxies. Pourtant elle n'interagit pas autrement, et reste donc invisible. Mais de quoi s'agit-il ?

Les astrophysiciens ont étudié deux classes de matière non baryonique, baptisées chaude et froide, et chacune a fait un moment figure de candidat préféré. Les adjectifs « chaude » et « froide » se réfèrent aux vitesses de ces particules : les particules « chaudes » sont rapides et se dispersent, les particules « froides » sont lentes et se rassemblent. De ce point de vue, la matière baryonique est « froide ».

3. Il faut être patient et persévérant car chaque étoile du Grand Nuage de Magellan n'a qu'une chance sur un million environ d'être amplifiée, aussi les équipes engagées dans cette quête mesurent-elles *chaque jour* la luminosité de *dix millions* d'étoiles. Elles ont annoncé avoir observé quelques événements, mais beaucoup de travail reste à faire pour éliminer tous les effets parasites (NDT).

Le candidat le plus prometteur pour la matière noire « chaude » est le neutrino, dont trois formes sont connues, les neutrinos « de l'électron », « du muon » et « du tau », ainsi nommés car ils sont associés à ces trois particules élémentaires similaires que sont l'électron, le muon et le tau. La théorie du big bang prévoit qu'il y en a partout, que des milliards vous ont traversé sans mal, le temps que vous lisiez cette phrase. Jusqu'à la fin des années 70, on pensait que les neutrinos avaient une masse nulle comme le photon. Puis des physiciens américains et soviétiques annoncèrent indépendamment que le neutrino de l'électron pourrait avoir une faible masse, trente millions de fois plus petite qu'un proton ou un neutron. Dans ce cas, leur densité totale dans l'Univers serait proche de la densité critique. Mais des expériences plus précises ont montré depuis que la masse du neutrino de l'électron était nettement plus faible, sinon nulle, et cela a été corroboré en 1987 par la détection de neutrinos venus de la supernova qui a explosé dans le Grand Nuage de Magellan. Certains théoriciens de la physique des particules n'excluent cependant pas que le neutrino du tau soit assez lourd pour remplir le rôle de matière noire chaude.

Quoique ces calculs confortent l'idée que le neutrino forme la matière noire, une objection générale s'adresse à toute forme de matière noire chaude. Nous savons en effet que les galaxies se sont formées relativement vite, peut-être avant 500 millions d'années. D'autre part, la condensation de la matière primordiale a dû commencer autour de 30 000 ans après le big bang. Or les vitesses, par définition élevées, des particules chaudes retardent la condensation de galaxies, qui ne se formeraient que bien plus tard. En effet, les particules chaudes se déplaçaient alors à des vitesses proches de celles de la lumière et, diffusant très vite vers les zones moins denses, elles auraient rapidement atténué toute concentration de matière à petite échelle. Le calcul indique que la taille minimale des concentrations que ces particules chaudes n'auraient pas eu le temps de diluer auraient maintenant une taille d'une dizaine de millions d'années-lumière.

Cela ne correspond pas à la taille d'une galaxie, mais à celle d'un amas de galaxies. Il faut donc que ces grosses structures se fragmentent ensuite pour qu'apparaissent des galaxies, qui dans ce scénario sont donc plus tardives que l'observation semble l'indiquer. La matière noire chaude doit alors être rejetée comme candidat en raison de cette incapacité à former assez vite les galaxies. A moins que... A moins que quelque chose d'autre ne forme des objets de taille galactique, avec lesquels la matière noire chaude interagisse ensuite.

Une telle possibilité a été proposée : les cordes cosmiques.

On croirait un film de science-fiction : un objet allongé, interminable, avec une attraction gravitationnelle effarante tranche en deux le système solaire. Comme un fouet cosmique, il déchire la Terre et s'enfuit à la vitesse de la lumière, laissant derrière lui un monde privé de vie. Si bizarres qu'ils paraissent, l'existence de ces objets est défendue depuis plusieurs années. Cela indique peut-être le désespoir où se trouvent réduits les cosmologistes dans leur recherche de mécanismes de condensation des grandes structures de l'Univers.

Les cordes cosmiques sont un exemple de défaut topologique, sans doute le plus célèbre. Les défauts topologiques sont liés au concept de symétrie, ou plus exactement à la manière dont une symétrie est brisée. Par exemple, si vous êtes immergé dans l'eau, toutes les directions vous paraissent semblables : l'eau n'a pas de structure et a la même transparence dans toutes les directions. Mais si l'eau gèle, la symétrie est différente. La glace est formée de longs cristaux, des réseaux d'atomes orientés selon des directions bien particulières. Le degré de symétrie de l'eau varie avec sa température, et la transition de la symétrie continue de l'eau liquide à la symétrie discrète de l'eau solide s'appelle une transition de phase.

Un phénomène semblable s'est passé après le big bang. Peu après sa naissance, notre Univers était extrêmement chaud et dense. Les forces nucléaires et électromagnétique étaient unies en une seule force primordiale. Le cosmos s'est ensuite dilaté et refroidi, et, la température diminuant, la force primordiale s'est fragmentée en sous-forces nucléaires ou électromagnétique qui se manifestent de manière un peu différente. Cette brisure de symétrie est similaire à celle qui apparaît quand l'eau gèle. L'ingrédient clé est la température.

L'Univers, en se dilatant énormément, se refroidissait du même coup. A un certain point la symétrie s'est brisée et la force unifiée s'est dissociée. Cette brisure eut lieu en une multitude de lieux dans l'espace, à partir desquels la brisure s'est répandue dans l'espace, à la vitesse de la lumière. Inévitablement, ces régions sans cesse croissantes de symétrie brisée ont fini par se rencontrer. Mais les brisures de symétrie n'étaient pas exactement identiques d'une région à l'autre, et un conflit naquit à la frontière, aux conséquences spectaculaires.

La meilleure analogie est celle d'une pièce d'eau en hiver. Quand l'eau se refroidit en dessous de la température de gel, des cristaux de glace se forment simultanément en plusieurs endroits et se développent rapidement jusqu'à se rejoindre les uns les autres. Les directions privilégiées de chacun des cristaux initiaux n'ont aucune raison d'être les mêmes, et quand les cristaux se rejoignent, des erreurs d'alignement, des défauts, apparaissent dans le grand bloc d'eau gelée. C'est pourquoi ce bloc est parcouru de nombreuses lignes blanches qui s'entrecroisent, qui ne sont pas autre chose que des lignes de fracture, des lignes de défauts.

Quand l'Univers s'est refroidi jusqu'à l'analogue de la température de gel, la même chose à peu près s'est produite et des défauts sont apparus aux points de jonction. Ces défauts d'alignement de la brisure de symétrie peuvent se manifester de différentes manières. Il peut s'agir de défauts ponctuels comme les monopôles magnétiques, d'une ligne de défauts comme les cordes cosmiques, ou d'une surface de défauts ressemblant à une paroi ou à un mur. Les défauts peuvent être diffus dans tout le volume, on parle alors de « textures ». Les cordes cosmiques ont été introduites par plusieurs chercheurs comme Thomas Kibble à Londres, Alexander

Vilenkin à l'université de Tufts ou Yakov Borisovitch Zel'dovitch à Moscou, mais leur défenseur le plus bruyant est sûrement Neil Turok, un grand Anglais mince qui, face aux critiques, garde un certain aplomb amusé derrière ses lunettes d'écaille. Chercheur itinérant, Turok a utilisé avec ses collègues des superordinateurs pour simuler l'évolution des cordes cosmiques après le big bang. Aussi massives que des galaxies mais plus minces qu'un fil de soie, et peut-être aussi longues que le cosmos, ces cordes fouetteraient l'Univers, se croisant à l'occasion et échangeant leurs brins ou formant des boucles. Ces foyers d'attraction gravitationnelle pourraient fournir les germes de galaxies autour desquels la matière noire chaude aurait pu se condenser.

L'idée était excitante, et la presse s'en empara, mais elle est tombée en défaveur. Une des raisons est que les simulations sur ordinateurs montraient que les cordes auraient été trop instables et trop faibles pour former des structures galactiques. « Plus les simulations s'amélioraient, et plus les vertus des cordes cosmiques s'effaçaient ! » reconnut Turok, en hissant le drapeau blanc et en annonçant : « Je donne mes programmes de simulation à qui les veut. » A la fin des années 80, l'intérêt de la plupart des cosmologistes s'était déplacé vers la matière noire froide. Certains comme Turok, ou ses collègues David Spergel à Princeton et David Bennett à Livermore, continuent à brandir le drapeau des défauts topologiques, au moins pour obliger leurs collègues à rester lucides. Ils ont consacré beaucoup d'efforts pour montrer que les « textures », une autre forme de défauts topologiques, pourraient être une alternative viable, mais sans beaucoup de succès.

La matière noire froide non baryonique pourrait sembler la cousine ennuyeuse de la variété chaude, se traînant au ralenti dans le cosmos, mais elle remplit la plupart des conditions pour former rapidement des galaxies. A cause de leur petite vitesse et de leur faible interaction avec la lumière, les particules de matière noire froide ont pu commencer à se condenser très tôt dans l'histoire de l'Univers sous l'effet des rides primordiales, formant des objets de taille galactique qui ne se dissipaient pas. La matière baryonique se serait ensuite agrégée à ces germes au cours du premier milliard d'années après le big bang. Les amas de galaxies et des superamas se seraient formés ensuite, selon un scénario où les plus petites structures fusionnent pour former les plus grandes (rappelons-nous que dans le cas de la matière noire chaude, à l'inverse, les grandes structures se fragmentent pour former les petites). Si l'idée est correcte, nous vivons dans un système solaire baryonique, né de germes non baryoniques. La découverte de matière noire non baryonique révolutionnerait l'astronomie, a écrit l'astrophysicien Scott Tremaine. Il pense que nous sommes à la première étape d'une rébellion contre la cosmologie « baryoncentrique », qui est la descendante directe de la révolution de Copernic contre la cosmologie géocentrique.

Les simulations sur ordinateurs ont apporté un appui considérable à l'idée que la matière noire est une composante dominante de l'Univers. Par exemple, des modèles de formation de galaxies dus à Joel Primack et George Blumenthal à l'université de Californie à Santa Cruz aboutissaient à des Univers très ressemblants au nôtre. Marc Davis à Berkeley a montré que les structures à grande échelle de l'Univers s'obtenaient plus facilement à partir de matière noire froide que chaude. Le Canadien Richard Bond et le Britannique George Efstathiou développèrent encore la théorie.

Bien que les propriétés de la matière noire froide semblent s'accorder à l'histoire de l'Univers telle que nous l'avons reconstituée, son identité reste ouverte. Les cosmologistes ont alors introduit toute une famille de particules hypothétiques, les WIMP [4], nom forgé par Michael Turner à l'université de Chicago. Par définition, un WIMP est une particule massive, interagissant fai-

4. L'acronyme WIMP signifie *weakly interacting massive particle*, particule massive interagissant faiblement. En argot américain, *wimp* signifie aussi « mauviette », ce qui fait un intéressant contraste avec les MACHO (NDT).

blement avec la matière ordinaire (baryonique), et de préférence stable (ou en tout cas ayant une longue durée de vie). Les WIMP les plus plausibles sont des sous-produits des théories visant à unifier le maximum de particules élémentaires, comme la « supersymétrie ». Bizarrement, cette théorie commence par en doubler le nombre en postulant, comme Dirac pour l'antimatière, qu'à chaque particule connue correspond une particule-miroir. Aucune particule-miroir n'a jamais été détectée, mais cela n'a pas empêché les théoriciens de les baptiser de noms étonnants : au photon correspond par exemple le « photino », à chaque type de quark un « s-quark », à chaque type de neutrino un « s-neutrino ».

Bien d'autres particules pourraient être des WIMP, un nouveau neutrino très lourd par exemple. Etant beaucoup plus lourd que le proton, il serait très différent des neutrinos connus, et nécessiterait une révision du modèle standard de la physique des particules pour lui faire place. L'axion est une autre particule hypothétique, prédite par Steven Weinberg et Frank Wilczeck (qui lui a donné ce nom) à partir des travaux de Roberto Peccei et Helen Quinn. Il serait une autre éventualité pour la matière noire froide si sa masse ne dépasse pas le milliardième de celle de l'électron, car il aurait été produit, selon la théorie, en très grande quantité dans l'Univers primordial.

La liste de la matière noire non baryonique s'allonge encore, de façon de plus en plus fantastique. Parmi les suggestions faites, retenons les « pépites de quarks » (agglomérats macroscopiques de quarks) et de minuscules trous noirs (ce qui nécessiterait des conditions initiales très particulières). De telles formes hypothétiques de la matière relèvent-elles des fantaisies d'hommes et de femmes désespérés recherchant frénétiquement des solutions à des problèmes déconcertants ? Ou bien sont-elles un signe légitime qu'avec la découverte de la matière noire, la cosmologie se trouve en terre inconnue, au-delà de notre compréhension immédiate.

Quelle que soit l'identité des WIMP ou des autres particules de matière noire froide, plusieurs équipes se sont lancées à leur recherche. Compte tenu du peu que nous savons de ces particules hypothétiques, cela représente un défi considérable. Par exemple, des physiciens de Livermore essaient de traquer les axions en les convertissant en photons dans une cavité cylindrique en cuivre, à l'intérieur d'un aimant supraconducteur, et en détectant à la sortie les photons micro-ondes produits. D'autres groupes recherchent des WIMP dans les rayons cosmiques : par exemple, Bernard Sadoulet et son équipe à Berkeley espèrent mesurer la vibration et l'ionisation d'un cristal maintenu à très basse température quand un tel WIMP le traverse. Les rayons cosmiques habituels constituant un bruit de fond très gênant, l'expérience est faite dans des tunnels enfouis à 20 mètres sous terre à Stanford. A Stanford également, le physicien Blas Cabrera développe un détecteur à supraconducteurs : ceux-ci perdraient leur supraconductivité quand un WIMP de passage les réchauffe suffisamment. En Grande-Bretagne, Peter Smith à Cambridge souhaite placer au fond d'une mine, à 1 000 mètres sous terre, des cristaux d'iodure de sodium qui émettent un éclair de lumière quand ils sont frappés par un WIMP. En Italie, le Milanais Ettore Fiorini projette d'installer ses détecteurs dans le laboratoire souterrain du Gran Sasso dans les Apennins [5].

Tandis que nous attendons l'annonce d'une première détection, il n'en demeure pas moins que la matière noire froide pose aussi un problème difficile. Son principal atout théorique, la facilité avec laquelle elle se condense en structures dans l'Univers primordial, est peut-être aussi sa principale faiblesse. La matière noire se condense tellement à l'échelle d'une galaxie qu'il n'en reste guère à plus grande échelle, celle des amas et superamas de galaxies. Pour corriger ce défaut, faudra-t-il revenir à la matière noire chaude, au moins en partie ?

5. Différentes équipes françaises installent des dispositifs similaires dans le laboratoire souterrain de Modane (dans le tunnel du Fréjus, sous plusieurs kilomètres de roche) et dans le Gran Sasso (NDT).

Quand Vera Rubin et Kent Ford ont fait en 1977 leur découverte qui établissait la matière noire comme question cosmologique légitime, ils s'attendaient à ce qu'elle soit résolue en moins d'une décennie. Celle-ci est largement passée maintenant, et nous ne sommes guère plus avancés. Vera Rubin témoigne : « Je pensais que nous en aurions plus appris, et je suis très déçue de voir la solution plus loin que jamais. »

Toutefois, pendant cette recherche, notre compréhension de l'Univers et de ses origines s'était considérablement précisée. Nous avions un paradoxe : à en juger par la structure en bulles des amas et superamas de galaxies, l'Univers est aujourd'hui extrêmement inhomogène, mais d'autre part les mesures du fond de rayonnement cosmologique assurent que la distribution de matière était extrêmement uniforme dans l'Univers primordial. Le défi était d'expliquer comment une homogénéité généralisée pouvait se transformer en inhomogénéité vertigineuse, et la matière noire sous une forme ou une autre faisait partie de la question.

Une réponse potentielle arriva : l'inflation.

Chapitre IX

INFLATION

Le 14 février 1982, jour de la Saint-Valentin, Blas Cabrera reçut à Stanford une valentine peu banale : un « bip » dans son détecteur dans les sous-sols du laboratoire. Ce dispositif était destiné à détecter des particules reliques du big bang, appelées des monopôles magnétiques, des pôles magnétiques nord ou sud isolés (un aimant a toujours *deux* pôles). Il y avait peu de temps que Cabrera avait mis en route son magnifique dispositif supraconducteur, pouvait-il avoir détecté si vite cette insaisissable particule ? Les quotidiens eurent vent de l'événement, et il fit la première page du *New York Times*. Cabrera refusa les caméras de la télévision, « pour ne pas transformer le labo en zoo ». Hésitant à identifier le bip comme un authentique monopôle, il attendit l'arrivée du suivant. Les jours passèrent, puis les semaines, les mois. Le théoricien Sheldon Glashow lui envoya de Harvard un distique :

> Les roses sont rouges, les violettes sont bleues
> Il est grand temps pour le monopôle deux.

Mais le monopôle deux n'apparut pas. Après dix ans d'attente, Cabrera a abandonné tout espoir. Beaucoup de physiciens pensent que le bip de 1982 était un incident technique, ou une farce d'étudiant. Des dizaines d'équipes dans le monde entier ont cherché des monopôles dans les années 80 sans rien trouver. L'intérêt des médias pour les monopôles se transforma en cynisme. En 1985, le *Wall Street Journal* surnomma la quête des monopôles « une des recherches les plus futiles de toute l'histoire des sciences ».

Pourtant l'enjeu était énorme, et c'est pourquoi cette recherche est toujours active. Plusieurs tentatives essaient d'expliquer toutes les forces à travers une équation unique, une équation « à porter sur son T-shirt », dit Leon Lederman. Ces hypothèses sont appelées les théories de grande unification ou GUT *(grand unification theories),* et elles prévoient que les monopôles doivent exister. Alors où sont-ils ?

Ironiquement, la réponse est peut-être venue du même campus de Californie, trois ans avant la fausse découverte de Cabrera. En décembre 1979, Alan Guth proposa une modification spectaculaire de la cosmologie du big bang. L'idée de Guth, la théorie de l'inflation, était une sorte de big bang au sein du big bang, un big bang ultra-bref et ultra-rapide, qui aurait fixé les conditions pour l'évolution ultérieure du cosmos. Guth n'était pas le premier à aboutir à cette solution radicale. Des idées voisines étaient venues à Katsuhiko Sato au Japon, et à Alexeï Starobinsky et Andreï Linde en URSS. Mais ils ne publièrent pas leurs intuitions. Guth le fit et il secoua le monde de la cosmologie.

L'inflation résolvait d'un seul coup toute une série de questions qui embarrassaient depuis longtemps les cosmologistes, et l'on peut sûrement la considérer comme la troisième révolution majeure de la cosmologie. La première, due à Galilée et Newton, montra que la physique des cieux est la même que la physique terrestre. La deuxième, fruit de la relativité générale due à Einstein, décrivit un Univers en expansion. L'inflation tire son importance du lien qu'elle établit entre deux sujets apparemment très éloignés, l'astrophysique, science de l'immensément grand, et la physique des particules, science de l'incroyablement petit.

L'inflation est un concept d'une grande puissance qui répond à trois problèmes majeurs de la cosmologie du big bang. Le premier est le paradoxe posé par l'Univers extraordinairement uniforme que révèle le fond de rayonnement cosmologique comparé à l'Univers irrégulier actuel. Le deuxième problème est l'absence de plusieurs reliques possibles du big bang, les monopôles magnétiques ou les cordes cosmiques par exemple, ainsi que l'absence de rotation de l'Univers, son absence apparente de courbure, son homogénéité. Le troisième problème est la cause de l'expansion de l'Univers [1]. En prime, cette théorie montre que l'introduction d'une constante cosmologique par Einstein n'était pas une bévue, après tout... Enfin, elle nous conduit à imaginer un Univers beaucoup plus vaste qu'on ne l'avait jamais supposé, dans lequel notre petit coin de cosmos est bien plus petit encore.

Cela fait beaucoup de triomphes pour une même théorie, du moins si elle est correcte.

Etudiant au MIT en physique des particules, j'avais pour directeur de thèse David Frisch, un homme très énergique et enthousiaste. A l'approche de mon examen, je demandai à David et à ses collègues David Bennett et Lou Osborne de me faire répéter les questions de l'oral. Après quelques séances, j'étais plus à l'aise, mes réponses étaient plus fluides, et mes interrogateurs semblaient à court de questions. Dans la salle de réunion, il y avait une table, des chaises, un grand tableau noir et, sur des rayonnages, tous les numéros de la *Physical Review* (une des principales revues professionnelles des physiciens). Cherchant apparemment de nouvelles questions, Frisch montra les rayonnages et me dit : « Tu vois cette collection ? Vas-y. » Je supposais qu'il voulait que je prenne un numéro et que je commente un des articles. Mais non. Il dit : « Regarde comme cette revue grossit d'année en année : la distance entre la première page du numéro de janvier et la dernière page de celui de décembre est de plus en plus grande. Dans combien de

1. Un Univers en expansion est bien une solution des équations de la relativité générale, mais il y en a beaucoup d'autres. Alors pourquoi notre Univers est-il décrit par celle-là plutôt que par une autre ? C'est à cette question que répond la théorie de l'inflation (NDT).

temps ces pages s'éloigneront-elles l'une de l'autre plus vite que la vitesse de la lumière ? »

Il savait bien que, posée sous cette forme, la question était choquante et provocante. Comment des pages pourraient-elles s'éloigner plus vite que la vitesse de la lumière ? « Eh bien, pensais-je, c'est peut-être possible en théorie, mais regardons le côté pratique. » Il fallait répondre à la question, après tout j'étais là pour m'entraîner à passer un oral. Et y répondre de manière à satisfaire les examinateurs. Je compris que la question n'était pas pure provocation, elle suivait aussi une tradition instaurée par Weisskopf au MIT d'apprendre aux étudiants à faire des estimations.

Dans beaucoup de situations en physique, plusieurs facteurs interviennent mais souvent un ou deux seulement sont réellement importants. Il est donc capital pour le physicien de savoir faire des estimations rapides, pour savoir ce qui peut être négligé et ce qui doit être étudié avec soin. Jetant un coup d'œil aux rayonnages, j'estimai la longueur occupée par chacune des années. Elle augmentait de plus en plus vite et ressemblait assez à un comportement exponentiel, celui des intérêts composés, ou de l'inflation. Chaque année était plus longue que la précédente d'un facteur constant, et la longueur doublait environ tous les six ans. Il était alors facile d'estimer quand la longueur annuelle atteindrait une année-lumière [2].

Frisch et Osborne insistèrent alors pour que j'explique comment les pages à chaque bout pouvaient se déplacer

2. A cette époque, en 1968, une année de la revue occupait un bon mètre de rayonnage. La vitesse de la lumière serait atteinte quand une année de la revue occuperait une année-lumière de rayonnage. Une année-lumière mesurant 10^{16} mètres (10 000 milliards de kilomètres), il faut 53 doublements car 2^{53} est à peu près égal à 10^{16}. En doublant tous les six ans, il faut 318 ans : la réponse était donc : « En l'an 2286 ! » En 1970, la revue se sépara en quatre sections, et le rythme de croissance avait un peu ralenti. Cependant de nouvelles revues apparaissent, et la dernière fois que j'ai regardé le nombre total d'articles scientifiques publiés, il continuait à augmenter exponentiellement. Mais je suppose que les restrictions budgétaires le ralentissent maintenant.

plus vite que la lumière. N'y avait-il pas un conflit avec la relativité restreinte ? Quelque chose allait-il intervenir pour les en empêcher ? Ce n'était pas trop difficile à imaginer.

La même question se pose pour les galaxies dans un Univers en expansion : peuvent-elles s'éloigner l'une de l'autre plus vite que la lumière ? Je pouvais imaginer une situation où, des années à l'avance, la position de chaque article dans la revue était prévue, et chaque année placée dans des rayonnages les uns derrière les autres. Avec suffisamment de chercheurs placés au bon endroit, chacun pouvait tranquillement écrire son article et l'insérer à l'endroit voulu. L'année où la longueur de la revue atteindrait une année-lumière, les couvertures sembleraient s'écarter à la vitesse de la lumière, mais aucune page n'aurait beaucoup bougé de sa position de l'année précédente. Six ans plus tard, les couvertures s'écarteraient l'une de l'autre à deux fois la vitesse de la lumière, six ans plus tard, à quatre fois la vitesse de la lumière... D'année en année, le rythme d'expansion serait proportionnel au numéro (ou à l'année) de la revue : c'est la loi de Hubble adaptée à la *Physical Review*. Au lieu de physiciens écrivant des articles et les insérant en place pour former la substance de la revue, la distance entre les galaxies est formée d'espace en expansion. Aucune galaxie n'a besoin de bouger, il y a juste un peu plus d'espace inséré entre elles.

« OK ! OK ! accordèrent Frisch et Osborne, c'est possible, mais est-ce qu'on peut le réaliser sans disposer de l'information des années à l'avance, et la transmettre à travers toutes ces années-lumière ? » Non, sans indications préalables, les rédacteurs placeraient leurs articles près de leurs voisins, et la revue zigzaguerait comme un ivrogne qui a perdu son sens de l'orientation et la coordination de ses mouvements.

Nous aurions le même problème pour construire l'Univers. Il est facile d'avoir des régions de l'Univers s'écartant plus vite que la lumière (sans violer la relativité restreinte) si l'Univers est en expansion. Dans ce cas, deux points situés à une distance plus grande que la vitesse de la lumière divisée par le rythme d'expansion se séparent plus vite que la vitesse de la lumière, bien qu'aucun ne se déplace très vite par rapport à leurs voisins proches. La difficulté est de conserver les choses synchronisées. Et c'est ce problème de synchronisation qui conduit à des défauts ou à un Univers irrégulier et très hétérogène. Et l'Univers n'est pas du tout comme cela.

Le point central est cette étonnante uniformité de l'Univers primordial révélée par le fond de rayonnement cosmologique. Nos observations comme celles des autres équipes ont montré que ce rayonnement est identique, au dix-millième près, dans toutes les directions du cosmos. Nous recevons du rayonnement d'innombrables régions de l'Univers qui n'ont jamais été en contact les unes avec les autres depuis les premiers instants qui ont suivi le big bang. Et pourtant chacune présente une température identique. En l'absence d'interaction directe entre ces régions disparates, comment l'uniformité a-t-elle été établie et maintenue ?

Traditionnellement, les cosmologistes du big bang ont fait l'hypothèse arbitraire que l'Univers est uniforme parce qu'il était uniforme au départ. Ce genre d'hypothèse n'est pas très satisfaisante, non seulement parce que c'est jouer au démiurge (« Ainsi soit-il ! »), mais surtout parce qu'elle n'explique rien : pourquoi était-il uniforme au départ ? Comme les autres scientifiques, les astrophysiciens préfèrent mettre à nu un mécanisme qui explique pourquoi les choses sont comme elles sont, sans besoin d'hypothèses arbitraires. C'est ce que le concept d'inflation a offert à la cosmologie.

En 1978, Alan Guth, chercheur à Cornell, avait trente et un ans quand son ami Henry Tye lui proposa d'estimer le nombre de monopôles magnétiques engendrés juste après le big bang. « Cela me semblait un sujet complètement fou, dit plus tard Guth, je n'avais jamais travaillé en cosmologie. » Plusieurs dizaines d'années auparavant, Paul Dirac, l'inventeur de l'antimatière, avait prédit l'existence de monopôles magnétiques, des particules massives ne possédant qu'un seul pôle magnétique, nord ou sud. Les aimants habituels sont des dipôles, ayant toujours un pôle nord et un pôle sud. Les accélérateurs de particules utilisent aussi des quadrupôles, ayant une succession de pôles : nord, sud, nord, sud.

Guth oublia la suggestion de Tye jusqu'au printemps suivant, quand il écouta un exposé de Steven Weinberg à Cornell. Weinberg est un théoricien très célèbre, et son livre, *Les Trois Premières Minutes de l'Univers,* consacré au big bang et à l'origine de la matière, venait juste de paraître. Son exposé portait sur les calculs des théories de grande unification pour expliquer l'abondance cosmique des baryons, et l'asymétrie entre matière et antimatière. Guth fut très impressionné : les problèmes cosmologiques n'étaient peut-être pas aussi insolubles qu'il l'avait pensé. Il rejoignit alors Tye pour s'attaquer au problème de l'abondance des monopôles.

Ils conclurent que les monopôles seraient produits au moment de la brisure de symétrie de grande unification, et en telle abondance qu'ils seraient aussi nombreux que les atomes d'or [3]. Certes, l'or est rare et précieux, mais vous pouvez en acheter chez n'importe quel bijoutier. Alors, où sont les monopôles ? Les chercheurs les ont cherchés en vain dans les endroits les plus divers – roches lunaires, glaces de l'Antarctique, même dans les égouts. Peut-être les monopôles sont-ils difficiles à dénicher parce que leur abondance n'est pas celle prédite par le big bang, rêvait Guth. Peut-être manquait-il quelque chose ?

Le monopôle était la première des deux énigmes qui aiguilla Guth vers la théorie de l'inflation. La seconde concernait la platitude de l'espace. A la fin de 1978,

3. Une brisure de symétrie entraîne des défauts topologiques, les plus simples étant les défauts ponctuels comme les monopôles. Le même argument de causalité avancé à propos de la synchronisation et de l'uniformisation s'applique à la formation de défauts. La brisure de symétrie de grande unification se produit, selon la théorie, quand l'Univers est vieux de 10^{-34} secondes, et pendant ce temps la lumière n'a pu parcourir plus de 10^{-26} mètres. Il y a donc en moyenne un défaut par région de cette taille. Par suite de l'expansion de l'Univers, cette région a aujourd'hui une taille d'environ 3 mètres : par conséquent, il devrait y avoir un monopôle dans une pièce normale.

Guth écouta un exposé de Robert Dicke, un des pionniers du big bang, sur le thème : « Pourquoi l'Univers est-il si plat ? » Dicke soulignait que nous savons que l'espace est pratiquement plat dans l'Univers qui nous entoure.

Tandis que Guth s'intéressait à la nature insaisissable des monopôles et à la platitude phénoménale de l'espace, il tomba sur la notion simple et profonde de l'inflation. Si, dans l'instant qui a suivi le big bang, l'Univers avait subi une brève mais énorme accélération de l'expansion, alors ces problèmes seraient résolus. Et en même temps l'énigme d'un Univers primordial très uniforme, et d'autres énigmes aussi. Ces divers phénomènes sont reliés les uns aux autres, mais nous allons les passer en revue successivement.

Figure 38. Alan Guth, pionnier de la théorie de l'inflation (Donna Coveney, MIT).

D'abord, la question de l'uniformité de l'Univers, telle que la révèle le fond de rayonnement cosmologique : comment a-t-elle été établie et conservée au cours de la vie du cosmos ? Le phénomène d'inflation cosmique répond à la question avec une facilité presque embarrassante.

Si nous nous plaçons mentalement au début de l'inflation, nous trouvons la réponse. Imaginons, un clin d'œil après le premier moment de la création (disons pour la discussion 10^{-34} secondes), toute la masse et tout le rayonnement de l'Univers que nous voyons maintenant, rassemblés dans une soupe primordiale d'énergie et concentrés dans une région grosse comme 1 cent-milliardième de la taille d'un proton (10^{-26} mètres). Dans une si petite région, tout est effectivement connecté avec tout et tout est homogène, une homogénéité primordiale. Imaginons alors que notre partie de l'Univers subisse une éruption de l'espace si violente, l'inflation, qu'au bout de 10^{-32} secondes, cette région se soit dilatée jusqu'à atteindre au moins une dizaine de mètres. Puis cette inflation s'achève et l'expansion continue au rythme plus tranquille du big bang classique jusqu'à aujourd'hui, où cette distance de 10 mètres s'est dilatée jusqu'à 10 milliards d'années-lumière, tout l'Univers actuellement visible. Dans ces 10^{-32} secondes d'inflation, l'espace s'est cent fois plus dilaté que dans les 10 milliards d'années suivants.

L'homogénéité qui existait dans cette région minuscule se retrouve aujourd'hui dans une région de l'Univers plus vaste que ce que nous pouvons voir. L'inflation n'exige pas l'hypothèse arbitraire de conditions initiales particulières ou de contacts entre des régions disparates de l'Univers. Elle suppose seulement que l'homogénéité inévitable d'une très petite région soit devenue une condition quasi universelle grâce à une brève croissance explosive. Si la théorie de l'inflation n'avait que cette seule conséquence, si élégante soit-elle, on pourrait la juger un peu discutable. Mais elle concerne plusieurs problèmes cosmologiques, et les théories solides par définition expliquent plusieurs phénomènes.

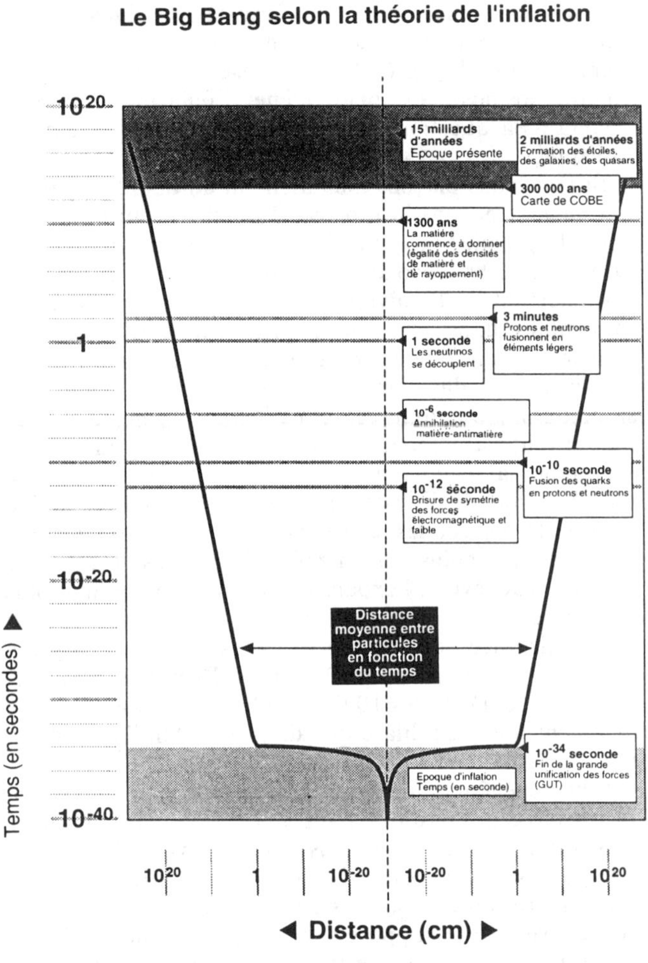

Figure 39. Le big bang inflationniste.

Par exemple, la possibilité évoquée par Guth que les monopôles aient échappé à la détection parce qu'ils sont très peu nombreux s'accorde avec la théorie de l'inflation. Guth et Tye avaient calculé une abondance analogue à celle de l'or. D'autres théoriciens, se fondant sur des modèles particuliers de grande unification, ont même suggéré qu'ils devraient être aussi nombreux dans l'Univers que les protons et les neutrons. Mais tous ces calculs supposent l'expansion relativement lente du big bang classique. L'expansion ultra-rapide de l'inflation conduit au contraire à une telle dilution des monopôles qu'il n'en resterait guère qu'un seul dans tout l'Univers visible.

L'absence de rotation que nous avions notée au terme de nos vols avec l'U-2 se comprend mieux après une inflation de l'Univers. Même si l'Univers tournait très vite dans ses premiers instants, une énorme expansion le ralentirait complètement. C'est un effet souvent utilisé par les patineuses sur glace : quand elles resserrent leurs bras lors d'une pirouette, elles tournent beaucoup plus vite, et quand elles les étendent, elles ralentissent. Cela s'appelle la conservation du moment cinétique, un effet dû à l'inertie. De la même façon, quand l'Univers se dilate, il ralentit. Nous avons l'habitude de corps célestes – planètes, étoiles, galaxies – en rotation, mais l'Univers ne peut tourner rapidement. Les conditions du principe de Mach sont en partie réunies.

De toutes les conséquences de la théorie de l'inflation, la prédiction que l'espace est plat est la plus surprenante. L'extraordinaire expansion pendant l'inflation rend l'espace très plat. Si nous nous tenons debout sur un ballon de basket, nous en ressentons fortement la courbure. Dilatons-le d'un facteur 30 millions, de sorte qu'il ait maintenant le diamètre de la Terre : sa surface nous semble très plate. Un autre facteur de 1 million, et sa surface nous semble parfaitement plate. L'inflation correspond à un facteur beaucoup plus grand que 1 000 milliards de milliards, et dire que l'espace est plat est équivalent à dire que la densité de l'Univers est égale à la densité critique, c'est-à-dire qu'oméga égale 1.

Comme nous l'avons vu dans le chapitre précédent, la valeur d'oméga peut être mesurée, et l'a été, ce qui permet de mettre la théorie de l'inflation à l'épreuve. Pour le moment, cette valeur d'oméga est estimée dans une fourchette allant de 0,3 à 2, et plusieurs mesures

Figure 40. Comment l'inflation rend l'espace plat. Quand le ballon se dilate de plusieurs ordres de grandeur, la courbure de la surface devient vite indécelable dans une petite région (par exemple près de la fourmi) bien qu'elle soit toujours présente (Christopher Slye).

astronomiques indiquent une valeur proche de 1. Cela semble plutôt imprécis, mais compte tenu des conditions de mesure en cosmologie, cet accord approximatif est très encourageant. Si l'écart avait été d'un facteur 10, la théorie de l'inflation aurait sans doute été rejetée. La prédiction qu'oméga est exactement égal à 1 a donc une chance raisonnable d'être confirmée. Le corollaire de cette prédiction est bien sûr que la matière dans l'Univers est pour l'essentiel de la matière noire. La matière visible dans les galaxies ne représente en effet que quelques pour cent de la densité critique, et un oméga de 1 signifie que la densité moyenne de l'Univers est égale à la densité critique. Pour que la théorie de l'inflation survive, les astrophysiciens feraient bien de découvrir la matière noire, ou tout au moins des preuves très fortes de son existence en abondance.

Le concept d'inflation révèle sa puissance en résolvant tout un éventail de problèmes cosmologiques. Mais il n'aurait pas tellement retenu l'attention si l'on n'avait pas trouvé un mécanisme physique qui le rende possible. Ce mécanisme a jailli de la réunion d'idées issues de disciplines différentes.

La dernière semaine de juin 1979, je suivais un colloque à l'institut Niels Bohr de Copenhague sur le thème de « L'Univers aux grands décalages vers le rouge ». En allant un matin de notre hôtel au lieu de la conférence, Dennis Sciama et moi parlions des rapports qui pouvaient exister entre le fond de rayonnement cosmologique et le principe de Mach, et de l'origine possible de ces rapports. Nous avions l'impression d'avoir mis le doigt sur quelque chose, et nous décidâmes de déjeuner ensemble pour continuer la discussion. Le temps était magnifique, aussi nous prîmes nos sardines, nos smorrebrod et notre bière Carlsberg [4], et nous allâmes nous installer sur la pelouse en compagnie de Steven Weinberg. Celui-ci nous demanda tout de suite : « Que savez-vous des transitions de phase ? », et je répondis que je n'en connaissais que ce que j'avais appris dans les cours de thermodynamique à l'université, mais que je me souvenais très bien d'une

4. La Fondation Carlsberg s'intéresse depuis longtemps à la science, et elle subventionnait la conférence. La brasserie avait construit une ligne directe avec la maison de Niels Bohr, qui avait ainsi une source d'inspiration à portée de robinet.

expérience : « Quand le liquide a passé le point critique, il est devenu tout laiteux et désordonné, puis il a gelé en un éclair. – Eh bien, dit Weinberg, je travaille en ce moment sur les transitions de phase dans l'Univers primordial, et je cherche à savoir si la transition de phase au moment de la brisure de symétrie de grande unification est discontinue, comme le passage de l'eau liquide à la glace, ou continue. C'est très important. »

Notre conversation revint sur le rayonnement cosmologique, et Sciama remarqua qu'il était symbolique que nous soyons dans la maison de Bohr, l'un des fondateurs de la mécanique quantique, parce que, assura-t-il, celle-ci expliquerait l'isotropie du rayonnement cosmologique et permettrait aussi d'échapper à la singularité initiale prédite par la théorie du big bang.

Les théorèmes démontrés par Roger Penrose et Stephen Hawking sur les singularités en relativité générale assurent que si l'on extrapole assez loin dans le passé, tout l'Univers se réduit à un point sans dimension, une catastrophe pour nous, et aussi pour la théorie [5]. Mais si la matière est confinée dans un volume de plus en plus petit, les effets quantiques deviennent de plus en plus importants. Les inégalités quantiques découvertes par Werner Heisenberg impliquent que l'impulsion-énergie et l'espace-temps fluctuent. A première vue, ces fluctuations de l'impulsion-énergie accentuent les effets de la gravitation, ce qui ne fait qu'aggraver les choses comme de s'agiter au milieu des sables mouvants. Mais Sciama soulignait que les fluctuations de l'espace-temps ont l'effet inverse et diminuent les effets de la gravitation. Peut-être cela permettait-il de contourner les théorèmes de Penrose et Hawking, et d'éviter la présence d'une singularité initiale ? Après tout, Hawking lui-même avait bien montré que les effets quantiques permettaient par-

5. Parce que toutes les quantités physiques (température, densité, pression, etc.) deviennent infinies, et qu'en général l'apparition de tels infinis dans une théorie signale que cette théorie est appliquée hors de son domaine de validité. La théorie classique de l'électron aboutissait à de semblables infinis, qui ont disparu dans la théorie quantique (NDT).

fois à du rayonnement de s'échapper d'un trou noir, contrairement à la théorie classique. Sciama jugeait que des effets quantiques, analogues à ce rayonnement de Hawking des trous noirs, pouvaient à la fois être à l'origine du rayonnement cosmologique et éviter la singularité, faisant d'une pierre deux coups. Ce déjeuner sur l'herbe contenait tous les éléments de la théorie de l'inflation, une idée clairement dans l'air du temps.

Katsuhiko Sato avait pris une année sabbatique pour venir travailler à Copenhague. Tout comme Guth sur un autre continent, il allait bien vite comprendre qu'un Univers en inflation était une conséquence possible des théories de la physique des particules, en particulier les théories de grande unification. Mais à la différence de Guth, il comprit immédiatement que si l'inflation effaçait toute irrégularité initiale éventuelle de l'Univers, elle en créait d'autres qui pouvaient être les germes des galaxies. Bien que soumis au début de 1980, son article mit beaucoup de temps à être publié, et il ne parut qu'à la fin de 1981. Par une curieuse coïncidence, la scène était prête pour que les conséquences éclatent aux yeux de la communauté des cosmologistes.

Au cours de l'été de 1982, Stephen Hawking organisa une rencontre sur l'Univers primordial à Oxford, au Nuffield College. La présence simultanée de tous ceux qui avaient séparément réfléchi à ces questions, d'Alexeï Starobinsky à Alan Guth, de So-Young Pi à James Bardeen, de Paul Steinhardt à Michael Turner, fut très fructueuse car ils examinèrent ensemble les conséquences des fluctuations quantiques sur l'uniformité de la bulle en inflation. Une fluctuation quantique, microscopique vague de l'espace-temps, produite au début de l'inflation, serait immensément dilatée par cette même inflation qui rendait l'espace si homogène, et deviendrait une fluctuation macroscopique. Une fluctuation arrivant un peu plus tard serait un peu moins dilatée, et ainsi de suite. Dans un Univers en inflation, les conditions physiques restent à peu près les mêmes pendant toute la durée de l'inflation, et toutes ces fluctuations sont alors produites avec à peu près la même amplitude (la vague a la même hauteur) et la même longueur. A la fin de l'inflation, toutes les fluctuations ont encore la même amplitude, mais des longueurs d'autant plus grandes qu'elles ont été produites tôt. L'inflation n'efface pas les fluctuations quantiques, mais les agrandit jusqu'à une taille macroscopique. Certaines auront la taille voulue pour qu'en attirant ensuite matière lumineuse et matière noire, elles deviennent les galaxies ou les amas de galaxies que nous voyons maintenant.

Au début des années 70, Edward Harrison à l'université du Massachusetts et, indépendamment, Yakov Borisovitch Zel'dovitch à Moscou avaient étudié la distribution que devraient avoir des rides primordiales. Pour former les structures observées, des galaxies aux super-

Figure 41. Stephen Hawking (à gauche) et George Smoot lors d'une conférence à Berkeley en décembre 1992 (Lawrence Berkeley Laboratory).

amas et au-delà, concluaient-ils, l'amplitude de ces fluctuations devrait être indépendante de leur longueur physique, précisément ce que les théoriciens réunis au Nuffield College obtinrent comme distribution des fluctuations quantiques à la fin de l'inflation. S'il y avait eu un excès de fluctuations courtes, l'Univers serait envahi de trous noirs, et il n'y aurait pas de grande structure. S'il y avait eu un excès de fluctuations longues, il n'y aurait que des structures immenses, et l'attraction gravitationnelle de ces géants accélérerait notre Voie lactée et les autres galaxies à des vitesses telles que les 600 kilomètres par seconde que nous avons mesurées ressembleraient à une paisible promenade dominicale. Comment les astronomes auraient-ils réagi à cela, étant donné leur préjugé contre tout mouvement propre des galaxies ?

Il devrait maintenant être clair que l'inflation est le concept de la cosmologie contemporaine qui a le plus d'influence. Il ne résout pas toutes les questions sur l'origine de l'Univers, mais apporte des solutions convaincantes à plusieurs d'entre elles. La question principale est alors : par quoi a été causée l'inflation ? Comment une brève expansion explosive a-t-elle pu avoir lieu au début de la vie de l'Univers, si différente de l'expansion normale prévue par la théorie du big bang ? C'est là que Guth a proposé un mariage harmonieux entre astrophysique et physique des particules, une union si bien assortie qu'elle ne pouvait être due au hasard.

L'Univers primordial, extrêmement chaud et dense, avait une forte densité d'énergie, mais son expansion ralentit du fait de l'attraction gravitationnelle. A moins, bien sûr, que l'espace nouvellement créé apporte avec lui sa propre densité d'énergie, en quantité suffisante pour l'emporter sur la densité d'énergie de la matière. Dans ce cas, l'expansion s'accélère ! Comment est-ce possible ?

Guth s'inspira des théories de grande unification. Dans ce cadre, le refroidissement dû à l'expansion entraîne la brisure de la symétrie entre forces nucléaires forte et faible, et force électromagnétique quand l'Univers est âgé de 10^{-34} secondes. Auparavant, l'unification de ces forces peut donner au vide une énorme densité d'énergie. L'expansion entraîne la création de plus d'espace, doté de sa propre densité d'énergie : la densité d'énergie ne diminue pas et le rythme d'expansion reste constant. On estime que la taille de l'Univers double alors tous les 10^{-38} secondes. A ce rythme, l'Univers a doublé un millier de fois en 10^{-35} secondes. Cela peut sembler innocent, mais cela illustre bien la puissance de l'inflation ou des intérêts composés, car l'Univers devient 10^{301} fois plus grand ($2^{1000} = 10^{301}$) en moins d'un clin d'œil.

Mais si cela permet l'inflation, comment s'arrête-t-elle ? Comment s'effectue la transition entre l'expansion accélérée de l'inflation et l'expansion ralentie qui suit ? En 1982, Andreas Albrecht et Paul Steinhardt à l'université de Pennsylvanie, et Andreï Linde à Moscou, trouvèrent une solution. La transition est importante car, au terme de l'inflation, l'Univers est extrêmement froid et vide. Il faut transférer la densité d'énergie du vide vers de la chaleur et des particules. Quand la densité d'énergie est passée sous cette forme, l'inflation est terminée et la gravitation ralentit l'expansion. Nous comprenons maintenant pourquoi notre Univers est actuellement en expansion : ce n'est qu'une poursuite sur la lancée de la période d'accélération due à l'inflation.

Si vous examinez ce scénario d'inflation avec attention, vous arrivez à une autre conclusion remarquable. Pour que l'inflation se produise, la densité d'énergie de l'espace dans une région doit être compensée par l'énergie gravitationnelle due aux autres régions : la somme est nulle. On peut donc créer un Univers à partir de rien et conserver l'énergie totale. L'inflation ne demande qu'une petite région ayant la bonne configuration, et elle s'empresse de produire une bulle beaucoup plus grande que tout ce que nous voyons aujourd'hui de l'Univers. Vous voyez que l'inflation donne un sens nouveau à la question philosophique « de l'être et du néant » [6].

6. Cette idée, défendue entre autres par Guth ou par Vilenkin sous la forme imagée que « l'Univers est le repas gratuit par excel-

Comment les conditions adéquates sont rassemblées dans une petite région est un mystère non résolu. Il existe bien sûr différentes théories. Certains comme Andreï Linde pensent que l'Univers est chaotique et qu'il s'y produit sans cesse d'innombrables bulles d'inflation, conduisant à l'image d'un Univers globalement éternel et immuable. D'autres comme Stephen Hawking pensent qu'il y a un commencement bien défini. La question des commencements est aussi inévitable pour les cosmologistes que pour les théologiens.

En attendant, savourons la puissance d'un concept aussi élégant que l'inflation qui promet de résoudre tant d'énigmes cosmologiques et de nous donner une vision si nette de la fragilité de notre existence. Les conséquences d'une valeur d'oméga différente de 1 nous permettent de voir combien il aurait été facile que notre Univers actuel n'existe pas : la moindre déviation d'un côté ou d'un autre l'aurait condamné au néant. Et quand nous réalisons qu'un écart dans la distribution des fluctuations quantiques aurait produit un essaim de trous noirs ou des structures géantes, nous voyons à quel point les choses auraient pu tourner différemment. A moins que, comme le prétend la théorie de l'inflation, les conditions initiales et les processus dans l'Univers primordial ne puissent *pas* être différents.

Ces observations, en particulier la nécessité qu'oméga soit exactement égal à 1, paraissent tellement incroyables que certains cosmologistes ont invoqué comme explication le « principe anthropique » (le terme est dû à Brandon Carter, de l'observatoire de Meudon). L'idée a différentes formes, mais s'appuie essentiellement sur le fait que l'Univers doit nécessairement remplir les conditions assurant notre présence, ici et maintenant, comme

lence », ne me semble guère aller au-delà de cette image : la notion d'inflation n'a de sens qu'en relativité générale, où elle s'appuie sur la constante cosmologique d'Einstein, et la notion d'énergie gravitationnelle n'a précisément aucun sens en relativité générale, où la gravitation est remplacée par la courbure de l'espace-temps. Mais l'image est jolie, et elle a beaucoup de succès (NDT).

observateurs. Il existe une longue liste de lois et de conditions physiques telles qu'une infime variation aboutirait à un Univers très différent, ou à pas d'Univers du tout. L'exigence qu'oméga soit égal à 1 est l'une d'elles. Rien n'empêche de concevoir beaucoup d'autres Univers où oméga soit différent de 1, mais ils sont sans vie. Donc notre oméga est égal à 1 parce que, dans le cas contraire, nous ne serions pas ici pour nous poser la question.

Comme bien d'autres sceptiques, je trouve le principe anthropique peu satisfaisant. Guth a dit un jour qu'on a « recours au principe anthropique quand on ne trouve rien de mieux ». Pour illustrer les dangers de ce point de vue, écoutons la parabole des poissons philosophes, citoyens des eaux sombres. Ces poissons se rencontrent périodiquement pour s'impressionner mutuellement par leur sagesse et leurs lumières. Un poisson philosophe particulièrement brillant était arrivé à la conclusion que l'espace, l'eau autour d'eux, était homogène, isotrope, tiède, pleine de nourriture, et avait juste la bonne pression pour permettre leur existence. Si la pression avait été différente, leurs corps auraient explosé ou implosé. Les autres poissons multiplièrent de tels exemples, la liste en devint si longue que l'un de ces philosophes imagina le « principe poissonnique ». Tout heureux, ils se félicitaient mutuellement de ce que leur intelligence ait apporté un peu de lumière dans ces eaux sombres, mais au milieu de leur fierté ils ne sentirent pas les mailles d'un filet de pêche les envelopper et les amener à la surface. « Hé, les gars, dit le biologiste marin qui manœuvrait le filet, il y en a beaucoup ! Il devait y avoir une conférence. » Mais ses collègues ne l'écoutaient pas, muets de terreur devant les lumières brillantes qui glissaient dans le ciel. Ils ne sentirent même pas le chalutier s'élever dans les airs... Affirmer que les choses sont telles que nous existions conduit à une vision nécessairement provinciale et narcissique de l'Univers.

Bien des paramètres que les cosmologistes croyaient en 1974 miraculeusement ajustés pour permettre la vie et l'existence de l'homme se révèlent lumineusement expliqués par l'inflation. Dans leur livre, *The Early*

Universe (L'Univers primordial), Rocky Kolb et Michael Turner écrivent : « L'un de nous deux trouve surprenant qu'un concept aussi boiteux que " l'idée anthropique " ait pu jamais être élevé à la dignité de principe. » Je suis d'accord avec cette déclaration, et je pense que des observations plus complètes conduiront à des théories qui expliqueront élégamment pourquoi les choses sont comme elles sont. Quelles que soient ces découvertes futures, je suis sûr qu'elles nous étonneront et nous réjouiront comme l'inflation par la simplification et l'unification qu'elles apporteront à la nature [7].

Malgré son ampleur et sa puissance, la théorie de l'inflation ne peut nous montrer les échos lointains de la création, qu'elle soutient avec tant d'arguments. La théorie explique pourquoi le fond de rayonnement cosmologique est aussi uniforme que nous l'observons. Mais la tâche de trouver les perturbations minimes qu'elle prévoit dans ce fond, et qui doivent de toute façon exister si notre conception de l'histoire de l'Univers est correcte, revient à l'expérimentateur.

7. Précisons, au risque de passer pour rabat-joie, qu'il n'existe pas encore (à ma connaissance) de théorie en physique des particules qui conduise à une période d'inflation sans qu'il soit nécessaire d'ajuster les paramètres de cette théorie avec précision. Autrement dit, l'élégance qui réjouit tant l'astrophysicien se paie d'une redoutable complexité dans une théorie *ad hoc* de physique des particules. Mais on peut toujours espérer que demain on rase gratis (NDT).

Chapitre X

LA PROMESSE DE L'ESPACE

L'ère des satellites commença en 1974 pour la cosmologie. La NASA publia un double appel d'offres, invitant les chercheurs à proposer des missions astronomiques pour deux satellites de type Explorer, un petit et un moyen. C'était la chance que j'attendais. En vérité, j'en rêvais depuis que j'avais lu, enfant, les livres d'Arthur C. Clarke sur la technologie, la science et ses livres de science-fiction. Dans les années 40, il avait inventé des concepts comme le satellite géostationnaire, dont il disait qu'il pourrait servir aux télécommunications et aux loisirs, et proposé un programme cohérent de conquête spatiale. Clarke était un visionnaire à l'imagination fertile, et sa vision de l'espace comme nouvelle frontière de l'exploration m'enflamma. En 1957, quand les Soviétiques lancèrent le premier Spoutnik, je sus que l'avenir annoncé par Clarke serait réalisé. Très vite, j'écoutais le bip-bip de Spoutnik en rêvant au jour où j'irais dans l'espace. Bien sûr, c'était une fantaisie romanesque, mais même enfant j'avais compris que dans ce domaine on pourrait faire des découvertes scientifiques majeures. Et là, dix-sept ans plus tard, l'annonce de la NASA concrétisait mon rêve, et je pouvais à peine croire à ma bonne fortune.

A cette époque, il n'y avait que quatre ans que je travaillais en cosmologie, convaincu que c'était là que les questions fondamentales pouvaient être posées et qu'on pourrait y répondre. Mes premières expériences de lancer des instruments très sensibles dans la stratosphère, suspendus à de gigantesques ballons-sondes, se sont souvent terminées par la récupération des instruments sous forme de tas de ferraille, quand les ballons ne se perdaient pas corps et biens. Et je découvrais tout juste l'émotion de transformer l'avion espion U-2 en observatoire de haute altitude, pour étudier la dynamique de l'Univers grâce au fond de rayonnement cosmologique. Mais les satellites ! C'était vraiment ce dont je rêvais. J'allais me plonger dans le défi technologique de concevoir un instrument destiné à voler dans l'espace. Je pouvais raisonnablement espérer des données bien plus précises que celles qu'on pouvait obtenir du sol, d'un ballon ou d'un avion, et acquérir ainsi de nouveaux aperçus sur la cosmologie. Et par-dessus tout, cette aventure romanesque serait exquise.

Ou du moins le croyais-je. Je dois dire qu'au moment où je répondais à l'appel d'offre de la NASA, avec l'appui enthousiaste de Luie Alvarez, je n'avais aucune idée des difficultés et des déchirements qui m'attendaient. Sans doute était-ce mieux ainsi.

Je me rendis compte que je devrais mener de front le développement des idées pour les projets sur satellite et la tâche immédiate de mener à bien l'aventure de l'U-2. C'était parfait ainsi, car je voyais dans une expérience sur satellite la continuation naturelle du travail dans la stratosphère avec l'avion espion. Chaque projet bénéficierait des enseignements de l'autre.

J'ai immédiatement commencé à rédiger avec mes collègues de Berkeley une proposition pour une double expérience cosmologique à bord de satellites Explorer. La première expérience ferait une carte du fond de rayonnement cosmologique pour en rechercher les insaisissables rides. La seconde, utilisant un gros instrument, mesurerait le spectre de ce rayonnement pour déterminer s'il s'agissait vraiment d'une relique du big bang présentant un spectre thermique de corps noir. Je pensais que la petite expérience aurait plus de chance de gagner la compétition avec les propositions des équipes rivales, aussi nous sommes-nous focalisés dessus. L'instrument destiné à mesurer le spectre devenait si gros que nous décidâmes de le proposer comme une mission indépendante, un satellite que la navette spatiale mettrait en orbite.

Pour nos instruments, l'intérêt d'être au-dessus de l'atmosphère était énorme. D'abord, il n'y aurait pas de bruit atmosphérique pour interférer avec les instruments, et pas de mauvaise météo qui interromprait l'expérience. Nous pourrions observer à n'importe quelle longueur d'onde, sans que l'absorption par l'atmosphère y fasse obstacle. Les étalonnages seraient facilités par l'absence de condensation ou de gel. En orbite, le satellite balaierait automatiquement le ciel, tout en étant dans un environnement plus facile à contrôler et de température plus uniforme que n'importe où sur Terre. La durée d'observation possible en orbite serait très largement suffisante pour obtenir la sensibilité requise. Tout irait bien mieux dans l'espace.

J'élargis nos relations avec Ball Brothers Research Corporation, avec qui nous avions travaillé sur le satellite HEAO (observatoire astrophysique de haute énergie), qui était un prolongement de notre programme de recherche d'antimatière dans les rayons cosmiques avec les ballons. J'entrai aussi en relation avec Hughes Aircraft Spacesystems et avec Aerojet Electrosystems (en particulier une équipe dirigée par Herb Pascalar). J'avais besoin de l'expertise de ces trois compagnies pour apprendre à passer des instruments sur ballon ou sur avion à une version spatiale. Faire de la science de cette façon me semblait plus relever d'un dirigeant d'entreprise technologique que d'un chercheur, mais c'était indiscutablement très stimulant intellectuellement. Par exemple, durant la rédaction de la proposition, Tim Tyler de Ball (qui se reconvertit ensuite dans la prospection de l'uranium) développa avec moi une méthode nouvelle qui permettrait de contrôler les performances des instruments, et en particulier les dysfonctionnements, les erreurs systématiques. Une grande part de ce que j'ai fait depuis vingt ans est de poursuivre cet effort en l'améliorant, en parallèle avec la science.

De leur côté, Samuel Gulkis, Mike Janssen, et leurs collègues du Jet Propulsion Laboratory (le JPL) de Pasadena, en Californie, travaillaient sur leur propre proposition. Eux aussi pensaient qu'une petite expérience sur un Explorer aurait une bonne chance d'être acceptée et financée. Ils décidèrent de se concentrer sur une expérience de cartographie du fond de rayonnement cosmologique. Ils n'utilisaient pas un radiomètre différentiel, mais un radiomètre mesurant toute l'énergie, à bord d'un satellite tournant rapidement sur lui-même et placé sur une orbite élevée. C'était une bonne idée, mais en avance sur la technologie alors disponible.

Pendant ce temps, à l'insu de ces deux groupes, Pat Thaddeus mentionnait l'appel d'offres de la NASA à John Mather à New York, et lui suggérait : « Pourquoi ne pas proposer quelque chose ? » John s'associa avec Rainer Weiss et Dirk Muehlner du MIT, David Wilkinson de Princeton et Mike Hauser et Bob Silverberg du Centre spatial Goddard de la NASA, dans la banlieue de Washington. Ils proposèrent un satellite cosmologique, refroidi par de l'hélium liquide, ce qui à l'époque semblait une « idée démente », reconnaît John. « La folie était de croire que nous savions ce que nous faisions. » Leur proposition comprenait une expérience de cartographie du rayonnement cosmologique, analogue à la nôtre, soutenue par David Wilkinson et Rainer Weiss, ainsi qu'un appareil de mesure du spectre du rayonnement, prolongement de l'instrument qui avait permis à John Mather de soutenir sa thèse, et un petit télescope proposé par Mike Hauser pour mesurer le fond de rayonnement infrarouge, reste présumé des plus anciens objets lumineux (sans doute des étoiles ou des galaxies, dont la lumière serait fortement décalée vers le rouge).

La NASA reçut plus de cent vingt réponses de tout le pays. Celles qui concernaient la cosmologie n'étaient qu'une petite minorité, et trois groupes seulement proposaient de lancer un satellite pour mesurer le rayonnement cosmologique, ceux de Gulkis, de Mather et le nôtre. Notre proposition de rechercher les fluctuations du rayonnement ne demandait qu'un petit satellite lancé par une fusée rustique et économique, la Scout. La proposition de Gulkis avait les mêmes impératifs, tandis que celle de Mather exigeait un satellite de luxe.

Ma proposition de satellite de mesure du spectre lancé par la navette spatiale fut rejetée comme trop grosse et trop risquée. Le groupe de Mather, avec son expérience plus réduite de mesure du spectre et son télescope infrarouge, fut prié de rejoindre l'équipe qui préparait à cette époque IRAS, le satellite d'astronomie infrarouge. Il sembla alors que cela allait se terminer par un duel entre le JPL et Berkeley pour savoir quelle proposition serait acceptée. A moins que nos deux groupes ne soient mis en demeure de fusionner : ce genre de mariage forcé était très prisé des hautes sphères de la NASA à l'époque. Avant la finale, le manque de place dans l'équipe IRAS provoqua le rejet sans cérémonie du groupe de Mather, qui se retrouva à chercher une voie vers l'espace. La direction de la NASA décida alors que les trois groupes devraient trouver une forme de compromis. Elle demanda en 1976 à six d'entre nous (Gulkis, Hauser, Mather, Weiss, Wilkinson et moi) d'évaluer et de développer nos idées. Ce groupe d'étude s'étoffa d'autres signataires de nos propositions, et d'ingénieurs et d'administrateurs. Hauser put persuader Mather de quitter New York pour le Centre spatial Goddard et ils arrivèrent à convaincre Goddard de prendre la responsabilité de l'étude du satellite et de sa mission.

Nous avons donc proposé un satellite baptisé COBE (*cosmic background explorer*, l'explorateur du fond cosmologique), portant trois instruments. Nous voulions d'abord utiliser un radiomètre différentiel (DMR, *differential microwave radiometer*), plus sensible que celui que nous avions monté sur l'U-2, pour faire une carte de l'Univers tel qu'il apparaissait 300 000 ans après le big bang et pour y rechercher les germes cosmiques. J'en serais le responsable principal. John Mather dirigerait le projet FIRAS de spectromètre absolu dans l'infrarouge lointain (*far infrared absolute spectrometer*) qui devait mesurer le spectre du fond de rayonnement cosmologique. Le spectre indique l'intensité du rayonnement à chaque longueur d'onde, et sa forme nous dirait si le rayonnement est dû au big bang ou à quelque chose d'autre. Enfin, Mike Hauser dirigerait l'expérience DIRBE de mesure du fond de rayonnement infrarouge *(diffuse infrared background experiment)*. Cette expérience mesurerait la lumière des objets les plus anciens, étoiles primordiales ou galaxies, datant des premières dizaines ou centaines de millions d'années après le big bang.

Le but de COBE, s'il était accepté, serait en fait d'assembler une série de portraits de bébé du cosmos nouveau-né, pris à différents moments pour voir les étapes successives de son évolution. Ce serait une aventure majeure en cosmologie, et certainement un tremplin vers de nouvelles techniques. Nous avions tous une idée claire de la science que nous voulions faire et du défi technologique à relever pour y parvenir. Les officiels de la NASA, de leur côté, avaient une longue expérience des scientifiques dont les idées étaient peu en rapport avec les exigences très strictes que requièrent des instruments appelés à fonctionner automatiquement dans le froid et le vide de l'espace. Avant de s'engager, ils devaient être convaincus que nous savions ce que nous voulions, et nous savions construire les instruments nécessaires. C'était un processus lent.

Six ans passèrent.

A Berkeley, nous continuions nos recherches, nos expériences en ballon sur l'antimatière, nos études du rayonnement cosmologique du haut de la White Mountain, nos vols d'U-2 en Californie et au Pérou. Et nous travaillions avec persévérance sur le projet COBE. Je faisais des allers-retours entre Berkeley et le Centre spatial Goddard, et je constituai un noyau s'occupant de DMR, notre instrument. C'était le début d'une longue aventure. Quand j'étais à Goddard, je partageais mon temps entre le bâtiment 2 à travailler avec l'équipe COBE sur les concepts de la mission, et le bâtiment 19 à la recherche de bons ingénieurs. Les premiers que je rencontrai furent Roger Ratliff et John Maruschak, un duo qui forma le noyau de l'équipe DMR à Goddard. Je leur expliquais les motivations scientifiques de l'expérience et les exigences de DMR, et ils m'expliquaient les contraintes technologiques des missions spatiales.

Notre expérience de l'U-2 et des observations au sol nous avait appris que l'étalonnage de DMR serait le problème principal. Nous ne pouvions courir le risque que DMR ne fonctionne pas correctement une fois sur orbite. La NASA, fort justement d'ailleurs, ne nous l'aurait pas permis. Elle nous demanda avec fermeté de démontrer que le radiomètre modifié fonctionnerait dans des conditions opérationnelles.

La NASA devait avoir un accord avec le destin, car juste au moment où nous commencions à examiner la meilleure façon de tester DMR, une nouvelle alarmante nous pressa de mettre à tout prix l'instrument en orbite le plus vite possible.

En 1981, une rumeur circula en un éclair dans la communauté cosmologique : deux équipes, une américaine et une italienne, auraient fait une découverte capitale, la première détection d'une anisotropie dans le rayonnement cosmologique qui ne soit pas due au mouvement de la Terre. L'équipe italienne était dirigée à Florence par Francesco Melchiorri, et l'équipe américaine par David Wilkinson, le pionnier des recherches sur le rayonnement cosmologique à Princeton. Les deux équipes avaient lancé des instruments suspendus à des ballons, et ils avaient tous les deux détecté une possible preuve d'un quadrupôle cosmique. La nouvelle était stupéfiante.

Un dipôle a deux pôles, le point le plus chaud du ciel et, dans la direction opposée, le point le plus froid, et il résulte de notre mouvement par rapport au fond de rayonnement cosmologique. C'est ce que nous avions détecté avec l'U-2. Un quadrupôle est une répartition des températures sur le ciel avec quatre pôles symétriques, deux chauds et deux froids. Beaucoup de choses peuvent conduire à un quadrupôle, et toutes sont importantes. Par exemple, cela peut indiquer une rotation de l'Univers, ou une expansion plus rapide dans une direction. Un quadrupôle peut aussi être dû au passage d'une onde de gravitation de très grande taille dans notre région de l'espace. Ou encore, possibilité plus mystérieuse, un quadrupôle ou des fluctuations de température avec un nombre plus grand encore de pôles pourraient provenir des rides cosmiques tant cherchées. Il pourrait s'agir des fluctuations primordiales de densité, germes des futures galaxies, laissant leur empreinte sur le fond de rayonnement cosmologique. Les données prises avec l'U-2 n'avaient pas indiqué de quadrupôle, mais le signal révélateur pouvait être plus faible que la sensibilité de nos mesures.

Les équipes de Melchiorri et de Wilkinson auraient donc trouvé le Graal de la cosmologie avant même que nous ayons commencé à nous y attaquer ?

Nous réagîmes avec prudence, et même de manière équivoque. D'un côté nous notions que les données des deux groupes avaient été prises à des longueurs d'onde où l'émission de notre Galaxie apporte une contamination importante. Le quadrupôle pouvait donc n'être qu'une illusion due au rayonnement micro-onde de la Voie lactée elle-même. Mais d'autre part, nous écrivîmes dans un article pour les *Physical Review Letters* qu'une « interprétation naturelle de ce type d'anisotropie serait des fluctuations de densité », ces germes cosmiques tant cherchés.

J'aurais été très content que Melchiorri et Wilkinson détectent ces germes. Après tout, au début des années 80, les cosmologistes commençaient à s'inquiéter sérieusement de l'absence de détection de ces rides. Quand les détecteurs sont devenus plus sensibles, au centième près, ils n'ont trouvé aucune variation de température. Notre expérience avec l'U-2 descendit au millième près, et détecta le dipôle dû à notre mouvement, mais rien d'autre. La sensibilité atteignait maintenant le dix-millième, et rien n'apparaissait encore. La formation des galaxies nécessitait des germes primordiaux, et de ce fait des fluctuations du fond de rayonnement cosmologique. La théorie exigeait ces fluctuations, et l'inflation fournissait le mécanisme pour les engendrer. Leur découverte finale promettait d'être un événement majeur de l'histoire de la cosmologie, et je voulais être celui qui les découvrirait. Pourtant, j'étais prêt à applaudir à leur découverte par d'autres.

Mais avant d'applaudir, nous voulions être sûrs que le quadrupôle nouvellement découvert était réel. J'avais l'intention de continuer l'expérience avec l'U-2 en utilisant un nouveau récepteur plus performant. Notre laboratoire, le Laboratoire de sciences spatiales du LBL, avait construit un récepteur refroidi à l'azote liquide à placer dans notre instrument sur l'U-2. La technologie des récepteurs radio silencieux avait progressé, et refroidir l'instrument diminuait le bruit. Il était naturel de l'essayer et de voir s'il marchait. Avant l'annonce du quadrupôle, j'avais déposé une proposition à la NASA pour utiliser l'U-2, et maintenant j'insistai pour qu'elle fût approuvée et pour que nous pussions vérifier la présence de ce quadrupôle. Il y eut des retards, et je me sentais frustré.

Pendant ce temps, les théoriciens embarrassés poussaient leurs idées dans leurs dernières limites. Ils avaient révisé leurs théories pour tenir compte de l'incapacité à détecter les fluctuations, mais on ne peut modifier une théorie que dans une certaine mesure avant d'atteindre des limites fondamentales. Si l'attraction gravitationnelle formait les structures par condensation sur des fluctuations primordiales de la densité de baryons (la matière ordinaire), alors ces fluctuations devaient être de l'ordre du dix-millième. Si la matière noire était présente et atteignait la densité critique, il était possible de descendre au cent-millième. Il n'était pas possible de descendre beaucoup plus bas si la gravité était responsable des structures, des galaxies aux superamas. Si nous ne trouvions pas de fluctuations au niveau de quelques millionièmes, nous n'aurions plus qu'à baisser les bras et nous en aller, car une nouvelle force serait nécessaire, et nous n'aurions aucune idée de ce qui s'est passé dans l'Univers primordial. Ce serait un nouveau jeu dont nous ne connaîtrions pas les règles.

La nouvelle urgence dans laquelle nous nous trouvions ne nous apporta que de nouvelles frustrations. Le programme COBE fut retardé, en particulier parce que le programme IRAS était lui-même retardé, ce qui produisait des effets en cascade. Pis encore, il n'y avait aucune perspective de placer notre nouveau radiomètre différentiel refroidi à bord d'un U-2 dans un proche avenir. Comment tester l'instrument à la satisfaction de la NASA ?

Il n'y avait qu'une seule possibilité : revenir aux ballons.

Mon expérience passée des ballons, et mon roman d'amour désabusé avec eux, m'auraient incité à choisir n'importe quelle autre possibilité.

Maugréant contre mon destin, je m'appliquai néanmoins avec soin à ma tâche. Nous allions chercher ce quadrupôle supposé sur une longueur d'onde différente, 3 millimètres, là où la contamination par la Galaxie est fortement réduite. Si nous détections le quadrupôle à travers cette fenêtre plus transparente, nous aurions une raison beaucoup plus forte de penser que la cosmologie était au bord d'une découverte cruciale. Même s'il ne s'agissait pas des rides du temps, il s'agirait de toute façon de quelque chose de très important. Nous décidâmes de faire quatre vols de ballons, deux dans l'hémisphère Nord et deux dans l'hémisphère Sud. En séparant de quelques mois les deux vols dans chaque hémisphère, nous pourrions couvrir presque complètement le ciel.

J'avais discuté de ce projet avec John Gibson, notre ingénieur électronicien, et Hal Dougherty, notre sorcier de la mécanique, qui avaient tous les deux travaillé sur l'antimatière et les vols d'U-2. Ils conçurent la nacelle et l'électronique. Il me fallait aussi un bon étudiant. Marc Gorenstein avait terminé sa thèse après l'U-2 et était parti étudier les quasars au MIT. Je trouvai rapidement un étudiant remarquable, Gerald Epstein, diplômé de physique et d'ingénierie électrique au MIT, venu préparer une thèse à Berkeley. Il n'était pas très chaud au départ pour être impliqué dans ce projet de ballon, et je ne peux l'en blâmer. Son but était de devenir analyste en politique scientifique pour le gouvernement, ce qu'il devint puisqu'il est aujourd'hui au Bureau des évaluations technologiques du Congrès. Mais je le persuadai qu'il porterait de meilleurs jugements sur la politique scientifique du pays après avoir fait lui-même de la recherche. Aller sur le terrain, se colleter avec la météo, les gens bizarres, l'équipement excentrique, ou l'analyse des données, lui ouvrirait l'esprit. Il accepta de rejoindre l'équipe, et je pense que l'expérience lui a été profitable.

A ce moment-là, je reçus un coup de fil de Philip Lubin, mon ancien étudiant impliqué dans les vols d'U-2 au Pérou. Il voulait développer un récepteur sur une longueur d'onde de 3 millimètres, refroidi par l'hélium liquide à 4 K (– 269° C). Ce récepteur rendrait l'instrument deux ou trois fois plus sensible que le récepteur refroidi à l'azote liquide que je mettais au point à Berkeley. Nous nous mîmes d'accord pour collaborer sur le ballon.

Nous travaillâmes vite et dur. Je calculai les spécifications et les branchements pour le dewar de l'hélium liquide (un dewar est une grosse bouteille thermos), et j'en commandai un à la société Infrared Labs. Hal Dougherty construisit pour le dewar une sorte de nez avec une fenêtre, pour qu'une de nos antennes puisse voir à travers. La fenêtre était nécessaire car l'extérieur de l'antenne était refroidi par l'azote liquide à 80 K (– 193° C) et l'intérieur par l'hélium liquide à 4 K (– 269° C). A de telles températures, l'air gèlerait sur l'antenne. Gerald Epstein travailla avec Hal Dougherty pour concevoir la structure, et avec John Gibson pour développer l'électronique associée. Nous préparâmes l'expérience pour être certains d'avoir identifié toutes les sources possibles de bruit radio, l'atmosphère, la Lune, la Terre, une longue liste que j'avais rassemblée pour les radiomètres de l'U-2 et de COBE.

Un problème clé était la façon de « basculer » le signal. Un radiomètre différentiel mesure des différences de température entre deux parties du ciel. Nos radiomètres précédents, travaillant à la température ambiante ou refroidis par l'azote liquide, utilisaient des dispositifs électromagnétiques sûrs et fiables. Mais on ne savait pas grand-chose de leur fonctionnement à la température beaucoup plus basse de l'hélium liquide. Nous pensâmes à beaucoup de schémas différents, mais aucun n'était très satisfaisant, et nous avions besoin d'une solution rapide.

Cela nous conduisit au « tranche-salami ». Nos mesures du spectre du rayonnement cosmologique utilisaient des miroirs mobiles en aluminium pour réfléchir le faisceau venant de différentes directions dans le ciel. Nous avions réglé de même le radiomètre différentiel de l'U-2 pour qu'il affiche zéro quand les signaux étaient identiques. Alors j'eus la même idée pour assurer le basculement rapide d'une partie du ciel à une autre, que nécessitait notre nouvel instrument. Nous inclinerions le détecteur de sorte qu'il voie le ciel à 45° du zénith, et nous ferions tourner devant lui un miroir d'aluminium vertical avec des secteurs coupés, un peu comme une hélice. Le faisceau venant sur le détecteur arriverait alternativement de deux parties du ciel séparées de 90° : le détecteur verrait le « vrai » ciel à travers les fentes du cylindre, puis le ciel réfléchi, puis le vrai ciel à nouveau, puis le ciel réfléchi, et ainsi de suite. Ce procédé est appelé un « hachage », et en faisant tourner très vite le miroir, nous hacherions assez vite pour atteindre la sensibilité nécessaire. De plus, la séparation angulaire de 90° nous assurerait la sensibilité maximale pour une anisotropie quadrupolaire, où les pôles chauds et froids sont espacés de 90°.

Un moteur faisait lentement tourner la nacelle (le ballon tournait dans un sens et la nacelle dans l'autre pour ne pas entortiller le parachute). Le faisceau balaierait alors un cercle sur le ciel, et la rotation de la Terre pendant la nuit ferait pivoter ce cercle sur le ciel. Comme toutes les mesures se faisaient à 45° de la verticale, toutes les différences d'intensité dues à des épaisseurs inégales d'atmosphère se compenseraient. Nous pourrions établir la carte du rayonnement. Tout ce qu'il nous fallait était un grand miroir rotatif.

Tout le monde se lança dans la construction du miroir-hachoir. Hal Dougherty découpa un miroir de 60 centimètres de diamètre dans une feuille d'aluminium extrêmement poli et monta l'hélice brillante sur un moteur construit par John Gibson. Gerald Epstein s'occupa de synchroniser la détection du signal et la rotation du miroir. Il construisit aussi le bras mécanique qui nous permettrait de calibrer le détecteur depuis le sol. Chaque fois que ce serait nécessaire, nous commanderions le bras, qui viendrait placer devant le détecteur une petite cible émettant un signal d'intensité connue. Si le détecteur indiquait bien cette intensité, nous saurions que tout se passait normalement. L'ensemble de l'installation fut rapidement assemblé dans le laboratoire. Nous mîmes

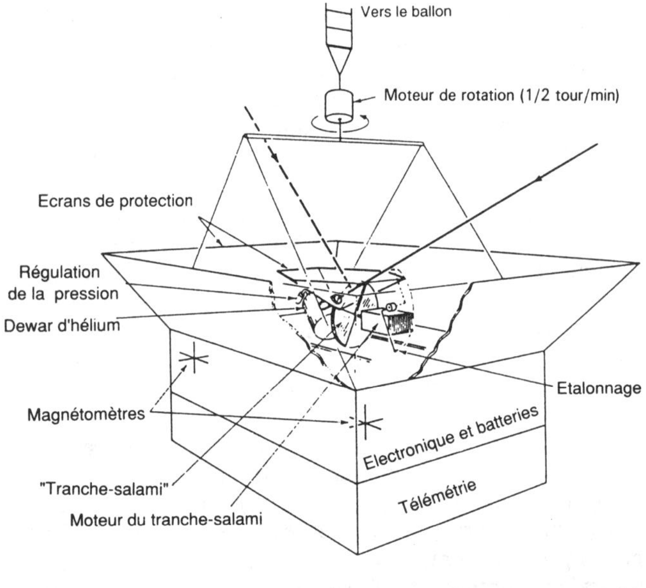

Figure 42. Une vue en perspective de la nacelle du ballon lors du vol au Brésil. Noter le « tranche-salami » (Lawrence Berkeley Laboratory).

le contact, et le miroir commença à tourner de plus en plus vite, jusqu'à se stabiliser à 700 tours par minute. Il ronronnait en coupant l'air, comme un énorme tranche-salami. Une ou deux fois, nous nous approchâmes un peu trop près et nous manquâmes de nous faire décapiter. Nous installâmes alors une barrière de protection, comme un carter de chaîne sur une bicyclette.

Nous terminâmes rapidement le radiomètre, Phil Lubin arriva de Princeton avec son récepteur, et il l'installa avec l'aide de Gerald Epstein dans le dewar, avec l'amplificateur. Quand tout fut prêt, nous remplîmes le dewar d'hélium liquide et nous emportâmes tout l'ensemble, le tranche-salami et le reste, sur le toit du LBL pour les tests. Il marchait parfaitement, il ne restait plus qu'à l'accrocher sous un ballon.

La ville de Palestine, au Texas, n'avait pas beaucoup changé depuis ma dernière visite au début des années 70, quand nous y lancions nos ballons à la recherche de l'antimatière : la population était passée de 14 525 habitants en 1970 à 15 948 en 1980. Elle est située dans le comté d'Anderson, une région plate de forêts dans l'est du Texas, colonisée vers 1840. Un jour, attendant une amélioration de la météo, Gerald Epstein et moi allâmes visiter le vieux cimetière qui se partageait en cinq sections, une par famille fondatrice, toutes de religions différentes. Quelques décennies plus tard, le chemin de fer y arriva, permettant aux éleveurs du Texas d'expédier leur bétail. Aujourd'hui, il est devenu difficile de garder les jeunes à la ferme : tous vont au collège à Houston ou à Austin, ou bien ils trouvent un emploi à la construction du grand accélérateur près de Dallas, le SSC, le supercollisionneur à supraconducteurs. Les gens de passage n'ont pas grand-chose à y faire, mais Palestine s'enorgueillit de bars country and western, et des remarquables gâteaux à la noix de pécan de Lucille. Un boom pétrolier et une autoroute changèrent un peu les choses, amenant à la ville des hommes rudes, et entraînant l'ouverture d'autres restaurants. Les vendredis soir au motel étaient un peu houleux, mais nous n'avons vu qu'une seule voiture dans la piscine.

Palestine accueille le Centre national des ballons, dont le personnel est d'origine locale – cow-boys, enfants du pays, pour qui les ballons étaient une industrie comme une autre, comme l'élevage, le pétrole ou le SSC. Les embaucher était très astucieux, car la première loi de l'art des ballons est que tout ce qui monte redescendra un jour, parfois sur une propriété privée. Il arrive que ce soit la propriété de quelqu'un qui hurle de rage en découvrant un tas de métal tordu et de polyéthylène battant au vent sur son meilleur champ. Et quand un propriétaire en colère téléphone au shérif, une équipe de récupération originaire du pays est indispensable.

La base des ballons est particulièrement active au début de l'été (mai et juin) et au début de l'automne (septembre). Les savants préfèrent lancer leurs ballons à ces moments-là, car les vents de haute altitude s'inversent et, pendant quelque temps, leur vitesse est faible et change irrégulièrement de direction. Les ballons restent alors à peu près au même endroit, et il n'est pas nécessaire de les poursuivre sur des centaines de kilomètres, parfois jusqu'au-dessus du golfe du Mexique, comme il arrive quand les vents dominants sont plus réguliers.

David Wilkinson lançait un ballon porteur d'une expérience d'anisotropie quand nous sommes arrivés à Palestine, en juillet 1981, et il accepta gentiment d'embarquer notre expérience pour une vérification technique. Quatre mois plus tard, après avoir effectué quelques modifications à la suite du premier vol, nous fîmes à nouveau du ballon-stop, cette fois sur un ballon du MIT porteur de l'expérience de Mark Halpern, qui achevait sa thèse de doctorat sous la direction de Rainer Weiss. Après un vol de huit heures à 30 kilomètres d'altitude, la nacelle fut larguée et se posa à l'aube à Mobile, en Alabama. A part la réaction consternée des gens du cru au vu des inscriptions bizarres sur la nacelle « MIT-Berserkeley

Looney Lander[1] », la récupération se passa sans problème, et nous commençâmes à accumuler les données qui permettraient de vérifier l'annonce du quadrupôle.

Le vol suivant fut sans histoire. Nous avions utilisé notre propre nacelle, plus de ballon-stop, et elle décolla le soir du 26 avril 1982 à 7 h 45. Elle monta à 28 kilomètres, dériva vers l'est puis vers le sud, et se posa dans un fossé d'irrigation près de Baton Rouge en Louisiane. Pendant que l'équipe hissait la nacelle hors du fossé, Gerald Epstein récupéra la bande de données, analogue à une cassette audio, et la rangea dans son sac à dos, avec le petit moteur qui faisait pivoter la nacelle. Dans l'ensemble, un vol étonnamment tranquille.

Gerald se réveilla brutalement au milieu de la nuit dans sa chambre de motel. A demi endormi, dans l'obscurité, il imaginait l'intérieur de son sac à dos, avec la bande magnétique et le moteur. Il se rappelait soudain que les moteurs électriques contiennent des aimants, et que les aimants détruisent les enregistrements magnétiques. Il sauta hors du lit, alluma la lampe, fourragea dans son sac et en sortit la bande magnétique. Il n'avait aucun moyen de savoir si les données avaient survécu avant d'être de retour à Berkeley, et de les avoir lues avec l'ordinateur. Il imaginait notre réaction si des mois d'efforts avaient été anéantis par une seule fausse manœuvre.

« J'étais extrêmement nerveux », se rappelle-t-il. « Quand nous sommes revenus à Berkeley et que nous avons analysé la bande, je ne respirais plus, jusqu'à ce que les premiers résultats apparaissent. Tout allait bien. »

Nous n'avons pas eu besoin d'aller très loin dans notre analyse pour nous convaincre qu'il n'y avait aucun signe de quadrupôle. Le dipôle était très net, comme dans nos vols avec l'U-2, aussi étions-nous sûrs que l'équipement

1. Berkeley a souvent été surnommée Berserkeley (*berserk* signifiant fou furieux) en raison de l'activisme militant dont elle a fait preuve dans les années 60, et *looney* (signifiant fou, timbré) ressemble à lunar ; les modules Apollo qui se posèrent sur la Lune s'appelaient Lunar Lander (NDT).

fonctionnait bien et que l'absence de quadrupôle n'était pas une illusion. Mais encore une fois, nous ne pouvions en être certains sans vérifier d'abord le ciel austral. Alors nous avons suivi notre programme, en allant cette fois au Brésil en octobre 1982. Gerald Epstein, Phil Lubin et moi y avons rejoint Thyrso Villela, un étudiant de São Paulo. Notre base d'opérations était São Jose dos Campos, le centre de haute technologie du Brésil où se développait son programme spatial.

Le soir du 19 novembre 1982, notre ballon fut lancé de l'INPE, l'Institut national de recherches spatiales à Cachoeira Paulista. Tous les quatre, nous surveillions les signaux radios du ballon, qui se comporta sans faute durant tout le vol. A l'aube, nous nous préparions à terminer le vol en donnant l'ordre au ballon de larguer la nacelle et son parachute. La nacelle est reliée au ballon par des boulons explosifs, et pour les faire sauter, il faut afficher un code sur un cadran et appuyer sur un bouton. Quand les boulons ont explosé, on surveille l'écran de données pour vérifier que la pression atmosphérique augmente brutalement, indiquant que la nacelle plonge vers le sol.

Mais quand un membre de l'INPE appuya sur le bouton, il ne se passa rien. Il appuya encore, et encore. Toujours rien. Des murmures s'élevèrent. Après tant de travail, et une mission parfaitement réussie, il fallait que cela arrive maintenant ! Le ballon dérivait tranquillement, sourd à nos ordres. Par mesure de sécurité, le ballon avait une minuterie pour déclencher l'explosion, précisément pour ce cas-là. La minuterie ne fonctionna pas non plus.

La vraie tragédie était la perte de la bande de données. Bien que nous puissions tracer une carte partielle du fond de rayonnement cosmologique à partir des données que nous avions recueillies par télémétrie, la bande contenait des données importantes, en particulier l'étalonnage précis. Nous en étions malades, tandis que la nacelle dérivait dans la stratosphère, hors de portée, pendant toute la journée.

Gerald se souvient d'avoir eu des sentiments mélangés sur cette débâcle. A ce moment-là, il avait assez de matériel pour écrire sa thèse avec les données recueillies à Palestine, et il pensait : « Je pourrais finir cette thèse plus vite si cet engin ne retombe pas. » Puis : « Quelle idée horrible ! » Quant à moi je me jurai que ce serait ma dernière expérience en ballon. C'était décidé. Que pouvait-il y avoir de pire qu'un ballon perdu au-dessus de la jungle brésilienne ? Les incertitudes liées au satellite COBE me semblaient alors minimes en comparaison avec l'angoisse physique et mentale due à ces damnés ballons. Plus jamais ça. Moroses, nous nous rassemblâmes autour d'une table pour discuter de la manière de récupérer notre nacelle fugueuse.

Quand la nuit tombe, l'air se refroidit et un ballon se contracte et redescend. De toute façon, il n'allait pas rester éternellement là-haut, le gaz fuyait peu à peu. Les Brésiliens envoyèrent un avion à la poursuite du ballon. Ce fut une réussite pendant une demi-journée, puis le pilote dut se poser pour refaire le plein et boire un verre. La nuit tomba, et comme l'aérodrome n'était pas éclairé, il ne pouvait plus décoller en sécurité. Il protesta, mais le directeur des vols de l'INPE s'y opposa. Avec l'obscurité grandissante, il ne voulait pas risquer de perdre un pilote.

Cette nuit-là, nous perdîmes le signal de télémétrie du ballon. Il était probablement retombé au sol. Nous examinâmes données météo et cartes géographiques pour estimer son point de chute. D'après la direction des vents, il avait dû tomber très à l'ouest. Heureusement, la nacelle possédait une balise radio. Le matin suivant, nous louâmes donc un hélicoptère et des avions pour rechercher notre ballon. Les pilotes quadrillèrent la jungle toute la journée, à la recherche de son enveloppe blanche et à l'écoute de son signal radio. Ils ne virent rien, n'entendirent rien. Ils recommencèrent le lendemain, puis le surlendemain. Toujours rien. Les batteries de la radio étaient maintenant à plat.

Phil Lubin retourna aux Etats-Unis, Gerald Epstein et moi attendîmes sur place. Mais toujours pas de ballon. Nous imprimâmes des affiches promettant une récompense, et nous fîmes le tour de la région en les collant sur des panneaux, des poteaux télégraphiques, et jusque dans l'aéroport de São Paulo, en espérant que pilotes et passagers ouvriraient l'œil. Elles ressemblaient aux vieilles affiches « Wanted » du Far West, offrant 450 000 cruzeiros (10 000 francs) pour des informations sur le ballon. Nous devrions nous débrouiller pour trouver de l'argent si quelqu'un nous rapportait la nacelle. Mais personne ne trouvait quoi que ce soit, pas le moindre fragment de polyéthylène. C'était le même désastre qu'à Aberdeen, sauf que cette fois nous avions tout perdu. Je compris ce que l'équipe avait dû ressentir quand HAPPE était retombé dans l'océan.

Au bout de six semaines, les autorités brésiliennes arrêtèrent les recherches, et nous rentrâmes à la maison. Nous trouvâmes Phil Lubin complètement désespéré. Il avait été beaucoup moins secoué des années auparavant par l'accident d'Aberdeen. Plus jeune, étudiant, il était grisé par la tension et l'agitation. Mais âgé maintenant de trente ans, il ne trouvait plus cela très drôle. Perdre un ballon était une épreuve enrichissante pour un jeune homme. Mais perdre *deux* ballons était un désastre. Sa carrière était liée à cette expérience. Pourquoi s'était-il laissé entraîné dans cette folle aventure. Cela ne faisait que confirmer ce que je savais déjà au sujet des ballons, mais je n'avais pas abandonné cette technique.

De retour en Californie en décembre 1982, nous fîmes le point. Malgré la perte du ballon, nous pouvions nous estimer satisfaits des résultats du projet. Nos données, malgré l'absence de celles de l'hémisphère austral, indiquaient que l'annonce d'un quadrupôle n'était pas justifiée. C'était une déception pour les deux équipes qui l'avaient proclamé, mais cela nous rouvrait la quête du Graal.

Il était au moins aussi important que nos vols aient montré que les détecteurs refroidis fonctionnaient, et la NASA pourrait nous donner le feu vert. La version refroidie serait plus sensible que le radiomètre proposé au départ, suffisamment pour découvrir les germes primordiaux des structures cosmiques. La cosmologie avait beaucoup progressé depuis le milieu des années 70, quand COBE avait été proposé. Les théoriciens étaient arrivés à la conclusion que les fluctuations pouvaient être beaucoup plus faibles qu'on l'avait d'abord supposé. Une sensibilité accrue était donc essentielle.

Il me fallait convaincre des bienfaits des détecteurs refroidis les deux autres responsables de COBE, John Mather et Mike Hauser, puis l'ensemble du Groupe de développement scientifique, et enfin les ingénieurs du Centre Goddard de la NASA. Je rassemblai des informations, écrivis des mémorandums et présentai mes idées. Arrivant à rallier le groupe des scientifiques à mon point de vue, il me fallait séduire et amadouer les ingénieurs de Goddard. Ils étaient conservateurs, réticents au changement, et leur expérience leur avait appris que le mieux est l'ennemi du bien. Mais je persévérai.

Finalement, pour tester la sincérité de mes convictions, ils me proposèrent un marché diabolique : « Nous ne pouvons pas tout changer pour installer des détecteurs refroidis et être prêts pour le lancement. Si vous abandonnez une des quatre fréquences prévues pour le radiomètre, nous en refroidirons deux. Nous en garderons une telle qu'elle était prévue au départ, pour être sûrs qu'une au moins marche bien. » Je ne voulais pas abandonner un quart de l'expérience, mais ils tenaient bon. Alors, j'acceptai d'abandonner la fréquence la plus basse, celle qui risquait le plus d'être contaminée par une interférence d'origine galactique. En échange, ils consentirent à refroidir les deux canaux de haute fréquence, ceux qui offriraient la vue la plus claire sur l'Univers lointain. La direction de la NASA accepta d'installer le radiomètre à basse fréquence (19 gigahertz, soit une longueur d'onde de 1,5 cm) sur un ballon, pour faire une carte de l'émission de la Galaxie. Le ballon fut financé et confié au groupe de Princeton, celui de David Wilkinson, David Cottingham, Ed Cheng et Steve Boughm. Ainsi commença le développement des radiomètres refroidis de COBE, développement qu'il fallait mener au pas de charge.

Plus d'un an après notre retour les mains vides du Brésil, je reçus en janvier 1984 un appel téléphonique. Les autorités brésiliennes avaient retrouvé notre ballon ! J'étais surpris, mais très heureux, et je prévins Gerald Epstein et Thyrso Villela, qui était venu passer deux ans à Berkeley pour préparer un doctorat sur les données du vol brésilien (nous avions passé deux mois à remettre en forme les médiocres enregistrements obtenus par télémétrie, et nous étions en train de les analyser). J'appelai Phil Lubin, qui fut stupéfait de la nouvelle. Il avait réussi à survivre au désastre, et il avait changé de sujet de recherche, mais voilà que le passé revenait le hanter. La NSF, la Fondation nationale pour la science, nous finança un voyage éclair au Brésil.

Quelques jours plus tard, Phil et Thyrso s'envolaient donc pour le Brésil, sans savoir ce qu'ils allaient trouver ni dans quel état serait l'instrument après quatorze mois dans la jungle. Qu'était-il arrivé à la bande de données ? Si elle avait survécu à la chute, aurait-elle survécu à la chaleur humide, la pluie, les insectes voraces et les champignons ?

Le 3 février, les Brésiliens de São Jose dos Campos rencontrèrent Phil et Thyrso, et ils les conduisirent à une petite ville éloignée, Tapiraí, près du point de chute du ballon. C'était à plus de 100 kilomètres du point de chute présumé. La région de Tapiraí est peu peuplée, et les habitants survivent comme ils peuvent, par exemple en fabriquant du charbon de bois dans des cavernes. La ville même de Tapiraí n'a que quelques rues, des boutiques, des masures. Thyrso demanda à plusieurs personnes si elles avaient vu un ballon. Bien entendu ! On ne parlait que de cela en ville ! La nacelle était tombée tout près. Ils montrèrent la direction : une réserve forestière habitée seulement par les braconniers et les animaux sauvages.

Peu à peu Thyrso rassembla les morceaux de l'histoire. Un jour, à la fin de l'année précédente, un braconnier avait pénétré dans la réserve. La jungle était dense, avec sa cacophonie de bruits bizarres. Il avait coupé quelques jeunes palmiers pour en extraire le cœur qui se vendait bien au marché noir. Il lui fallait être discret, bien sûr, car il risquait une forte amende ou la prison s'il était pris. Et tout à coup, il tomba sur quelque chose qu'il n'avait encore jamais vu. Une sorte de voile miroitant, très haut dans les arbres. Du voile pendait un énorme récipient carré, plusieurs mètres au-dessus du sol. Il semblait métallique. Il le regarda de longues minutes, tournant autour, se demandant ce qu'il devait faire. Peut-être l'objet venait-il de l'espace ? Finalement, la crainte, la surprise mêlée d'effroi, le poussèrent à s'en aller avec son sac rempli de cœurs de palmier. Il garda le secret : s'il en parlait à quiconque, cela reviendrait aux oreilles des autorités, qui sauraient qu'il était allé braconner dans la réserve. Mieux valait le silence.

Mais un jour, dans un bar de Tapiraí, il but un peu trop, et il se mit à parler d'un objet étrange dans la forêt. Au début, les autres clients sourirent, puis ils écoutèrent avec attention. L'histoire se répandit, un policier du coin en entendit parler et il alla faire un tour dans la réserve, cherchant quelque chose sortant de l'ordinaire. Et il trouva : une énorme coupole blanche accrochée dans les arbres à 30 mètres du sol, d'où pendait une nacelle au bout de longs câbles. Il reconnut tout de suite un ballon, retourna rapidement en ville et contacta les autorités militaires. Les militaires vérifièrent dans leurs archives et comprirent qu'il s'agissait du ballon manquant depuis novembre 1982.

Les habitants de Tapiraí savaient alors qu'il ne s'agissait pas d'un objet extraterrestre, et ils allèrent sans crainte dans la forêt décrocher la nacelle des arbres. Ils l'ouvrirent et retirèrent les composants, les pièces électroniques, les bricoles brillantes, tout ce qui semblait beau ou intéressant. Ils pillèrent tout, rapportant fièrement leur butin à la maison. Un journal local titra sur le visiteur exotique, avec une photo. D'une façon ou d'une autre, le braconnier apprit que Phil et Thyrso venaient récupérer la nacelle, et il retourna dans la forêt avec sa petite idée.

A leur arrivée à Tapiraí, Phil et Thyrso se rendirent au bar local, où ils virent exposés comme des curiosités le tranche-salami, le dispositif qui basculait le faisceau de rayonnement d'une direction à une autre, et le dispositif d'étalonnage. Phil raconte : « Nous avons payé quelques tournées, et nous sommes repartis avec les pièces sous le bras. Puis nous avons fait du porte-à-porte pour récupérer les autres pièces. A la quincaillerie, nous avons retrouvé le socle du tranche-salami utilisé comme pied de lampe. Une partie de l'électronique avait déjà trouvé place dans les radios de la police locale. »

Puis Phil et Thyrso essayèrent de rencontrer le braconnier, mais il n'était plus en ville. Ils trouvèrent ses copains, qui leur dirent où trouver la nacelle. Un résident du cru avait un camion et leur offrit de les emmener sur place. Le matin du 6 février, ils partirent à sept dans la réserve. Il avait beaucoup plu, et la route n'était que de la boue. Parfois le camion dérapait, et tout le monde descendait pour le pousser. La boue éclaboussait tout, le camion faisait une embardée, ils remontaient à bord, pour recommencer un peu plus loin.

Finalement ils arrivèrent littéralement au bout du chemin. Ils virent la hutte du braconnier, mais il n'était pas là. Ils abandonnèrent le camion couvert de boue et pénétrèrent à pied dans la forêt. La marche était tranquille, à part le plaisir que prenaient les gens du cru à raconter des histoires sur les serpents géants mangeurs d'hommes. Enfin ils virent le plastique blanc du ballon et le parachute orange et blanc étalés sur les arbres. En s'approchant, ils cherchèrent la nacelle, elle avait disparu. Mais le braconnier, lui, était là, tranquillement assis sur le sol à tailler une branche de palmier.

Une conversation en portugais suivit à toute allure, tandis que Phil restait à côté, ahuri. Le braconnier expliquait à Thyrso que ses amis en ville l'avaient prévenu que les savants allaient venir réclamer leur machine volante. Il n'avait pas l'intention de l'abandonner, pourquoi le ferait-il ? C'est lui qui l'avait trouvée, non ? Et puisqu'on lui demandait de se séparer de son bien, ne méritait-il pas une compensation ? Phil commençait à comprendre ce qui se passait. Le braconnier dit qu'il avait caché la nacelle et qu'il voulait négocier. Il exigeait trois choses. D'abord 3 000 dollars, en monnaie américaine (15 000 francs), ce qui représentait plusieurs fois le revenu annuel moyen au Brésil. Ensuite, il voulait passer à la télévision. Enfin, il voulait une interview dans un grand journal brésilien. Il avait apparemment perdu toute crainte vis-à-vis des autorités de la réserve.

Phil répliqua, traduit par Thyrso, que la première demande était inacceptable, et que les deux autres étaient hors de leur pouvoir. D'autres négociations en portugais rapide s'ensuivirent. Le braconnier soupira, tourna le dos et partit vers sa hutte. Il les forçait à abattre leur jeu, et Phil était furieux.

Entre-temps, l'un des membres du groupe remarqua une piste qui s'enfonçait dans la forêt et la suivit. Au bout de 1 kilomètre environ, il trouva la nacelle. Toujours en colère, mais heureux d'avoir récupéré la nacelle, Phil donna 500 francs au braconnier et lui promit que son nom apparaîtrait dans un journal américain (nous avons effectivement publié un article dans le journal de l'université de Berkeley). C'était de toute façon nettement moins que la récompense de 10 000 francs que nous avions promise deux ans auparavant : Phil pouvait donc estimer avoir fait une bonne affaire.

Nous finîmes par retrouver les pièces principales de l'instrument, un peu corrodées par une année dans la forêt. De manière surprenante, le dewar était intact et toujours sous vide, et il est encore utilisé aujourd'hui. La pièce la plus importante était l'enregistreur à cassettes, qui contenait les données importantes que nous ne pouvions pas reconstituer à partir de celles obtenues par télémétrie, en particulier un étalonnage très précis qui n'avait été fait que durant ce vol. La bande magnétique était couverte de moisissures vertes, mais nous pûmes la lire sur ordinateur. Incroyablement, 98 % des données étaient utilisables ! Elles confirmaient ce que l'hémisphère Nord nous avait appris : pas de quadrupôle.

Il était clair que l'anisotropie du fond de rayonnement cosmologique, les rides de la création, était beaucoup plus difficile à détecter qu'aucun de nous ne l'avait supposé. A la fin des années 60, les théoriciens pensaient que l'anisotropie serait relativement simple à déceler, peut-être de l'ordre de un dixième du fond. C'est ce que j'espérais faire dans les années 70, mais au milieu des années 80, la sensibilité des instruments atteignait 1 dix-millième, et les germes nous échappaient encore. Nous approchions rapidement de la limite de résolution possible à l'intérieur de l'atmosphère terrestre. Si les germes existaient vraiment, s'il ne s'agissait pas d'une terrible erreur des théoriciens, notre meilleur espoir était de les chercher depuis l'espace, avec le satellite COBE.

La NASA avait finalement accepté notre proposition, avec une importante modification. Nous avions recommandé de lancer COBE avec une fusée classique Delta, mais au début des années 80 la NASA voulut abandonner toutes les fusées classiques pour les remplacer par la navette spatiale, réutilisable et pilotée. Quoiqu'une mission pilotée nécessite une sécurité accrue, la navette semblait nous ouvrir la route de l'espace et nous étions heureux de voler avec.

Chapitre XI

COBE : LE REGAIN

Mardi 28 janvier 1986 : beaucoup de gens se souviennent où ils étaient ce jour-là. Je m'en souviens.

Ce devait être un jour de gloire dans l'histoire du programme spatial américain, pour deux raisons. Au Jet Propulsion Laboratory de Pasadena en Californie, les savants dirigeaient le survol réussi d'Uranus, la plus lointaine planète jamais atteinte, par la sonde Voyager 2. Et sur la côte Est des Etats-Unis, Christa McAuliffe, la première institutrice à partir pour l'espace, se trouvait au sommet de la navette Challenger sur le pas de tir 39B du Centre spatial Kennedy de cap Canaveral, en Floride. Six autres membres d'équipage l'accompagnaient, dont un Afro-Américain, un Asiatique, une autre femme : un équipage d'une diversité ethnique et sexuelle inhabituelle. L'avenir de la navette s'annonçait brillant. Malgré ses limitations techniques et son coût très élevé, elle avait déjà rempli sa tâche de « garage de l'espace » en réparant des satellites. Elle était destinée à assembler quelques années plus tard la station spatiale, et peut-être des structures plus grandes, des vaisseaux pilotés vers la Lune ou vers Mars. Qui pouvait deviner ce que l'avenir avait en réserve ? Le voyage dans l'espace semblait devenu facile, « comme de prendre le train », disait-on. Deux membres du Congrès étaient déjà allés dans l'espace, le célèbre chroniqueur de la télévision Walter Cronkite pourrait être un des prochains passagers. COBE, l'explorateur du fond de rayonnement cosmologique, devait être lancé deux ans plus tard.

Comme beaucoup d'Américains, j'avais prévu de suivre à la télévision le lancement, prévu pour 9 heures du matin, heure de Floride, soit 6 heures du matin, heure de Berkeley. Je me levai tôt pour regarder le lancement, et je me préparai pour ma journée en gardant un œil sur le compte à rebours. La navette avait déjà effectué une vingtaine de vols, aussi ce lancement aurait dû être de la routine. Mais la composition inhabituelle de l'équipage lui redonnait de l'intérêt. Il faisait particulièrement froid en Floride, et du givre se formait par endroits. Certains ingénieurs déconseillèrent le lancement, estimant que la température était en dessous de la zone de sécurité. Mais les hauts responsables de la NASA étaient soumis à forte pression pour que les vols de navette suivent le programme prévu et, avec toute la publicité faite autour de l'institutrice Christa McAuliffe, ils décidèrent le lancement. Il y eut quand même un retard, et je ne pouvais pas attendre plus longtemps. Je partis travailler vers 8 h 30.

A 8 h 38, le compte à rebours se termina par... trois... deux... un... zéro – feu ! Personne ne remarqua ce qui apparut plus tard sur les bandes vidéo, une bouffée de fumée noire à la base de l'un des moteurs auxiliaires. La fumée devint rapidement une petite flamme. Les moteurs crachèrent feu et flammes, et la navette s'éleva lentement. La foule criait d'excitation. La navette montait de plus en plus vite et s'inclinait dans sa course en laissant une traînée blanche. Soixante-sept secondes après le décollage, la navette à peine visible fut soudain engloutie dans une boule de fumée orange et blanche, et la traînée blanche s'inclina vers le sol. Ne sachant pas exactement à quoi s'attendre, la foule applaudit avec un peu d'hésitation, pensant que c'était une étape normale de l'ascension. L'énorme réservoir ventral explosa, libérant 100 000 litres d'hydrogène liquide. Un des moteurs auxiliaires se détacha, se mit à tournoyer, heurta le réservoir d'oxygène liquide et le fit éclater. L'hydrogène et l'oxygène se rencontrèrent, et le mélange détonna.

La navette Challenger avait tragiquement explosé.

Je mets vingt minutes pour monter de chez moi au laboratoire, ce qui me laisse le temps de penser à la journée qui s'annonce. Ce jour-là, je devais vérifier les données de l'étalonnage du radiomètre différentiel. C'était une partie du long travail de préparation de notre instrument pour le lancement de COBE, prévu selon les derniers plans de la NASA pour la fin de 1988. L'équipe de DMR, motivée par les buts scientifiques et par le défi technique, commençait à se souder, mais il y avait encore quelques frictions et quelques épreuves difficiles devant nous. Je pensais que si les tests du premier radiomètre se passaient bien, tout irait mieux ensuite. Je repensais à la foule attendant le lancement de Challenger ce jour-là, la dernière chose que j'avais vue à la télévision avant de partir. Un jour, me disais-je, je serai dans une foule semblable, dans l'attente du couronnement de quinze ans d'efforts scientifiques.

En arrivant au laboratoire, je me rendis compte qu'il y avait quelque chose d'anormal. Des gens s'attroupaient dans les couloirs, dans les bureaux, autour des radios et des quelques postes de télévision. Pendant mon bref trajet vers le laboratoire, sept astronautes étaient morts.

J'étais assommé. Nous l'étions tous. Nous pleurions les astronautes. La tragédie de l'accident dominait tout, mais peu à peu les conséquences pour COBE commencèrent à nous apparaître. Notre projet reposait sur un lancement par la navette. Mais la NASA allait probablement en suspendre les vols, pendant un certain temps en tout cas. Je dois dire que je croyais naïvement que le retard ne serait pas très long, mais je fus rapidement détrompé de cette illusion. La NASA suspendit *sine die* tous les vols de navette, tandis que les enquêteurs examinaient des kilomètres d'enregistrements, que les ingénieurs se plongeaient dans les données de télémétrie, et que les équipages de la marine sondaient l'océan pour retrouver les débris de la navette.

Avec une navette perdue et les trois autres clouées au sol, le programme de la NASA n'existait plus. Rien ne volait. Impossible de dire de combien le lancement de COBE serait retardé : peut-être des années. Cela pouvait être pis encore. Déjà, avant le désastre, la navette volait moins fréquemment que prévu, et les clients tant civils que militaires bouillaient d'impatience dans la file d'attente. Nous n'avions aucune idée de la date de reprise des lancements, mais quand cela arriverait il y aurait beaucoup de gens plus prioritaires que nous. Les satellites militaires, et les énormes projets scientifiques très coûteux comme la station orbitale Freedom, la sonde Galileo ou le télescope spatial Hubble, feraient des pieds et des mains pour embarquer sur une navette. Le lancement de COBE pourrait être repoussé jusque dans les années 90, et trouver une place risquait d'être alors encore plus difficile. A ce moment-là, des vols fréquents de navette seraient nécessaires pour emmener les astronautes construire la station orbitale Freedom. Il était parfaitement clair que COBE, projet de taille moyenne ayant peu de soutien politique et peu de publicité médiatique, risquait de sombrer dans la panique de la réorganisation.

Pendant que la plupart d'entre nous tentaient d'évaluer comment le désastre allait nous toucher, Dennis McCarthy, le directeur adjoint du programme COBE, prit les choses en main. Le lendemain de l'explosion de la navette, il convoqua une réunion des responsables de COBE. Tous les visages étaient sombres autour de la table, et il déclara brutalement : « Je pense qu'on ne lancera jamais de navette depuis la Californie. Il nous faut trouver un autre lanceur pour notre machin. » Quelque chose dans le comportement de McCarthy nous remua, nous sortit de notre inertie et commença à nous laisser croire que, oui, il devait y avoir un moyen de contourner cette horreur. Des suggestions furent présentées et nous nous mîmes au travail. Nous ne pouvions pas le prévoir à l'époque, mais ce fut le début de la période la plus intense et la plus enrichissante du projet COBE : le moral de l'équipe était galvanisé par l'idée de se mesurer à une épreuve très dure. L'accident de Challenger, malgré son caractère tragique, stimula l'équipe de COBE d'une façon extraordinaire.

Nous prîmes conscience qu'il nous fallait trouver une autre fusée, et vite, car très peu étaient disponibles : six

Titan 34D, treize Atlas (dont trois avec un second étage Centaur) et trois Delta, c'est tout ce qui restait, et d'autres utilisateurs de l'espace pouvaient les récupérer du jour au lendemain. Nous ne pouvions pas utiliser n'importe quelle fusée, il fallait qu'elle soit compatible avec la taille, le poids et les objectifs de la mission de COBE, ou à la rigueur qu'elle accepte une version redessinée de COBE. Nous devions penser à redessiner le satellite et à le faire accepter par les niveaux supérieurs de l'administration, à la fois à Goddard et à la direction de la NASA. Nous posâmes deux règles de base : d'abord les objectifs scientifiques ne devaient pas être compromis, dans toute la mesure du possible ; ensuite la date de lancement prévue devait être maintenue, car toute semaine de retard augmentait le coût du projet et le rendait plus difficile à défendre. Ce fut une année de réunions interminables et parfois désespérantes.

L'insistance que mettait McCarthy sur la nécessité de trouver une fusée fut vite justifiée. Trois mois après l'accident de Challenger, des rumeurs persistantes affirmaient que l'armée de l'air allait arrêter la construction de la seconde base de lancement de navettes, prévue sur la base aérienne de Vandenberg, dans le sud de la Californie. Or, nos objectifs scientifiques imposaient que COBE fût placé sur une orbite polaire, et ce n'était possible qu'à partir de la Californie. Si la menace de l'armée de l'air se concrétisait – ce qui arriva –, nous aurions un satellite impossible à lancer. De toute façon, la suppression de la base de navettes à Vandenberg devint une question académique, car la NASA annonça qu'en tout état de cause COBE n'aurait pas de place sur la navette après la reprise des vols. Grâce à McCarthy, nous avions déjà cherché des solutions de rechange.

Au milieu de la consternation croissante, j'avais une perspective réjouissante : un voyage en Amérique du Sud, et une croisière dans le Pacifique. En mars 1986, la comète de Halley revenait près de la Terre, comme tous les soixante-seize ans. J'avais accepté de donner une conférence au cours d'un voyage en Equateur et d'une

« croisière de la comète » autour des îles Galápagos. Les passagers avaient payé leur billet des dizaines de milliers de francs.

Les comètes malheureusement ne tiennent pas toujours leurs promesses, et Halley se révéla très peu lumineuse lors de ce passage près du Soleil. Personne ne semblait s'en soucier sur le navire : le voyage était si romantique, les étoiles si belles et les conférences si intéressantes (je l'espère !), que le voyage fut magnifique malgré la décevante exhibition de la comète. Chaque nuit, les passagers admiraient la comète, les Nuages de Magellan et le ciel austral spectaculaire. Leur enthousiasme me rafraîchit et me réconforta. Je voyais combien ces gens étaient impressionnés par ce qui se passait dans le ciel, au point de payer très cher pour l'apprendre. Et moi, c'était mon travail quotidien, et je réalisai combien j'étais privilégié. Cette pensée me remonta le moral, pendant que je plissais les yeux pour apercevoir la comète, une faible lueur au-dessus des vagues sombres.

Le nom de la comète honore l'astronome Edmund Halley qui anticipa beaucoup des idées de la cosmologie moderne. Il découvrit le « paradoxe d'Olbers » (qu'Olbers redécouvrit quatre-vingt-quatre ans après la mort de Halley en 1742). Il montra aussi pour la première fois que les étoiles ne sont pas fixes mais se déplacent. Cette découverte fut une étape importante conduisant à l'abandon d'un cosmos statique pour le concept actuel de cosmos dynamique, en évolution. La plus célèbre contribution de Halley est d'avoir utilisé la mécanique céleste de Newton pour calculer l'orbite de la comète et prévoir son retour pour décembre 1758. Quand elle revint effectivement, seize ans après sa mort, l'Europe de l'âge des lumières fut enthousiaste : la raison humaine avait triomphé de la nature.

La prédiction de Halley fut la première vérification spectaculaire de la théorie de Newton, que toute personne cultivée pouvait apprécier. Sous le pseudonyme « Astrophilus », un Anglais en tirait gloire dans le *Gentleman's Magazine* : « Je ne puis que féliciter mes compatriotes d'un événement si glorieux pour la doctrine newtonienne de la gravité, et célébrer la mémoire de cet excellent philosophe, le Dr Halley. Qu'il soit toujours rappelé que la première prédiction d'un tel événement, et avec précision encore, est due à un Anglais. » Un autre écrivit : « Par l'apparition de la comète à ce moment, la vérité de la théorie newtonienne du système solaire est démontrée et emporte la conviction du monde entier, et le crédit des astronomes est complètement établi, loin au-dessus des moqueries et des ricanements des ignorants. » Il est vrai que la nature des comètes allait rester mystérieuse jusqu'à une époque récente. Du temps de Halley, certains voyaient dans les comètes le séjour des damnés, et quand en 1910 la Terre traversa la queue de la comète de Halley, beaucoup craignaient que la Terre en fût empoisonnée. Même ainsi, la grande prédiction de Halley démontra de façon apparemment définitive que la gravitation régit les cieux.

Mais les régit-elle encore en 1986 ? Peu de cosmologistes peuvent regarder la carte en trois dimensions des superamas de galaxies, établie par Margaret Geller et John Huchra, sans se demander si la gravitation n'a pas trouvé plus fort qu'elle. Peut-elle avoir causé à elle seule ces immenses structures massives dans les 15 milliards d'années qui ont suivi le big bang ? Un autre facteur inconnu était peut-être nécessaire pour expliquer l'origine d'une telle extravagance ? Si jamais nous arrivions à lancer COBE, il apporterait peut-être la réponse. La détection de variations de température dans le fond de rayonnement cosmologique, empreinte des germes cosmiques présents 300 000 ans après le big bang, confirmerait que la gravitation peut être responsable des structures connues de l'Univers. Si nous ne détections pas de germes, nous saurions qu'il faut chercher ailleurs.

A la fin de la croisière, la comète de Halley arrivant bien à propos, j'avais repris de l'énergie, et j'étais prêt à me remettre au travail.

COBE était toujours un satellite sans lanceur, et nous étions toujours à la recherche d'une fusée convenable. Des différents modèles possibles, les Atlas et Atlas-

Centaur étaient éliminés car la base de Vandenberg ne disposait d'aucun pas de tir pour ces fusées. On pouvait envisager d'utiliser une fusée Delta, à condition de redessiner complètement le projet et d'en réduire la taille de moitié. Une fusée Titan était préférable : la place disponible était suffisante pour contenir la version actuelle de COBE moyennant quelques modifications mineures. L'inconvénient était son prix : plus de 1 milliard de francs.

Le destin a un étrange sens de l'humour, comme nous l'avons découvert en première page du *New York Times* le 19 avril : « Une fusée Titan explose au-dessus de la base de Californie. » Une Titan 34D militaire avait été lancée de Vandenberg et avait explosé quelques secondes après en une grosse boule de feu orange, déversant des gaz toxiques sur plusieurs kilomètres carrés. Plus de cinquante-huit personnes furent soignées pour des irritations de la peau et des yeux, les enfants des écoles durent rester dans les salles de classe jusqu'à ce que le nuage soit passé. En plus, le pas de tir était détruit. Cela refroidit notre désir d'utiliser une Titan pour COBE.

Quinze jours plus tard, une fusée Delta de 40 mètres, porteuse du satellite météo GOES-G, se dressait sur son pas de tir en Floride. C'était le premier lancement de la NASA depuis Challenger, un effort pour regagner la confiance du public et montrer que la NASA possédait encore l'Etoffe des Héros. « Nous devons nous souvenir que nous avons eu des succès spatiaux », déclarait le chef de la NASA, William Graham. La Delta s'élança vers le ciel. Soixante-dix secondes après, le moteur principal s'arrêta et la fusée bascula hors de contrôle. Pour éviter qu'elle retombe sur des lieux habités ou sur des navires en mer, un contrôleur au sol pressa sur un bouton pour la détruire en vol. Le *New York Times* titra : « Une troisième fusée américaine échoue, désorganisant le programme spatial. »

L'industrie aérospatiale était « en plein chaos », déclarait un haut responsable de la firme McDonnell-Douglas, le constructeur des Delta. « C'est la confusion, il n'y a aucune possibilité de lancement maintenant, et cela va durer plusieurs années. » Plusieurs années ! C'était la dernière chose que nous souhaitions entendre alors que nous nous battions pour sauver COBE. L'explosion de la fusée Delta était particulièrement surprenante, car elle était considérée comme l'une des plus fiables de la panoplie américaine. D'horribles rumeurs circulèrent, on parla de sabotage « télécommandé d'une source extérieure ».

En désespoir de cause, nous envisageâmes d'utiliser la fusée française Ariane, le cheval de bataille de l'Agence spatiale européenne. Ariane s'était bâti une réputation de lanceur fiable, malgré quelques accidents spectaculaires. Comme la base de lancement de Kourou est en Guyane, il faudrait y transporter le satellite, mais c'était un ennui mineur. « Nous avons parlé deux ou trois fois avec les Français, se rappelle un des membres de COBE, mais quand la NASA l'apprit, elle nous ordonna d'arrêter toutes ces discussions, et elle nous menaça physiquement si nous refusions. » L'honneur national était en jeu. Avec toute la vague de contre-publicité, la NASA ne voulait pas qu'un projet de recherche important se précipite pour solliciter l'aide des Français. Aucune promesse ne nous fut faite, mais nous espérions à nouveau qu'une fusée américaine soit disponible.

La possibilité la plus excitante, la mission de rêve, eût été de lancer COBE à beaucoup plus haute altitude que prévu. Entre la Terre et la Lune, il existe plusieurs positions privilégiées, les points de Lagrange, nommés d'après le mathématicien français qui les a découverts au XVIIIe siècle. En ces points, les attractions gravitationnelles de la Terre et de la Lune sont égales, et un objet qui y serait placé y resterait suspendu comme une guirlande de Noël entre deux bâtiments. L'un d'eux, le second point de Lagrange ou L2, était particulièrement intéressant pour un satellite cosmologique car il ne reçoit presque pas de rayonnement de la Terre ou de la Lune. En plus, il est toujours éclairé par le Soleil, au lieu de passer parfois à l'ombre, ce qui est favorable pour les cellules photo-électriques qui alimentent un satellite.

On pouvait imaginer que si nous arrivions à faire revenir la NASA sur sa décision d'éjecter COBE de la navette, la mission pourrait ressembler à cela : la navette lancerait le satellite de Floride sur une orbite équatoriale standard. Puis, en utilisant un étage d'accélération développé par la société Orbital Sciences, COBE pourrait être amené sur L2. J'adorais cette idée. Les comptes rendus des réunions COBE notent que, quand l'idée de L2 fut abordée, tous les responsables scientifiques « se comportèrent comme s'ils avaient eu une expérience religieuse [...]. C'était l'environnement le plus favorable [...] cela facilitait tout. » Les Soviétiques parlaient aussi d'envoyer un satellite cosmologique sur L2. Malheureusement, l'étage d'accélération coûtait 1 milliard de francs, et le rêve s'évanouit.

Avec un choix réel aussi limité, la direction de COBE recommanda à la fin de 1986 de lancer le satellite par une fusée Delta. La fusée avait un remarquable palmarès, malgré son échec en mai qui était le premier en neuf ans. La Delta était aussi relativement bon marché, aussi la NASA serait contente.

La fabrication des Delta par McDonnell-Douglas avait été arrêtée, puisque la navette devait remplacer toutes les fusées. Il restait assez de pièces détachées pour en construire quelques exemplaires, et elles étaient abandonnées dans de vieux hangars. Le programme de « Guerre des étoiles » tenta immédiatement de les récupérer, afin d'en faire des cibles pour les armes antimissiles. Nous nous battîmes pour en avoir une, avec succès. Les ingénieurs de McDonnell-Douglas en eurent les larmes aux yeux, quand ils apprirent qu'ils allaient en construire une pour nous. Ils avaient passé des années à construire des fusées, surtout à usage militaire, et ils ne voulaient pas voir les dernières fusées Delta déchiquetées dans des tests antimissiles. Ils préféraient que leurs talents de constructeurs aillent dans une recherche scientifique au mérite durable, comme COBE.

Mais la Delta était une petite fusée, et sa charge utile n'était que la moitié de ses concurrentes. Il faudrait donc faire COBE beaucoup plus petit et plus léger.

C'était bien plus difficile qu'on pouvait le croire, car nous ne pouvions pas simplement réduire toutes les dimensions, comme une poupée russe qui contient un modèle réduit d'elle-même. Plus COBE était petit, plus les instruments risquaient d'interférer les uns avec les autres, comme une famille passant d'un appartement de cinq pièces à un deux-pièces. Les trois instruments étaient déjà très sensibles aux sources de chaleur parasites, au rayonnement électromagnétique engendré par les fils et les autres instruments, et leur vulnérabilité augmenterait si la taille de COBE diminuait.

Le 1er octobre 1986, nous reçûmes une nouvelle inattendue : la NASA donnait son feu vert pour un lancement au début de 1989 avec une fusée Delta. C'était beaucoup plus tôt que nous ne l'espérions. « Dès que la date de lancement fut connue, tout le monde a su que cela serait le coup de feu, un emploi du temps dément », dit Frank Kirschman, le nouvel ingénieur thermicien de DMR. De ce point de vue, nous n'avions pas le choix : c'était le retour à la table à dessin, ou rien.

Pour transformer COBE si vite et si radicalement, les équipes devraient travailler aussi étroitement que possible. Le directeur du projet, Roger Mattson, décida d'utiliser un mode de fonctionnement d'urgence, où tous les participants seraient regroupés sous le même toit, sans limite d'heures supplémentaires, pour tenir les délais. Les équipes de COBE, qui étaient à des kilomètres les unes des autres avant Challenger, seraient maintenant côte à côte, ce qui accélérerait le travail et rendrait les gens plus responsables (les gens sont toujours plus responsables quand vous les avez en face de vous que si vous laissez des messages sur leurs répondeurs). L'horloge tournait vite.

Les trois instruments de COBE – DIRBE, DMR et FIRAS – étaient construits séparément, dans des bâtiments différents. John Mather avait la responsabilité scientifique d'ensemble de COBE et, assisté de Richard Shafer, il avait aussi la responsabilité directe de FIRAS *(far infrared absolute spectrometer)* qui devait mesurer le spectre du fond de rayonnement cosmologique. Mike Hauser, assisté de Tom Kelsall, était le responsable de DIRBE *(diffuse infrared background experiment)* qui devait mesurer le fond de rayonnement infrarouge. Enfin, assisté de Chuck Bennett, j'étais responsable de DMR *(differential microwave radiometer)*, notre propre expérience de recherche de rides. Earl Young, le coordinateur du développement de l'instrument, eut bien des migraines toutes ces années.

La construction de DMR se faisait dans le bâtiment 19 du Centre spatial Goddard, qui ressemblait un peu à un entrepôt de brocanteur : on l'appelait l'« Atelier du radiomètre et des stores vénitiens ». Les ingénieurs y construisaient les composantes du satellite, les vérifiaient, les assemblaient et les revérifiaient. Ils travaillaient beaucoup sur l'étalonnage et les procédures de contrôle. « Dire que cet engin a été *conçu* est plutôt charitable », remarqua Roger Ratliff, un vieux routier de la NASA, remarquable ingénieur mécanicien, qui construisit une grande part de DMR. Il avait raison, nous avions pour maxime : « Si ça marche, ça marche. »

La NASA se mit à nous appuyer quand elle se rendit compte combien les gens de COBE se battaient pour faire vivre le projet. Le but de la NASA était de réussir une mission spatiale pour montrer au public que la NASA n'était pas K-O, qu'elle était encore dans le coup et capable de mener à bien une impressionnante réussite scientifique. La nouvelle se répandit dans Goddard que la NASA considérait COBE comme une mission « sexy », méritant d'être sauvée. Nous apprîmes que « COBE était un projet intéressant beaucoup le public, et beaucoup le Congrès », et aussi qu'il avait « un gros impact médiatique. Vous savez, le big bang, l'origine de l'Univers, tout ça ! Et les résultats seront passionnants si tout marche bien. » Ce genre de réaction eut une grosse influence sur le moral de l'équipe : « Je savais que ce serait un projet “ chaud ” », disait Roger Ratliff. Et Rob Chalmers, l'ingénieur thermicien du satellite, approuvait : « Si vous trouvez un moyen d'accrocher vos hommes, ils vous suivront jusqu'à la mort. »

L'ampleur de notre tâche fut cernée dans la *Gazette des ingénieurs* de Goddard : « La transformation de COBE pour remplacer le lancement par une navette par un lancement par une Delta est certainement l'un des plus grands défis que Goddard ait jamais entrepris. » A ce genre de défi, une bonne équipe répond magnifiquement. La nôtre le fit, et le moral grimpa.

Nous étions depuis un an à peine emportés par la fougue de notre programme, quand un développement majeur de la recherche concernant le rayonnement cosmologique stupéfia le monde de la cosmologie. Une fois de plus, nous réalisions que nous pouvions fort bien être devancés. Nous retînmes notre souffle quand la nouvelle éclata.

En février 1987, une équipe nippo-américaine avait lancé une fusée-sonde portant un détecteur construit par Andrew Lange, Paul Richards et leurs collègues de Berkeley. Le Pr Matsumoto de l'université de Nagoya au Japon dirigeait l'équipe japonaise. Durant son bref vol, la fusée monta à 320 kilomètres au-dessus de l'île japonaise de Kyūshū, et l'instrument analysa le fond de rayonnement à 6 longueurs d'onde comprises entre 0,1 et 1 millimètre. Le résultat, publié au mois d'août 1987, montrait une énorme différence entre la courbe prédite pour un rayonnement de corps noir extrapolé des mesures antérieures à plus grande longueur d'onde. Autrement dit, la température du rayonnement, qui était de 2,73 K à plus grande longueur d'onde, montait à 3,18 K pour cette expérience de Nagoya et Berkeley. Cela impliquait, si c'était vrai, que des événéments d'une extraordinaire énergie avaient eu lieu dans le cosmos primordial.

Cet « excès infrarouge », comme on l'appela, causa une énorme excitation et poussa les théoriciens à imaginer plusieurs explications possibles, la plus radicale remettant en cause la théorie du big bang. Cette théorie exige que le fond de rayonnement soit un corps noir quasiment parfait, et le nouveau résultat impliquait une formidable distorsion. Cette possibilité ajouta au trouble grandissant quant à la valeur de la théorie du big bang. Un commentaire sur ce résultat apparaît dans une série télévisée à succès, appelée « Les astronomes ». Ce n'est qu'après le tournage de la série qu'il apparut que la distorsion rapportée était fausse. Presque certainement, l'erreur vient d'un défaut ou d'une panne de l'instrument, ou d'un faux signal dû à un rayonnement parasite.

L'expérience nippo-américaine nous mortifia, et nous réalisâmes qu'à tout moment nous pouvions apprendre qu'une autre équipe avait découvert les rides du temps, cette fois pour de bon et sans erreur. Cela ajouta à l'urgence de notre travail, et soudain la date du début de 1989 proposée pour le lancement par la NASA, qui nous avait semblé beaucoup trop proche, nous paraissait maintenant désespérément tardive. Nous travaillâmes plus dur encore, nous attaquant à d'innombrables problèmes : vibrations, erreurs de mesure systématiques, effets possibles sur les miroirs de l'oxygène résiduel, sources de chaleur parasites, il fallait tout résoudre, et tout prenait du temps, de l'expertise et de l'énergie nerveuse.

D'après le plan initial de COBE, les radiomètres différentiels de DMR devaient se trouver sur un piédestal autour du dewar d'hélium liquide, à l'intérieur duquel se trouvaient DIRBE et FIRAS. Un nouveau plan fut conçu par Gene Gochar, notre ingénieur mécanicien. La boîte des radiomètres était maintenant plus large et plus basse, et le bas devait s'incurver autour du dewar par manque de place. Le câblage électrique, les caractéristiques thermiques et d'autres facteurs furent aussi améliorés dans le nouveau dessin de COBE.

Un travail important consista à remplacer l'ancien bouclier thermique, rigide, par un modèle flexible plus léger qui se déplierait dans l'espace. Construire un bouclier flexible mais fiable « semblait à tous une tâche extrêmement difficile, voire impossible », écrivit Rob Chalmers dans la *Gazette des ingénieurs* de Goddard. Les cellules photo-électriques qui devaient couvrir la paroi externe furent remplacées par des cellules placées sur des panneaux se déployant en accordéon dans l'espace. Le nouveau COBE aurait aussi des antennes plus petites pour émettre et recevoir ordres et données. Toutes

Figure 43. Len Fisk, à gauche, un officiel de la NASA, inspecte le radiomètre à 53 gigahertz en écoutant les explications de l'ingénieur Rick Mills.

ces craintes, et bien d'autres, rendirent ces quelques années à la fois passionnantes et éprouvantes.

Le radiomètre terminé, il fallait le tester et l'étalonner. Ce serait l'ultime test pour notre instrument, et pour notre sens de l'humour. Pour l'étalonner, il faut simuler le rayonnement cosmologique. Ce n'est pas facile, car ce dernier est extrêmement faible, et nous devions le simuler par une source aussi faible, c'est-à-dire une source de température proche du zéro absolu. Puis il nous fallait pointer les deux antennes du radiomètre vers la même source. Si tout marchait bien, les deux antennes devraient enregistrer la même température et nous indiquer une différence de température nulle. S'il détectait une différence, c'était que quelque chose n'allait pas. Cela signifiait que le radiomètre détectait une source parasite indésirable, par exemple une source de chaleur interne, un champ magnétique, une source radio... Nous commençâmes par étalonner le radiomètre à Goddard dans une grande pièce aux parois recouvertes de cônes sombres, absorbant le rayonnement micro-onde, et qui absorbent aussi les sons – quand on parle dans cette pièce, on a l'impression que les mots s'arrêtent aux lèvres.

Pour simuler le vide spatial, nous plaçâmes le radiomètre dans une enceinte où le vide était fait. Elle avait 1 mètre de diamètre et plusieurs mètres de haut, et était située au fond de la « salle blanche », une pièce spéciale sans poussière. Chacun des radiomètres de DMR mesurait environ 60 centimètres de large, 30 centimètres d'épaisseur et 60 centimètres de haut, et pesait 50 kilos, aussi ne pouvions-nous tester qu'un radiomètre à la fois. A l'intérieur de l'enceinte, une cible tournait sur une piste, comme un train miniature, et son mouvement était contrôlé de l'extérieur. Ainsi nous pouvions déplacer la cible devant les antennes du radiomètre. Celui-ci regardait normalement une roue couverte de cônes absorbants refroidis par de l'azote liquide circulant derrière. La roue tournait, ce qui, nous l'espérions, égaliserait les éventuels points chauds sur la roue et imiterait un rayonnement uniforme mieux qu'une cible immobile.

Cet astucieux dispositif tombait en panne un peu trop souvent. Des pièces se bloquaient parce que le froid extrême faisait geler les lubrifiants ou contractaient des composantes qui n'interagissaient plus comme prévu. Chaque fois que le système se bloquait (en général au milieu de la nuit), il fallait le réchauffer lentement et laisser entrer l'air pour que nous puissions y accéder et voir ce qui n'allait pas. Le réchauffement prenait des heures ou des jours : il ne devait pas être trop rapide, sinon des pièces seraient endommagées par l'élévation brutale de la température. Ce qui était le plus frustrant, c'est qu'au moment où l'enceinte était réchauffée et prête à être ouverte, ce qui ne marchait pas, la cible sur sa piste par exemple, se remettait à fonctionner, et nous ne pouvions pas savoir ce qui avait causé la panne. Alors, nous refroidissions à nouveau l'enceinte pour une nouvelle série de tests, et une panne réapparaissait. Il était impossible de voir ce qui se passait à l'intérieur car l'enceinte était étanche et sans hublot, afin d'éviter tout rayonnement parasite. Nous envisageâmes de placer une caméra de télévision à l'intérieur, mais il n'y avait pas de place. Pendant plusieurs mois, le laboratoire de DMR fut témoin de bien des grincements de dents.

Pendant toute cette période, nous travaillâmes de très longues heures chaque jour, sans week-end pendant plusieurs mois. Notre sommeil en pâtit, comme nos vies privées. Malgré la tension, les gens gardaient leur enthousiasme. Nous avions tous le sentiment de participer à une expérience très importante. Roger Ratliff dit : « Si cela n'avait pas été aussi excitant, je ne vois pas comment nous aurions eu tant de patience jusqu'au bout. » Aussi

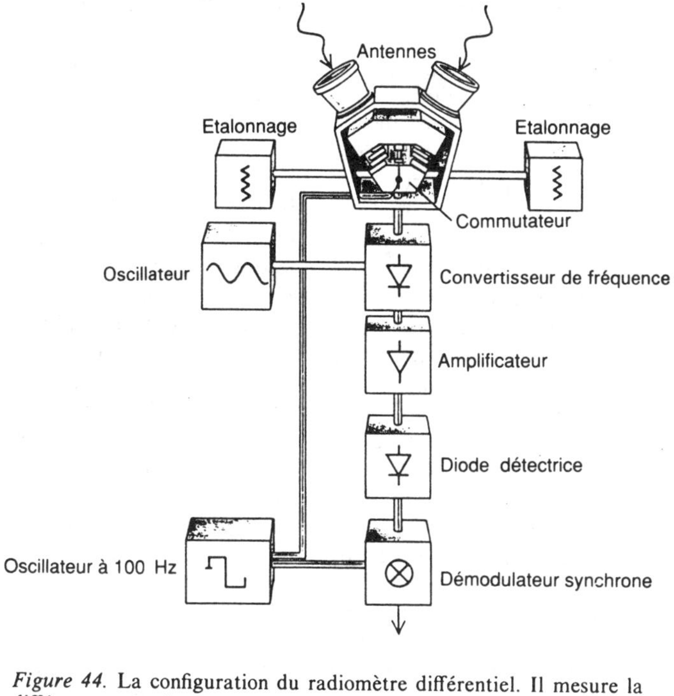

Figure 44. La configuration du radiomètre différentiel. Il mesure la différence entre le rayonnement micro-onde reçu de deux points du ciel par les deux antennes qui sont alternativement reliées à un récepteur unique (NASA/GSSC).

tendus que nous ayons parfois été, aussi en colère contre nos instruments ou contre nous, nous étions unis parce que nous savions que notre travail pouvait découvrir un filon d'une valeur scientifique historique. Nous formions une équipe qui, par son esprit et sa détermination, n'eut pas d'égale dans ma carrière scientifique.

Comme chef d'équipe, je travaillai dur pour forger le dévouement et la cohésion de l'équipe, en faisant en sorte que ses membres se sentent profondément impliqués dans le but final et en leur donnant autant de responsabilités que possible (ce que j'avais appris de Luie Alvarez). Chacun était responsable d'une tâche précise et en avait le mérite. Le résultat fut que beaucoup se sentirent propriétaires de leur part de l'instrument.

Par exemple, Maria Lecha, ingénieur en chef du radiomètre de 53 gigahertz, était si vigilante auprès de son instrument qu'elle l'appelait son « bébé ». Elle avait alors vingt-cinq ans environ et était diplômée d'électricité de l'université de Porto Rico. Elle était obsédée par le projet : un jour, après une chute de neige, elle sortit faire un bonhomme de neige en forme de radiomètre. Pendant les mois de test de l'instrument, elle restait souvent très tard le soir chez elle devant son ordinateur, contrôlant à distance son radiomètre. Plusieurs fois, elle nota une montée de température : le système de refroidissement était tombé en panne. Elle fonçait alors au milieu de la nuit pour sauver son radiomètre, et le gardien à l'entrée de Goddard la laissait passer. « Des millions de dollars étaient entre mes mains, dit-elle, et j'avais toujours peur de faire quelque chose de travers et que ça explose au moment du lancement. » Elle n'était pas la seule. Bob Patschke, ingénieur en chef du radiomètre de 31 gigahertz, me dit un jour : « J'en rêve la nuit. »

Nous espérions envoyer COBE à la fin de 1988 en Californie où il serait installé sur la fusée Delta. La tension montait au fil des jours. « Nous avons eu quelques concours de hurlements entre les scientifiques et les ingénieurs, sans plaisanter », se souvient Kelsall, le directeur scientifique adjoint de DIRBE. « L'émotion était parfois très vive, mais jamais rien de personnel. Comme on dit dans la mafia, ce n'est que du business, rien de personnel. » Malgré nos conflits, je dois reconnaître aux ingénieurs qu'en dernière analyse ils étaient de notre côté. McCarthy disait à ses collègues : « Hé, les gars, on construit cette chose pour les savants, pas pour nous ! Et il faut être sûrs qu'ils obtiennent les données qu'ils veulent. » Les autres ingénieurs responsables étaient d'accord : « Le plus important pour nous était sans doute que nous ne voulions pas laisser tomber des types comme Mike Hauser, John Mather et George Smoot », disait Mike Ryschkewitsch.

Parlant des responsables scientifiques, un des participants disait : « Ces trois types sont toujours sur notre dos, à cause de ce qui pourrait bousiller leurs données. Je ne comprenais pas dans ma grosse tête ce qu'ils voulaient, jusqu'au jour où j'ai vu l'émission de télévision " Les astronomes " et ce passage sur l'expérience de Nagoya-Berkeley, et leur erreur. Alors je me suis dit : Heureusement qu'ils étaient toujours sur notre dos ! » Quoi qu'il fût arrivé à cette expérience, nous ne voulions à aucun prix que *notre* expédition échoue à cause d'une erreur de conception ou de construction. Si nous ne trouvions pas les rides du temps pour une raison scientifique légitime, OK ! Mais aucune autre raison ne serait acceptable à nos yeux. Trop de choses reposaient sur ce projet.

Finalement, nous avions atteint notre but. Les instruments avaient été redessinés, et le poids de COBE avait diminué de moitié. Cette aventure avait impliqué plus de un millier de personnes, coûté quatre ans d'efforts et près de 1 milliard de francs. Nous étions prêts à envoyer le satellite à la base aérienne de Vandenberg en Californie, pour son rendez-vous avec la fusée Delta et son lancement.

Chapitre XII

PREMIÈRES RIDES

Le lancement de COBE était prévu pour le 18 novembre 1989. La veille, je parcourus les 500 kilomètres qui séparent Berkeley de Vandenberg. Les collines ambrées ondulaient, modelées par les millions d'années de tectonique des plaques, de tremblements de terre, et d'érosion, et elles avaient leur manteau d'automne. Ce serait bientôt l'heure de vérité. Je faisais de la cosmologie depuis bientôt vingt ans, et tout mon travail avait tendu vers ce but. Les trois instruments de COBE allaient explorer l'histoire ancienne de l'Univers d'une façon qui n'avait encore jamais été possible. Beaucoup pensaient que COBE allait décider une fois pour toutes si le big bang avait réellement eu lieu. Pour moi, il n'y avait pas de question : le big bang avait eu lieu, et c'est sur la manière dont il s'était passé que nous allions apprendre beaucoup.

Je me sentais étrangement calme. Le destin de COBE était entre les mains des ingénieurs de la fusée. Je ne pouvais rien faire d'autre que la regarder monter dans le ciel, ou exploser.

Vandenberg est un endroit désolé de la côte californienne, et un endroit dangereux de bien des points de vue. Le brouillard recouvre souvent la région, et il est recommandé aux automobilistes d'être très prudents. Les falaises sont instables, et une brochure de l'armée de l'air déconseille de s'en approcher car elles peuvent s'ébouler. De violents courants longent la cinquantaine de kilomètres de plages. Des bombes non explosées parsèment le terrain : « Si vous trouvez un objet suspect, NE LE PRENEZ PAS comme souvenir ! » continue la même brochure. Les conducteurs sont parfois obligés de freiner brutalement quand un sanglier ou un cerf sort brusquement du brouillard et traverse la route. Pendant la Seconde Guerre mondiale, les 50 000 hectares de la base servaient de poste avancé à l'armée et de camp de prisonniers. Elle a reçu le nom du général Hoyt S. Vandenberg, de l'armée de l'air, et depuis plus de trente ans elle a été la base de lancement de plus de deux mille fusées, en particulier des missiles intercontinentaux envoyés par-dessus le Pacifique, ou des mises en orbite de satellites militaires.

La ville voisine de Lompoc appartient quasiment à l'armée de l'air et ressemble à ces villes d'autrefois avec ses petites boutiques, ses rues bordées d'arbres et des garages accueillants où l'on vous propose encore de vous faire le plein. J'ai traversé la ville avant de prendre la route à travers la lande vers Vandenberg. Là, au détour d'un virage, je vis la fusée Delta 5920 dressée sur son pas de tir, enserrée par les échafaudages métalliques qui la protègent des éléments jusqu'au lancement. L'océan brillait à quelques centaines de mètres, au bout d'une pente douce. On sentait l'odeur de la mer et le bruit des rouleaux. Le sel qui imprègne l'air est si corrosif que le portique de lancement qui entoure la fusée doit être régulièrement nettoyé. Un habitué de Vandenberg prétend que si on laisse sa voiture garée pendant un mois, on n'en retrouve rien.

Trente ans plus tôt, une fusée Delta avait changé, sans le vouloir, l'histoire de la cosmologie. Lancée le 12 août 1959, la première fusée Delta lança le satellite Echo 1, un gigantesque ballon métallisé, qui ouvrit l'âge des communications par satellite. Pour « entendre » les signaux réfléchis par le satellite, les laboratoires Bell avaient construit à Holmdel, dans le New Jersey, une grande oreille, une antenne micro-onde en forme de cornet. C'est avec cette antenne que Penzias et Wilson avaient découvert par hasard le fond de rayonnement cosmologique, la lueur résiduelle de la fureur de la création, l'écho du lointain big bang. Et maintenant, nous espérions que COBE allait poursuivre la révolution commencée à Holmdel, vingt-cinq ans plus tôt. « Nous sommes des paléontologistes de l'espace, à la recherche de l'équivalent des os de dinosaure », disais-je aux journalistes.

Avant le désastre de Challenger, ce pas de tir semblait condamné. La navette devait hériter de toute l'industrie des lanceurs, et les responsables de McDonnell-Douglas pensaient quitter le site. Mais leur responsable local, le regretté Pat Conlan, se battit comme un beau diable pour le conserver. Pour lui, l'idée que la navette se chargerait de tous les lancements était « parfaitement stupide », se souvient un responsable qui pense que, sans lui, la société aurait sûrement abandonné l'endroit. Et nous n'aurions eu aucun endroit pour lancer COBE.

En raison de l'abandon temporaire du site, le portique de lancement était, selon un rapport, « incroyablement sale », et COBE devait rester parfaitement propre pour empêcher que des contaminants n'endommagent les instruments ou les perturbent en orbite. Les responsables de Vandenberg acceptèrent de nettoyer le portique à fond avant que COBE ne soit installé. Les experts en décontamination l'inspectèrent soigneusement en lumière « noire » (ultraviolette) et en utilisant des rubans adhésifs : les techniciens posent ces rubans sur les objets, puis les examinent au microscope à la recherche de polluants.

La fusée arriva plusieurs semaines avant le lancement, par camion depuis la Floride, où le préassemblage et les tests avaient eu lieu. Les spécialistes des fusées Delta se réduisaient maintenant à une seule équipe, qui préparait alors un lancement depuis le Centre spatial Kennedy en Floride. Le satellite arriva par avion-cargo de la base aérienne d'Andrews, près de Goddard, quelques semaines avant le lancement. Je me souviens de l'exaltation mêlée de tristesse quand je vis finalement le satellite quitter la salle blanche d'isolement et commencer son long voyage. COBE fut installé dans une salle spéciale à Vandenberg où les dernières pièces furent mises en place avant le vol, et nous vérifiâmes tout une nouvelle fois. Je fis un second voyage à Vandenberg pour tout revoir et donner mon accord au modèle final d'écran qui devait protéger COBE des rayonnements du Soleil et de la Terre. Nous revérifiâmes tout une dernière fois.

Puis vers minuit, quand le trafic est réduit, il fut transporté jusqu'au site de lancement. Le véhicule couvrit les 18 kilomètres en roulant au pas, et les véhicules de sécurité aidèrent au transfert du satellite en l'encadrant, tous feux clignotants. Un ingénieur de Goddard observa : « Vous ne tenez pas à emboutir quelqu'un à un croisement quand vous transportez quelque chose d'aussi précieux. »

Le lancement approchait, et nous pensions avoir paré à toute éventualité. Effectivement, sauf une qui ne nous avait pas traversé l'esprit. Dennis McCarthy regardait la télévision quand il apprit qu'un tremblement de terre avait secoué San Francisco, à 500 kilomètres au nord de Vandenberg. Très inquiet, il appela aussitôt la base pour savoir s'il était arrivé quelque chose à COBE. On vérifia, tout était normal. Moi, j'avais des préoccupations plus immédiates : le tremblement de terre avait atteint 7,1 sur l'échelle de Richter, il avait détruit plusieurs zones autour de la baie de San Francisco et tué une soixantaine de personnes. Je regardai rapidement autour de nous : tous les membres de l'équipe étaient sains et saufs, et l'équipement était intact. Mais la catastrophe était passée tout près, pour nous rappeler que les grands désastres dans la vie arrivent quand on s'y attend le moins.

Le vendredi 17 novembre, la veille du lancement, la NASA réunit une conférence de presse à Lompoc. J'y allai avec John Mather, et beaucoup de responsables de Goddard et de la NASA. Ralph Alpher et Robert Herman étaient là aussi. Les anciens collègues de George Gamow, qui avaient prédit quarante et un ans plus tôt l'existence du fond de rayonnement cosmologique, semblaient heureux d'avoir assez vécu pour voir leur travail aboutir de cette façon. Alpher déclara : « COBE est un instrument merveilleux et complexe, dont nous espérons qu'il apportera l'information la plus précise jamais rassemblée » sur les origines du cosmos. La fusée Delta reçut aussi sa part de louanges : « le meilleur lanceur du monde », selon le responsable de la NASA, Don Tutwiler. Les journalistes apprirent que la « fenêtre de lancement » s'ouvrirait de 6 h 24 à 6 h 54 le lendemain matin, que la fusée à deux étages mesurait 35 mètres et pesait 200 tonnes, que son premier étage à combustible liquide, construit par McDonnell-Douglas, était assisté par neuf accélérateurs à poudre Thiokol, que le second étage était construit par Aerojet, que la fusée devrait atteindre une vitesse de 29 000 kilomètres à l'heure, et éjecterait le satellite qui ferait le tour de la Terre à 27 000 kilomètres à l'heure.

Le responsable de la NASA, Larry Caroff, dit que le satellite et les autres observatoires spatiaux en projet « nous apporteraient une vue sans précédent de l'Univers, une vue incroyable. Nous verrons des choses que nous n'imaginons pas, et cela secouera le monde scientifique. » John Mather prévint les journalistes : « Je ne m'attends pas à renverser le big bang avec nos découvertes, car c'est une bonne théorie qui marche bien. Mais nous pouvons avoir une grande surprise. »

Samedi matin, 18 novembre. Je me levai tôt, pris une douche et m'habillai chaudement. Dans l'aube naissante, quinze années de travail étaient placées au sommet de plusieurs tonnes d'explosifs. Si tout partait en morceaux, que ferais-je ? J'avais traqué les rides cosmiques pendant le plus clair de ma carrière. Et si la traque se terminait ici, sur le rivage du Pacifique, dans une boule de feu et une pluie de débris métalliques ?

Dès les premières lueurs de l'aube, nous étions des centaines à nous rassembler à l'extérieur du site. De nombreux bus attendaient. Un millier d'invités, la plus grande assistance de l'histoire de la base, s'étaient rassemblés pour assister à ce spectacle rare : un lancement à l'aurore. Pendant que nous regardions, le compte à rebours se faisait depuis un abri blindé, à 4 kilomètres du pas de tir.

Les bus nous conduisirent au point de vue, à un bon kilomètre de la fusée. En descendant du bus, nous vîmes la fusée brillamment éclairée sur le pas de tir. Toute la nuit, les prévisionnistes de la météo avaient lancé des ballons-sondes pour vérifier les vents en altitude. Ils soufflaient trop fort, et le lancement risquait d'être reporté. Vingt minutes avant le lancement, un autre ballon fut lancé : ses senseurs indiquèrent que le vent avait molli. C'était prometteur.

J'étais près de Mike Hauser, le responsable scientifique de l'expérience DIRBE de mesure du fond de rayonnement infrarouge, et nous échangions des regards en silence. Parmi les milliers de personnes présentes, nous étions sans doute ceux qui avaient le plus investi dans cette journée. J'avais vu la fusée de près lors d'un voyage précédent, et j'avais été consterné en voyant à quel point elle semblait décrépite : taches de rouille, réparations par-ci par-là, petites soudures au Glyptal. Le travail de toute notre vie professionnelle était au sommet de cette chose. Nous ne dîmes plus rien, mais nous récitâmes quelques prières silencieuses.

Le ciel était calme, clair, engageant. Un ruban orange brillait à l'est, le Soleil n'allait pas tarder à se lever. Ma montre indiquait 6 h 34. Dans vingt minutes se refermerait la fenêtre de lancement, celle qui permettrait au satellite de se trouver sur l'orbite polaire prévue, parallèle à la ligne séparant le jour de la nuit sur Terre. Le compte à rebours arriva aux dix dernières secondes.

« Dix, neuf, huit, sept, six... »

Les sourcils se froncèrent, les muscles se tendirent, tout le monde retint son souffle. En de tels instants, on craint le pire : la fusée allait-elle exploser dans un éclair aveuglant ?

« ...cinq, quatre, trois, deux, un... »

Quelqu'un plaisanta : « Si la fusée explose, retenez George, ou il va se tuer ! » Je répliquai : « *Me* tuer ? »

« ...Feu ! »

Le terrain s'illumina, aussi brillant que le Soleil. Nous pouvions voir la fusée s'élever, dans un étrange silence, le pas de tir envahi de flammes. Soudain, au bout de quelques secondes, le rugissement me frappa à la poitrine. L'air trembla. La foule eut un hoquet tandis que la fusée continuait son ascension en grondant, dans un panache de flammes et de fumée.

Pendant le lancement, des millions de litres d'eau étaient déversés sous la fusée pour amortir les ondes sonores, qui sinon auraient pu être réfléchies vers le haut et détériorer la fusée. Pour la même raison, six accélérateurs seulement sur neuf étaient allumés au décollage, jusqu'à ce que la fusée soit assez haute pour que la réverbération du bruit ne l'endommage pas. Tandis que nous surveillions l'ascension avec nervosité, le second jeu d'accélérateurs s'alluma.

Trente secondes après le lancement, la fusée dépassait la vitesse du son et continuait à accélérer. Nous respirâmes à nouveau. Elle passa un moment devant la Lune. La fusée, 78 secondes après le lancement, était à 19 kilomètres d'altitude, volait à 800 mètres par seconde, et elle éjecta six petits points de lumière : les accélérateurs avaient épuisé leur carburant et retombaient dans le Pacifique. A 124 secondes, la fusée était à 43 kilomètres d'altitude, volait à 1 900 mètres par seconde, et elle éjecta les trois derniers accélérateurs qui retombèrent à 371 kilomètres de nous. A 240 secondes, le deuxième étage s'alluma, et le Delta se sépara en deux, larguant le premier étage.

Les carénages furent éjectés à 245 secondes, à 112 kilomètres d'altitude : COBE fonçait maintenant dans le vide glacial de l'espace à 5 100 mètres par seconde. Le moteur du second étage s'arrêta à 650 secondes. Le satellite glissait à 8 000 mètres par seconde à 169 kilomètres du sol. COBE était en orbite. Le troisième étage s'alluma pour emmener COBE sur l'orbite plus haute prévue.

« Je dois dire que c'était un sacré voyage », dit Dennis McCarthy, ravi, quand nous fîmes le point après le lancement. Il dit que COBE était très stable sur son orbite presque parfaitement circulaire : 900,5 km d'apogée et 899,3 km de périgée.

J'étais fou de joie. Le lancement avait été parfait.

Mais nous n'avions pas de temps à perdre à nous congratuler, il était temps d'aller à l'aéroport et de s'envoler pour Goddard. C'était là que se trouvait le contrôle des opérations et que l'on pouvait suivre l'expérience. Mike Janssen, du Jet Propulsion Laboratory, m'emmena chez lui à Pasadena, à 200 kilomètres, prendre nos bagages avant d'aller à l'aéroport de Los Angeles. De la maison de Mike, nous appelâmes la salle des opérations, et nous apprîmes que COBE fonctionnait parfaitement. John Wolfgang nous dit que les cellules photo-électriques avaient fourni plus d'énergie que prévu au-dessus du pôle Sud, en raison de la lumière réfléchie par les glaciers, et qu'ils avaient quelques problèmes pour dissiper cet excédent de puissance. Pouvaient-ils déjà mettre en route le radiomètre ? « Oui ! » répondis-je immédiatement. Depuis des mois, j'insistais auprès des planificateurs de la mission pour que l'instrument fût mis en route dès que possible, et ils refusaient sans cesse, sous prétexte que nous devions d'abord vérifier le fonctionnement du satellite. La commande partit, et DMR renvoya un signal. Par chance, il enregistra immédiatement un pic, le signal attendu en passant devant la Lune, et quelques instants après l'étalonnage automatique à bord envoya une impulsion. L'équipe de DMR poussa des bravos. Les 30 premières secondes de données produisaient des signaux identiques aux étalonnages au sol et aux simulations reproduisant le passage de la Lune. DMR marchait, il avait survécu au lancement. Nous rassemblâmes les bagages de Mike et partîmes pour l'aéroport en riant et en plaisantant : le vol vers Washington et Goddard fut très gai.

Quelques heures plus tard, COBE commençait à nous parler de l'origine de l'Univers.

Avec les trois panneaux solaires étendus, COBE avait près de 6 mètres de long et pesait 2,5 t. Il tournait lentement sur lui-même, un tour toutes les 85 secondes, pour permettre à chaque instrument de balayer le ciel. La rotation permettait aussi un échauffement uniforme par le Soleil. Les données étaient généralement stockées

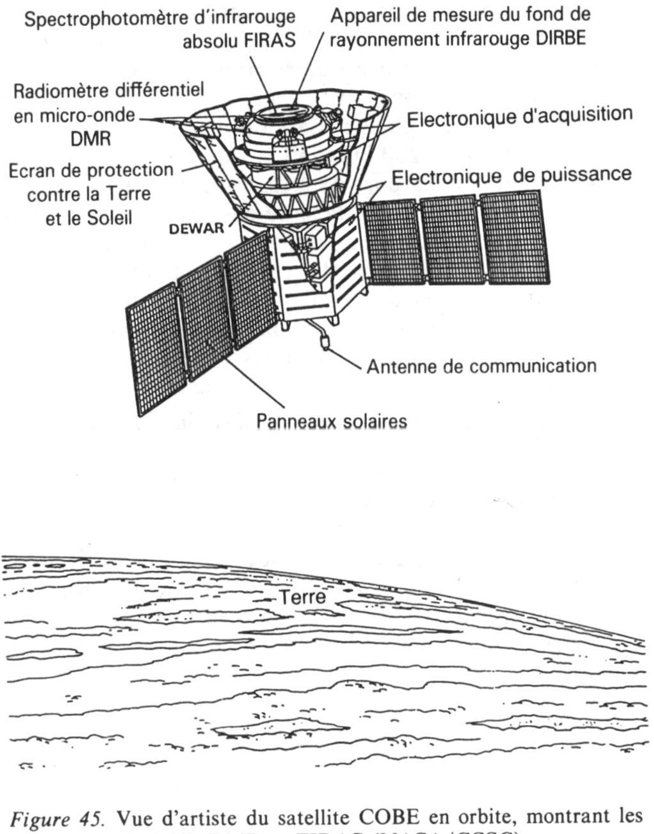

Figure 45. Vue d'artiste du satellite COBE en orbite, montrant les instruments DIRBE, DMR et FIRAS (NASA/GSSC).

sur deux enregistreurs à bord, retransmises une fois par jour à la station au sol de l'île de Wallops en Virginie, qui les transférait au contrôle de mission à Goddard. Souvent, nous pouvions écouter directement COBE par l'intermédiaire des satellites relais TDRSS. Recevoir des données en temps réel était enthousiasmant au début, et nous étions excités de voir qu'après des années de revers et d'angoisse notre instrument faisait vraiment son travail. Quand la masse de données commença à s'accumuler et qu'une image d'ensemble commença à apparaître, l'attrait de cette écoute directe diminua.

J'arrivai à Goddard au début de la soirée, et je me dirigeai tout de suite vers la salle de commande des instruments. Les équipes des trois instruments – DIRBE, DMR et FIRAS – occupaient les trois branches d'un Y, surveillant le satellite et se préparant à accueillir le flot de données. Pete Jackson et Charlie Backus avaient tracé les graphiques de la première demi-heure de données du radiomètre différentiel de DMR, et ils montraient le signal de la Lune, l'étalonnage des sources de bruit, et les données. Nous les signâmes tous et fîmes des copies que nous collâmes au mur. A la fin de la première journée de données, nous poussâmes le logiciel d'analyse à produire une carte grossière, mais reconnaissable, du fond de rayonnement cosmologique. Sergio Torres projeta la carte sur un grand écran, et la salle des opérations éclata en applaudissements.

La carte ne montrait rien d'inattendu. Il n'y avait aucun signe des rides insaisissables, des germes cosmiques que nous recherchions avec tant d'efforts. A ce stade, la carte était à peine déchiffrable, comme des contours d'objets noyés dans le brouillard. Il faudrait beaucoup de temps pour que le brouillard se dissipe, nous le savions tous. Mais nous savions que le radiomètre différentiel fonctionnait comme il le devait. L'applaudissement était autant l'expression du soulagement que la reconnaissance d'un progrès significatif.

Les premières semaines furent exaltantes, stimulantes, épuisantes, et ponctuées par une brève mais réelle alerte : une défaillance d'équipement risquait de remettre en cause toute la mission. Trois jours après le lancement, nous apprîmes qu'un des gyroscopes qui stabilisaient le satellite ne marchait plus. John Mather et moi étions rentrés chez nous à 2 h 30 du matin pour nous reposer. Je m'étais à peine couché que Rick Shafer m'appelait pour m'annoncer la panne du gyroscope et une réunion d'urgence. John Mather fut prévenu à 4 heures du matin, et en retournant à Goddard dans les premières lueurs du jour, il pensa : « S'il est mort, il est mort. Sinon, il faut bien réfléchir à ce qu'il faut faire. » Il craignait que la perte d'un gyroscope déstabilise COBE et le fasse basculer, peut-être vers le Soleil, ce qui serait une catastrophe pour tous les instruments. Heureusement, les systèmes automatiques avaient fonctionné et mis en service le gyroscope de secours.

Cet épisode eut un effet salutaire. Nous avions discuté avec Rick Shafer de l'importance relative à accorder aux tests et aux prises de données avec l'instrument FIRAS au début de la mission. Le but de FIRAS était la détermination du spectre du fond de rayonnement, en mesurant l'intensité du rayonnement à des longueurs d'onde variant de 0,1 mm à 1 centimètre. Si le fond de rayonnement était un reste du big bang, le spectre devait avoir une forme en arc asymétrique, caractéristique du rayonnement de corps noir. L'instrument était conçu pour comparer l'intensité du rayonnement reçu avec un corps noir interne, et il devait être soigneusement calibré. Si la forme du spectre était celle d'un corps noir, ce serait un soutien très puissant pour le big bang. Mais toute autre forme mettrait en grand danger la théorie du big bang.

Rick tenait maintenant beaucoup à prendre des données immédiatement, et John l'appuya avec enthousiasme. Le lendemain, Rick hurla de joie en nous exposant le premier spectrogramme. Il montrait que la différence entre le corps noir interne et le ciel était faible, ce qui nous encourageait à croire que le big bang était bien à l'origine du rayonnement. Il fallait plus de données et un meilleur étalonnage pour en être sûr, et John et Rick trouvèrent comment ajuster la température du corps noir interne pour avoir le meilleur accord avec le rayonnement extérieur. Au cours des deux premières semaines, FIRAS avait rassemblé neuf minutes d'observation spectroscopiques, en visant le pôle Nord de notre Galaxie, où il y a peu de poussière. L'instrument était précis au millième près, cent fois mieux que tout ce qui avait été fait auparavant. Jusqu'en 1990, des fragments de ce spectre avaient été rassemblés, à commencer bien sûr par la mesure initiale de Penzias et Wilson en 1964. Mais des fragments ne constituaient pas une preuve complète, et c'était cette preuve que les neuf minutes de FIRAS offraient pour la première fois.

Nous avions prévu de parler de COBE à la réunion de la Société américaine d'astronomie, prévue pour le mois de janvier 1990 à Arlington en Virginie. Ce n'était que deux mois après le lancement, mais si nous pouvions être prêts à temps, ce serait l'endroit idéal pour présenter nos résultats préliminaires. John Mather raconte : « Nous étions complètement épuisés. Nous avons décidé de ne rien dire tant que notre article n'aurait pas été envoyé à l'*Astrophysical Journal*. »

Le jour prévu pour notre exposé arriva. John et moi allâmes ensemble à l'hôtel où se tenait la conférence et, en traversant la rue, nous postâmes notre article. Ce fut un moment important, tant sur le plan pratique que sur le plan symbolique : John exposait les premiers résultats de COBE dans la presse scientifique. Notre exposé était prévu pour le dernier jour de la conférence, aussi nous attendions-nous à un auditoire clairsemé. Mais quand nous pénétrâmes dans la salle, un millier de personnes étaient devant nous, et l'attention était si dense qu'elle était palpable, l'attente de quelque chose d'important. David Wilkinson, membre de l'équipe de COBE, pouvait à peine contenir sa joie. Ayant comme nous tous juré le secret, David n'avait pu résister au plaisir de montrer à son collègue de Princeton, le théoricien Jim Peebles, un petit bout de papier. Jim jeta un coup d'œil sur le graphique et partagea le bonheur de David.

John Mather monta à la tribune. Après une brève introduction, il montra le graphe théorique d'un rayonnement de corps noir, ce que le rayonnement cosmologique devrait suivre s'il venait du big bang. Puis il superposa soixante-sept points de données, les mesures de FIRAS montrant le spectre réel. Les points s'alignaient exactement sur la courbe théorique, sans aucun écart. Les mesures en science, en particulier en astrophysique, contiennent inévitablement des petites erreurs, et une courbe expérimentale et une courbe théorique ne sont jamais identiques. Elles l'étaient cette fois-ci : les erreurs étaient plus petites que nous ne pouvions l'espérer, si petites qu'elles avaient l'épaisseur du trait sur le graphe.

Un instant de silence emplit la salle quand l'image fut projetée sur l'écran, puis l'assistance se mit debout et applaudit [1]. De telles manifestations spontanées d'enthousiasme sont rares en science, car la plupart des gens préfèrent peser à loisir ce qu'on leur montre et porter un jugement prudent. En ce cas, les données étaient tellement irréfutables que la prudence n'était pas nécessaire : le jugement pouvait être porté immédiatement. Mais il y avait plus que cela, je pense. Nous étions en 1990, quarante-deux ans après la prédiction du rayonnement cosmologique, vingt-six ans après sa première détection, et des doutes subsistaient encore sur la valeur de la théorie du big bang. L'annonce de distorsions spectrales surprenantes dans ce rayonnement par l'expérience de Nagoya et Berkeley à la fin de 1987 avait semé de nouveaux doutes, malgré son aspect critiquable. Sans aucun doute, la communauté cosmologique était devenue très sensibilisée à la question. FIRAS dissipa ces doutes. Comme la bouffée d'applaudissements qui avait accueilli, à peine un mois plus tôt, l'affichage de la première carte du ciel dans la salle des opérations de COBE, la réaction aux données de FIRAS était autant due au soulagement qu'à la reconnaissance de la qualité scientifique des résultats. Le big bang était toujours en piste.

Après la communication de John Mather, j'en présentai une sur les premiers résultats de DMR. Ce que je montrais était très préliminaire, l'image commençait à peine à être révélée, mais c'était néanmoins la meilleure carte alors disponible. Je pus indiquer que nous avions observé le dipôle, le mouvement de notre Galaxie par rapport au rayonnement. C'était important car cela montrait que l'instrument fonctionnait comme prévu. A part

1. Slipher avait reçu le même accueil, souvenez-vous, bien que personne n'ait compris la signification de ses données.

cela, le rayonnement paraissait uniforme, identique dans toutes les directions. Il n'y avait aucune indication de germes cosmiques à partir desquels les galaxies auraient pu croître au début de l'Univers. A cette déception près, nos données étaient clairement en accord avec le modèle simple du big bang. J'eus droit aux applaudissements, sinon à l'ovation reçue par FIRAS.

Par une ironie suprême, le président de séance était Geoffrey Burbidge de l'université de Californie à San Diego, qui était, et demeure, un des principaux opposants à la théorie du big bang. A la fin de mon exposé, je l'entendis distinctement grommeler que l'auditoire et nous avions avalé l'histoire du big bang « avec la queue et les arêtes ».

Mike Hauser montra ensuite les remarquables images infrarouges de notre Galaxie, la Voie lactée, prises par DIRBE. Elles méritaient de paraître en poster, montrant de manière spectaculaire le disque mince du plan galactique et le centre bulbeux.

Bien que les participants à la conférence aient montré leur enthousiasme pour les premiers résultats de COBE, les journaux focalisèrent plutôt leur intérêt sur notre incapacité à détecter une anisotropie, l'absence d'indication de rides. « Toute structure dans l'Univers primordial doit laisser une trace détectable aujourd'hui », déclarai-je. Mais j'admettais qu'aucune empreinte n'était visible, aussi nous posions-nous toujours la question de l'origine des galaxies. « Il est vraiment difficile de comprendre pourquoi nous ne voyons pas quelque chose comme les Andes sur notre carte [...]. Si nous ne voyons rien, il y a quelque chose de profondément faux dans nos théories. »

John Mather était d'accord et ajouta en plaisantant : « Nous n'avons pas encore exclu notre propre existence. Mais je ne comprends vraiment pas comment les structures actuelles peuvent exister sans laisser d'empreinte sur le fond de rayonnement. »

Néanmoins, je disais aux journalistes de se garder d'un pessimisme prématuré. Nous allions continuer à analyser les données au fur et à mesure de leur arrivée. L'accumulation des informations augmentait la sensibilité, leur disais-je, et les fluctuations n'allaient pas manquer d'apparaître. Je croisais discrètement les doigts dans mon dos.

Laurie Rokke, qui nous avait rejoints huit mois avant le lancement, était responsable de l'analyse des données de DMR à Goddard. Nous butions dans des problèmes tous les jours, avant comme après le lancement, mais nous réussîmes à mettre au point un logiciel qui tournait comme nous le voulions. Au début, l'analyse d'une journée de données prenait quatre heures, mais nous la ramenâmes à trente-huit minutes (cela variait selon l'ordinateur).

Dans les premiers jours après le lancement, nous étions là jour et nuit. A chaque passage du satellite, nous allions dans le Centre des opérations DMR (une caravane), puis nous retournions en courant à nos bureaux pour finir d'écrire les programmes, et nous revenions à la caravane pour le passage suivant. Nous faisions cela toutes les heures, jour et nuit. Nous maintînmes ce rythme les premiers mois. Une fois les opérations devenues de la routine, la salle des opérations de COBE se chargea aussi des passages du satellite, et nous nous occupâmes de travaux à plus long terme.

Je donnai une fête dans ma maison du Maryland après le lancement. Nous avions des ordinateurs, des terminaux et des modems pour surveiller les passages du satellite. Laurie explique : « Nous n'aurions manqué ces passages pour rien au monde. On allait faire la fête, puis on courait vers les terminaux au moment du passage. Si tout semblait normal, on retournait boire un verre, manger des chips et bavarder. »

Treize ans avaient passé depuis cette nuit blanche à Berkeley où Jon Aymon et moi avions vu le dipôle apparaître sur nos écrans d'ordinateur, la preuve obtenue par le radiomètre embarqué sur l'U-2 que notre Galaxie était attirée par un objet massif lointain. Tous les jours, nous voyions le dipôle sur nos écrans grâce au radiomètre embarqué sur COBE. Nous étions impatients de découvrir autre chose, les germes, mais nous savions qu'ils seraient extraordinairement difficiles à détecter.

Nous cherchions des variations très faibles de la température du ciel, de l'ordre du cent-millième. C'était à peu près comme de chercher une poussière sur une grande surface lisse, telle une patinoire. Et comme sur une patinoire, il peut y avoir de nombreuses irrégularités qui n'ont rien à voir avec ce que nous cherchons. Ces irrégularités sont en particulier les erreurs systématiques qui perturbent les données du radiomètre différentiel, les sources de chaleur parasites, les champs magnétiques, les erreurs du logiciel d'analyse, etc. Il est difficile de faire sentir l'obsession que nous avions d'éliminer ces erreurs. J'avais commencé en 1974 une liste des choses qui pouvaient aller de travers, et j'avais continuellement mis cette liste à jour, étudié les conséquences de ces erreurs et ajouté de nouvelles sources d'erreur. Tout le monde était incité à les vérifier toutes en permanence, et je demandais ensuite à quelqu'un d'autre de les revérifier.

Quand cela fut terminé, je demandai à Al Kogut, un esprit neuf, indépendant de mes années d'efforts, de tout revérifier encore une fois. Al est un savant hors pair, très minutieux, et c'est pourquoi nous avions confiance en lui. C'était un travail épuisant, et qui ne se prêtait guère à une découverte glorieuse, mais c'était essentiel. Il nous fallait absolument en passer par là pour espérer extraire un signal purement cosmologique, un signal qui ne viendrait que d'une seule source, le bord de l'espace et du temps. Nous avions trop vu de « découvertes » se révéler des artefacts, et nous ne voulions pas être pris à ce piège. Al nous comparait à un explorateur colonial dans les jungles de l'Inde : il est sûr qu'il y a un tigre dans la jungle, mais il ne sait pas où, aussi brise-t-il prudemment des brindilles jusqu'à entendre un rugissement. « Nous aussi, nous brisons prudemment des brindilles jusqu'à entendre un rugissement », plaisantait-il.

Un an après le lancement, nous entendîmes un rugissement à peine audible. Nous savions tous que si nous découvrions les rides du temps, elles ne jailliraient pas d'un seul coup sur la carte. Au contraire, leur image deviendrait lentement visible, résultat d'un double processus : d'une part la répétition de leur signal très faible le rendrait de plus en plus clair, comme de repasser plusieurs fois un crayon sur un morceau de papier, et d'autre part nous éliminerions de mieux en mieux le bruit du système qui tendait à obscurcir le signal [2].

Il devait y avoir quatre étapes dans la découverte des rides du temps. D'abord nous devions voir le fond de rayonnement lui-même, uniforme en première approximation dans toutes les directions, comme le découvrirent Penzias et Wilson. Puis nous devions détecter le dipôle, la légère distorsion du rayonnement causé par notre mouvement propre, que nous avions découvert avec l'U-2. Ensuite, un quadrupôle devrait apparaître (ce que les groupes de Melchiorri et Wilkinson croyaient avoir détecté en 1981), correspondant à un premier aperçu des rides. Enfin, les graines cosmiques elles-mêmes. A la fin de 1990, un an après le lancement, les deux premières étapes étaient franchies. Et je pensais voir émerger la troisième : l'image devenait plus contrastée.

En mars 1991, je dis au Groupe scientifique ce que je croyais voir dans les données, tout en l'avertissant que le bruit était encore aussi important que le signal. Autrement dit, cela pouvait être une erreur. Je le répétai en juin, à la réunion suivante. Ned Wright, qui analysait à l'époque les données de FIRAS, regarda les cartes de DMR et estima qu'elles montraient un quadrupôle. Le reste du Groupe était beaucoup plus prudent, sachant à quel point les instruments peuvent être excentriques et comment des données excitantes peuvent retomber le lendemain. Ils voulaient continuer à analyser plus de données avant de faire une annonce publique, et j'étais d'accord.

2. Le signal est, en principe, toujours le même, et donc il s'ajoute jour après jour. Le bruit, lui, fluctue de façon aléatoire et se compense en partie d'un jour sur l'autre. Il augmente donc moins vite avec le temps que le signal, et le contraste entre signal et bruit augmente régulièrement (NDT).

Nous gardions le secret absolu. Nous ne pouvions tolérer aucune fuite sur ce que nous trouvions avant d'être absolument certains de ce que nous avions trouvé.

Alors que le travail avançait, que nous examinions obstinément les données à la recherche d'erreurs systématiques et que nous indiquions la position de possibles anisotropies, la tension commença à monter, à la fois à l'intérieur et à l'extérieur de l'équipe. A l'intérieur, un conflit se noua au sujet de la réalité de nos résultats et, chose plus difficile à gérer, au sujet du délai avant de les publier. A l'extérieur, nos collègues se demandaient ce qui se passait. Nous étions là, un an après le lancement, avec entre les mains l'instrument le plus précis jamais construit pour détecter des germes cosmiques, et nous n'avions encore rien annoncé d'autre que le fait qu'en janvier 1991 nous n'en avions alors aucune trace, et que toute variation dans le fond de rayonnement devait être inférieure au cent-millième. Avions-nous échoué ?

Mes collègues me demandaient fréquemment ce que nous avions trouvé, et je répondais que nous essayions de le savoir. Un rapport du Conseil national de la recherche était de mauvais augure : « Si aucune variation n'est trouvée avec cette sensibilité accrue, alors l'astronomie extragalactique théorique sera en crise. Quelque chose sera sérieusement faux, soit dans les théories de formation des galaxies, soit dans notre compréhension du rayonnement cosmologique. »

Les magazines firent leurs choux gras de la « crise » que rencontrait, prétendait-on, le big bang. Les articles eux-mêmes étaient en général équilibrés, mais les titres ressemblaient souvent à une oraison funèbre : « Le big bang : mort ou vif ? » demandait un titre de *Sky and Telescope*, la grande revue populaire américaine d'astronomie. Un magazine étudiant, distribué par USA Today, publia un texte intitulé : « Adieu au big bang ? » Un article de *Science News* était titré : « Etat de l'Univers : si ce n'est pas le big bang, alors quoi ? » Le magazine *Astronomy* disait : « Après le big bang – Les nouvelles observations jettent un doute sur la manière dont s'est formé l'Univers. » La revue *Science* tentait de rétablir l'équilibre avec son titre : « Malgré l'annonce de son décès, le big bang se porte bien », mais elle ajoutait : « Néanmoins les cosmologistes vont devoir repenser une bonne partie de ce qu'ils croyaient savoir sur l'Univers après le big bang. »

Les adversaires vétérans de la théorie du big bang saisirent l'occasion pour lancer quelques grenades littéraires. Il s'agissait d'avocats de longue date de la théorie de l'état stationnaire, comme Jayant Narlikar ou Halton Arp. Narlikar soulignait en mars 1991 que, jusqu'à présent, « COBE [...] n'a[vait] trouvé aucune indication d'une inhomogénéité du rayonnement. Ces dernières observations pos[ai]ent un grave problème aux cosmologistes voués au big bang [...]. Eviter la confrontation avec les observations n'[était] guère le sceau d'une bonne théorie. »

Comme on pouvait s'y attendre, Geoffrey Burbidge exprima des commentaires similaires. Son point de vue ne peut être aisément négligé, car c'est un savant absolument extraordinaire, que j'aime et admire personnellement, malgré nos divergences en cosmologie. Dans un article écrit pour le numéro de février 1992 de la grande revue de vulgarisation, *Scientific American*, il soutenait qu'une faille capitale de la théorie du big bang était l'interminable controverse sur la valeur de la constante de Hubble. Cette valeur indique la vitesse d'expansion du cosmos, et est inversement proportionnelle à l'âge du cosmos dans la théorie du big bang. Les experts débattent de sa valeur depuis des années. Il est important de résoudre ce point, car un cosmos très jeune, 10 milliards d'années par exemple, est difficile à réconcilier avec le grand âge de certaines galaxies ou de certains amas globulaires, estimé autour de 14 milliards d'années. Bien évidemment l'Univers ne peut pas être plus jeune que certains de ses constituants. « Et pourtant, écrivait Burbidge, la version favorite du big bang conduit à un Univers d'un âge compris entre 7 et 13 milliards d'années. »

Les cosmologistes du big bang en étaient « réduits à des contorsions » pour expliquer les désaccords apparents, et les théoriciens opposés au big bang ont été réduits au silence par une « forme de censure », accusait Burbidge. Il préférait une version modernisée de la théorie de l'état stationnaire, où « une création continue a lieu en petits bangs [...]. Dans un tel modèle le rayonnement est engendré par les galaxies, et ne leur est jamais couplé. » Il faisait aussi grand cas de l'échec de la détection des anisotropies : « Le fond de rayonnement cosmologique paraît uniforme au cent-millième près, ce qui est proche du niveau où le big bang doit être abandonné ou modifié de manière significative. »

A l'automne de 1991, notre carte du ciel devenait de plus en plus nette, et la présence de rides devenait plus convaincante, mais ce n'était pas irréfutable. Nous avions réanalysé nos données avec un nouveau logiciel, et obtenu une carte plus nette. En septembre nous tînmes à nouveau une réunion sur les erreurs systématiques et éliminâmes d'autres pièges potentiels. La confiance montait, et cela m'ennuyait. Il nous fallait nous appliquer encore plus, soutenais-je, et offrir un billet d'avion gratuit pour la destination de son choix à toute personne qui démontrerait que les rides étaient un artefact. Je voulais motiver l'équipe pour qu'elle recherche les problèmes plutôt que de supposer que tout allait bien. Quand on devient suffisant, on devient insuffisant. En science, si l'on désire trouver un effet, il est bien trop facile de se laisser convaincre qu'on l'a obtenu. Pour citer Richard Feynman : « Le premier principe est de ne pas vous tromper vous-même, et vous êtes la personne la plus aisée à tromper. »

Ned Wright, convaincu que nous avions un vrai signal, nous poussait encore plus fortement à publier nos résultats et à laisser la communauté astrophysique juger de leur qualité. Le 9 octobre 1991, il présenta un « article préliminaire » défendant son point de vue lors d'une réunion du Groupe scientifique. Il soutenait que nous devions soumettre un article sur nos résultats à l'*Astro-*

physical Journal. Il pensait que notre équipe devait publier ces données pour que les théoriciens cessent de s'engager dans des impasses. David Wilkinson recommandait la prudence : il n'avait pas oublié le « quadrupôle » qu'il avait cru détecter une dizaine d'années plus tôt, avant de le voir s'évanouir. Ned répondait que les données de COBE étaient plus fiables que celles d'un ballon, et que nous devions marquer notre confiance en eux. COBE voyait la totalité du ciel depuis une orbite stable, tandis qu'un ballon dans l'environnement instable de la haute atmosphère ne voyait qu'une fraction réduite du ciel. Il pensait aussi qu'il fallait « lancer l'effort de publication car il [fallait] pas mal de temps pour se faire publier dans l'*Astrophysical Journal* ».

Ned et moi eûmes quelques chaudes discussions à ce sujet, et il quitta plus d'une fois la pièce en colère, convaincu, j'en suis sûr, que je m'obstinais sans raison valable.

A la fin, le Groupe repoussa la proposition de Ned : nous n'enverrions pas de texte à l'*Astrophysical Journal*, pas encore [3]. En tant que membre du Groupe scientifique, il était tenu par cette décision de garder le secret pour le moment. Nous voulions attendre qu'un nouveau logiciel ait réexaminé les données de la première année, et que nous ayons exploré plusieurs erreurs possibles. Le nouveau logiciel comportait plus de contrôles internes et était plus fiable. Il nous semblait important de vérifier très soigneusement nos résultats avant de franchir le Rubicon et d'annoncer nos conclusions, même provisoires, avec tous les risques que cela impliquait. L'enjeu était très gros : nous ne voyions aucun intérêt à annoncer un résultat qui aurait certainement un gros impact dans la presse, si nous devions nous rétracter et nous humilier. On n'imagine pas à quel point un instrument peut se retourner et mordre s'il n'est pas constamment surveillé.

3. Ned, comme Al Kogut, joua un rôle crucial pour convaincre le Groupe scientifique que nos résultats étaient corrects et méritaient une publication. Il mit au point plusieurs logiciels d'analyse, ainsi que des simulations qui contrôlaient indépendamment les résultats de DMR.

Les rumeurs commencèrent à courir dans la communauté des cosmologistes, et un nombre croissant de nos collègues tentèrent d'estimer ce que nous avions trouvé. A un moment, Richard Bond vint me voir et me dit : « On m'a dit que vous aviez un quadrupôle de 13 microkelvins dans vos données. » J'ai souri et répondu de manière évasive. Parfois quelqu'un essayait de prêcher le faux pour savoir le vrai, en me demandant : « Il paraît que vous avez trouvé des anisotropies à tel ou tel niveau », et je répliquais : « C'est un peu gros, vous ne pensez pas ? »

A Goddard, Sacha Kashlinsky travaillait tout près de Chuck Bennett, et il entrait souvent dans son bureau en disant quelque chose comme : « Hé, Chuck, on dit que vous avez un gros quadrupôle », ou : « Il paraît que vous avez quelque chose, mais *pas* de quadrupôle. » Chuck ne mordait pas à l'hameçon. De temps en temps j'envoyais des messages à l'équipe par courrier électronique, pour exiger que personne ne souffle mot de nos résultats tant que nous n'avions pas de certitude. Je ne sais pas si mes inquiétudes étaient justifiées et si le physicien Alan Lightman du MIT avait entendu quelque rumeur, toujours est-il que son livre *Ancient Light* incluait en 1991 une brève référence sibylline à de « très récentes observations », par une équipe scientifique non précisée, qui « indiquent une détection positive de fluctuations du rayonnement cosmologique au niveau du cent-millième, ce qui provoquerait un grand soupir de soulagement chez les théoriciens, mais ces observations n'ont pas été complètement analysées ». Il paraît qu'au cours de la Seconde Guerre mondiale, même un aussi grand « secret » que celui de la bombe atomique faisait l'objet de rumeurs dans les cercles scientifiques. Qui sait ce que les gens disaient de DMR à la fin de 1991 ?

En octobre 1991, notre plus récente carte du ciel était affichée au mur de la salle des opérations. Elle n'avait rien de spectaculaire, des taches bleues et rouges sur fond vert. Je me tenais devant, seul un soir, et je me disais : « Et voilà, c'est là. C'est ce que je cherche depuis dix-huit ans. » Bien que je me fusse rangé du côté des conservateurs dans la question de rendre publics nos résultats, je ressentais profondément au fond de moi que nous avions tout fait correctement avec notre instrument, et l'équipe avait si bien collaboré, l'analyse avait été si prudente, la recherche d'erreurs systématiques si complète, que nous *avions* trouvé les rides du temps, ce Graal de la cosmologie moderne.

Mais l'expérimentateur en moi exigeait une autre vérification, un test supplémentaire qui éliminerait une source potentielle de distorsion : une interférence radio venant de notre propre Galaxie. Au cours des années, j'avais souvent étudié l'influence possible de la Galaxie sur la mesure du fond de rayonnement. Quinze ans plus tôt avec Chris Witebsky, alors mon étudiant, j'avais construit des modèles du signal de la Galaxie pour la conception de DMR. Les modèles étaient fondés sur les cartes radio et d'autres relevés du ciel, et sur certaines interpolations. Nous avions régulièrement mis à jour ces modèles, et au cours de nos mesures du fond de rayonnement nous les avions vérifiés en mesurant régulièrement le signal de la Galaxie à des endroits choisis. Nos données s'accordaient en général avec les modèles, mais nous n'avions jamais vérifié à ce niveau de précision, ni contrôlé les cartes de l'hémisphère austral moins souvent mesuré.

Ayant soigneusement étudié ces modèles, j'étais arrivé à la conclusion que l'interférence galactique ne pouvait pas dépasser 10 % du signal que nous voyions. Chuck Bennett craignait que cela fût un problème important. Avec Gary Hinshaw, il commença une vérification indépendante et systématique de nos estimations. Il pensait que notre carte pouvait en être défigurée. Je soutenais que la seule façon dont notre carte pouvait être déformée serait une erreur dans le signal de la Galaxie. Plusieurs années plus tôt, j'avais mesuré avec Giovanni De Amici l'émission galactique à l'observatoire de la White Mountain en Californie, en même temps que nos mesures du fond de rayonnement à grande longueur d'onde. Ces résultats étaient en accord avec les modèles, mais n'excluaient pas de façon certaine une erreur dans les cartes de la Galaxie. Et je savais que s'il y avait une possibilité quelconque d'aboutir à un résultat erroné, je ne pouvais pas l'ignorer même si je n'y croyais guère. Encore une fois, le ciel austral était crucial : la Galaxie y est bien plus spectaculaire qu'au nord, et beaucoup moins bien mesurée (surtout à l'extrême sud).

La seule façon d'attaquer la question de l'interférence galactique était d'effectuer des mesures améliorées en Antarctique. Mon équipe y avait déjà une base d'observations, car la NSF (Fondation nationale pour la science) avait approuvé notre proposition d'y effectuer des mesures spectroscopiques à grande longueur d'onde, qui compléteraient celles de FIRAS. L'Antarctique est le meilleur site d'observation cosmologique, après un satellite bien sûr, en raison de son air froid, sec, sans pollution, à basse pression, et de ses grandes étendues plates. A 2 kilomètres du pôle Sud se trouvait une station d'observation, où nous pourrions écouter les murmures électromagnétiques de la Voie lactée, et confirmer ou infirmer notre carte céleste.

Chapitre XIII

UN ENDROIT DÉTESTABLE POUR FAIRE DE LA SCIENCE

> « On recherche des hommes pour un voyage hasardeux. Faibles salaires, froid intense, longs mois d'obscurité complète, danger constant, retour sauf douteux. Honneur et reconnaissance en cas de succès. » (Annonce passée vers 1900 dans un journal par Ernest Shackleton pour recruter des explorateurs pour l'Antarctique.)

Pour un visiteur néophyte, l'Antarctique ressemble à une terre de féerie : une immensité ivoire coupée de montagnes éthérées. Il y a plusieurs siècles, les Européens imaginaient un continent luxuriant et habité en bas de la Terre, mais les explorateurs du XIXe siècle découvrirent autre chose. Le continent les gela, les affama, les affola, les avala dans d'immenses tempêtes, et écrasa leurs navires dans ses dents de glace. « Grand Dieu ! » s'exclama l'explorateur Robert Scott, peu avant que le continent ne l'absorbe. « C'est un endroit détestable... ! »

En novembre 1991, mes collègues et moi nous aventurâmes dans ce royaume formidable. A reculons, car j'avais une idée des conditions physiques auxquelles nous aurions à faire face : le froid extrême, les blizzards, la haute altitude, l'isolation, le risque d'une blessure grave, voire la mort. J'ajouterai au commentaire désespéré de Scott, et je dirai de l'Antarctique que c'est un endroit détestable pour faire de la science. Malheureusement, nous n'avions pas le choix : nous voulions établir la carte de l'émission radio de notre Galaxie, et l'Antarctique était le meilleur endroit sur Terre pour cela.

Le satellite COBE, lancé deux ans plus tôt exactement, survolait l'Antarctique toutes les cent minutes à 900 kilomètres d'altitude. Après deux années complètes de données accumulées par COBE et minutieusement examinées et analysées à Goddard et à Berkeley, nous étions sur le point d'identifier des fluctuations dans le fond de rayonnement, possible empreinte des germes cosmiques à partir desquels s'était faite la croissance des galaxies. Mais il y avait un risque, que je pensais faible mais qu'on ne pouvait négliger, que notre carte des rides ne fût qu'un artefact, une conséquence du torrent de rayonnement que la Galaxie déverse continuellement.

Les astronomes avaient déjà établi une carte de ce rayonnement galactique, mais trop fragmentaire pour notre confort. Nous devions être absolument sûrs de son allure, pour pouvoir la comparer à notre carte des rides et estimer de combien la contribution de la Galaxie déformait cette carte. Pour annoncer la découverte de germes remontant à l'aube des temps, nous devions être sûrs de ne pas faire d'erreurs. Non, il n'y avait pas moyen d'éviter l'Antarctique.

L'Antarctique, qui représente un sixième des terres émergées, est vraiment un monde à part. Des hautes vallées sèches aux immenses banquises, le continent qui hébergeait autrefois une vie luxuriante est aujourd'hui à peine peuplé, même sur les côtes. Les immenses montagnes qui le séparent en deux sont enfouies sous une calotte de glace de plusieurs kilomètres, dont le poids est si grand que le socle continental s'enfonce. Si on enlevait la glace, le continent remonterait d'une centaine de mètres, et si la calotte fondait, le niveau des mers monterait de 60 mètres.

Les historiens pensent que la première personne à identifier correctement le continent antarctique est le capitaine et explorateur russe Fabian Gottlieb von Bellingshausen, lors d'une expédition en 1820. Les visionnaires de l'époque victorienne virent dans l'Antarctique la dernière terre vierge et firent campagne pour sa

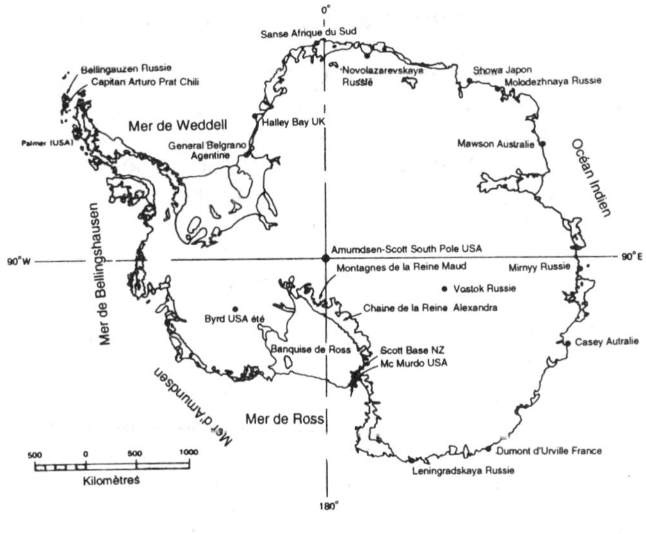

Antarctique: principales bases scientifiques

Figure 46. L'Antarctique.

conquête. Ils assurèrent que la science progresserait en répondant à des questions telles que : « L'Antarctique formait-elle un continent ou deux ? » L'océanographe américain Matthew Fontaine Maury se plaignait qu'un « sixième des terres émergées de notre planète nous soit aussi inconnu que l'intérieur des satellites de Jupiter ».

L'âge héroïque de l'exploration de l'Antarctique commença en 1902, quand Robert Scott, Edward Wilson et Ernest Shackleton tentèrent d'atteindre le pôle Sud. Ils parvinrent à moins de 800 kilomètres, avant que la violence du temps les oblige à faire demi-tour. En 1908, Shackleton arriva à 180 kilomètres du pôle. Enfin, le 14 décembre 1911, l'explorateur norvégien Roald Amundsen et quatre équipiers touchèrent au but. Ils établirent un camp et laissèrent de la nourriture pour ceux qui viendraient après eux. A peine un mois plus tard, Scott et quatre compagnons arrivèrent à leur tour au pôle. Nous pouvons imaginer le choc et leur déception en découvrant les traces du passage d'Amundsen. Scott écrivit amèrement dans son Journal : « L'Antarctique [avait] été terrible au point de nous avoir laissé la peine sans nous laisser le mérite de la priorité. »

Amundsen avait triomphé car il était mieux préparé et avait un jugement plus sûr que Scott. L'Antarctique ne pardonne pas, et les erreurs de jugement conduisent rapidement à la catastrophe. Pour atteindre le pôle en 1912, Scott avait commis l'erreur de se fier à des poneys plutôt qu'à des chiens de traîneau. Pour cette faute, et d'autres, Scott et ses compagnons perdirent la vie. L'une des huttes de Scott existe toujours sur l'île de Ross, au sud de la péninsule antarctique. A l'intérieur, on peut encore sentir l'odeur du foin de ses poneys, préservée depuis quatre-vingts ans comme un cadavre dans une chambre froide.

Ironiquement, la mythologie populaire se souvient mieux de Scott que d'Amundsen. « La compétence prosaïque d'Amundsen semble surtout servir de repoussoir à la tragédie de Scott », observe l'expert de l'Antarctique Steven J. Pyne. « Nulle part ailleurs dans la littérature occidentale on ne trouve de chronique plus forte de la vie, de l'humanité et de la civilisation réduites à l'essentiel. » Je suis fasciné par l'histoire, et la mort de Scott me hantait pendant que nous préparions notre expédition en Antarctique. Notre aventure dans cette terre hostile et gelée, en novembre 1991, durant l'été austral où le Soleil ne se couche pas, devint plus qu'une expédition scientifique. Ce fut aussi un test personnel.

En Antarctique, par un beau jour d'été, la température avoisine les – 30° C et un vent frais peut signifier des gelures immédiates. Mon enfance en Alaska ne m'avait pas donné la nostalgie des oreilles engourdies et des doigts gelés. Je ne trouve pas qu'une température glaciale soit vivifiante, et je ne plonge pas dans un lac moucheté de glace au jour de l'an. Quand le thermomètre chute, mon corps ralentit, mes muscles craquent, je me bats avec les rhumes et les sinusites, je deviens fiévreux et fatigué, et je me sens très misérable. Pis encore, le pôle

Sud est à haute altitude et l'air y est très sec. Il n'y a pas assez d'air pour respirer normalement, et les coupures n'ont pas assez d'oxygène pour cicatriser. Je m'attendais à ce que l'Antarctique soit une misère continuelle. Quand je me confiai à des amis, ils me dirent : « On peut *tout* supporter pendant un mois. »

Je ne pouvais oublier le destin de l'expédition Scott : les explorateurs sans vie, raides de gel, les yeux ouverts, horriblement près du terme de leur voyage, à 18 kilomètres à peine d'un refuge, de la chaleur et de la nourriture. Si leurs jambes les avaient portés un peu plus, ils ne seraient plus qu'une note dans les livres d'histoire. Mais ils sont morts vaillamment, sans raison, et sont ainsi devenus des héros, des figures mythiques. Leur expédition fut l'exemple même de l'échec noble. Pour la génération suivante, plus cynique, ils devinrent quelque chose d'un peu différent, le symbole de l'échec parfait, ainsi que la métaphore littéraire idéale pour illustrer le crépuscule de l'optimisme victorien, avec le naufrage du *Titanic*. Les derniers mots du Journal de Scott me hantaient : « L'échec de cette expédition ne peut aucunement être attribué au manque de préparation ni aux efforts des hommes [...]. » Je n'avais nulle envie de devenir une métaphore du désastre.

Quand la NSF (Fondation nationale pour la science) eut approuvé notre proposition, nous suivîmes des stages sur la sécurité. Les experts de l'Antarctique nous montrèrent des photos horribles de ce qui arrive aux gens quand ils ne font pas attention. Par exemple, un homme qui tirait un traîneau n'avait pas pris garde que la corde coupait la circulation du sang dans sa main. Sa main fut traversée d'une ligne bleue : tout ce qui était au-delà devint noir et ses doigts avaient tellement enflé que la peau avait éclaté comme un ballon.

Pour être admis dans les bases américaines de l'Antarctique, nous subîmes tous un examen médical approfondi. Les responsables ne tenaient pas à avoir au pôle Sud un patient nécessitant une opération cardiaque en urgence, ni l'extraction d'une dent de sagesse. Des histoires macabres circulaient au sujet de gens tombés malades dans certaines bases de l'Antarctique, comme ce médecin de la station russe obligé de se couper lui-même l'appendice. D'ailleurs, tous les militaires américains subissent une radio panoramique de la mâchoire, afin de pouvoir identifier leurs restes en cas de malheur.

Je tentais d'apaiser mes craintes en me plongeant dans les préparatifs du voyage. Marc Bensadoun, un étudiant, et Giovanni De Amici s'occupèrent de la logistique, et auraient aussi la tâche de mesurer l'émission de notre Galaxie. De Amici, un montagnard italien d'une grande énergie, n'aime ni le vin ni l'ail, et il a toujours l'air de dire : « Remettons-nous au travail. » Le chef de file de nos collaborateurs italiens de Milan, Giorgio Sironi, ne put venir, car l'examen médical décela un risque de tumeur. Il avait été opéré, mais était encore convalescent. Notre équipe pour l'Antarctique avait déjà collaboré auparavant à l'observatoire de la White Mountain en Californie et en Italie.

Pendant les six mois précédents, les occupants de la base au pôle Sud avaient vécu dans la nuit, et ils étaient presque coupés du monde depuis huit mois. Leur isolement n'avait été interrompu qu'une fois, au milieu de l'hiver austral, quand un avion de la marine américaine les survola pour larguer du courrier, des vivres et un peu de matériel. Maintenant, en novembre, le long hiver se terminait, et le Soleil se levait chaque jour plus haut. Quatre jours avant mon départ, John Lynch, du programme Antarctique de la Fondation nationale pour la science, m'informa avec entrain que le pôle Sud était officiellement « ouvert » pour la saison. Les vents soufflaient à 46 kilomètres à l'heure et la température était douce, – 58° C. *Oh mon Dieu ! – 58° C et 46 kilomètres à l'heure !* Je n'avais rien enduré de pire que – 35° C. Mes craintes se réveillèrent violemment. La veille du départ, je me livrai à une débauche d'achats en catastrophe, achetant pour 1 500 francs de sous-vêtements chauds. J'ajoutai une combinaison polaire, plus une combinaison « grands froids » et deux combinaisons plus légères à porter dessous, au cas où ce serait vraiment terrible. J'achetai aussi un meilleur masque, et des moufles à porter par-dessus les gants pour se protéger du vent.

Les équipes américaines rejoignent l'Antarctique en passant par Christchurch, en Nouvelle-Zélande. Là, on nous expliqua encore une fois tout ce que nous devions savoir pour notre expédition, et aussi la conduite à tenir si l'avion tombait dans les eaux de l'Antarctique. Ce n'était pas une plaisanterie : la météo imprévisible et l'absence de contrôle aérien rendaient ces vols dangereux. A travers le continent blanc, les queues des avions écrasés il y a plusieurs dizaines d'années émergent de la glace comme des croix sur des tombes. Les amateurs d'émotions fortes risquent leur vie en payant des milliers de dollars le prestige d'un vol commercial au-dessus du pôle.

Dans nos parkas rouges et nos grosses bottes, nous traversâmes la piste de l'aérodrome de Christchurch pour rejoindre l'avion-cargo militaire, un C-141 qui ressemble à une baleine métallique avec des ailes. Un bagage personnel, ce qu'on peut entasser dans un sac marin, c'était tout ce à quoi nous avions droit. Et nous étions là, alignés sur la piste, en plein été néo-zélandais, avec tout notre équipement de survie dans un sac de 25 kilos. Nous transpirions à grosses gouttes. On nous donna à chacun un casque antibruit et un panier-repas. L'intérieur de l'avion ressemblait à un Boeing 747, sauf qu'il était tout nu : juste le squelette métallique de l'avion. C'était spartiate, mais cela supprimait beaucoup de poids inutile. Pas de fauteuils confortables : nous nous étions attachés à des sangles rouges pendues aux parois. D'énormes caisses en bois nous dominaient, essentiellement du ravitaillement, de l'équipement de construction et nos instruments scientifiques. Le chargement prenait tant de place que nous devions nous glisser dans les trous. Il n'y avait pas assez de place pour les jambes, aussi valait-il mieux être en bons termes avec son voisin pour pouvoir étendre ses jambes sous son « siège ».

Les réacteurs montèrent en régime, nous cahotâmes sur la piste et nous ressentîmes ce bref allégement qui marque le décollage. Nous étions en route pour la station McMurdo, sur la côte de l'Antarctique, survolant des milliers de kilomètres de mer hachée et glacée. Les néophytes étaient visiblement nerveux, tandis que les anciens se comportaient comme... eh bien, comme des anciens. L'avion était si bruyant qu'il était impossible de parler à son voisin sans hurler, d'où les casques. C'était le rituel sur les vols vers l'Antarctique. Pendant les huit heures suivantes, on pouvait lire, dormir, regarder à travers le hublot, ou manger son panier-repas – sandwiches, jus de fruits, dessert. C'était tout. C'était surtout parfaitement ennuyeux. J'étais fatigué, aussi je m'endormis. Je regardais de temps en temps par le hublot, en me demandant quand nous verrions des icebergs.

Une heure avant l'atterrissage à McMurdo, je ressentis une excitation mêlée de crainte. Je n'étais pas le seul. Une femme de l'armée de l'air se mit à enfiler d'autres vêtements. Un quart d'heure avant l'atterrissage, elle avait revêtu trois bonnets, des combinaisons, des gants et des moufles. Les autres passagers la regardaient du coin de l'œil en hochant la tête [1].

Un atterrissage sur la glace ressemble à un atterrissage sur du béton : bump, screech, et ça y est. La seule différence est que les passagers tout excités se jettent

1. Je faisais le voyage avec Steve Levin, un étudiant qui faisait alors un mémoire sur le projet, et qui travaille maintenant à Pasadena sur le projet SETI de recherche d'intelligence extraterrestre. Nous eûmes la chance d'arriver directement en Antarctique. Le reste de l'équipe – Giovanni De Amici, Marc Bensadoun, Michele Limon et Marco Bersanelli – vécut une expérience plus « normale » : leur vol fut annulé à plusieurs reprises, les laissant en plan en vêtements polaires dans le chaud climat de Christchurch, et quand, après plusieurs déceptions (très) matinales, ils s'envolèrent enfin, ce fut pour faire demi-tour à mi-parcours. Marco dormait quand l'avion fit demi-tour, et se réveilla peu avant l'atterrissage. Il enfila rapidement le maximum de son costume de survie antarctique et regarda par le hublot : « Je ne croyais pas que l'Antarctique serait tellement verte », dit-il avant de remarquer que personne d'autre ne s'était habillé. L'Antarctique n'est absolument pas verte.

des coups d'œil et remuent les lèvres comme pour dire : « Grands dieux ! nous voilà en Antarctique ! » Nous nous étions posés sur la banquise de la mer de Ross. Une lumière blanche pénétrait par le hublot. La porte s'ouvrit, et une bouffée d'air glacé pénétra. Traînant nos sacs marins, nous nous faufilâmes dehors et descendîmes l'échelle. La neige crissait. Autour de nous, c'était un autre monde. La blancheur était partout, les glaciers immenses disparaissaient dans les nuages. Nous avions le souffle coupé de bonheur. C'était une expérience sublime comme il y en a peu sur Terre. Le Soleil brillait si fort que nous en étions désorientés. Je me sentais pris de vertige tandis que je fouillais mon sac à la recherche de mes lunettes de soleil. Dans le lointain je pouvais voir la chaîne de montagnes qui traverse l'Antarctique. Je pris des photos. Mes mains tremblaient dans le vent glacial. Les moteurs de l'avion continuaient à tourner pour ne pas être bloqués par le gel, ce qui augmentait le vent.

Notre crainte mêlée de respect s'effaça quand nous nous rendîmes compte que notre peau s'engourdissait. La température était de – 29° C. Au loin, des hommes en uniforme nous hurlaient de nous écarter de l'avion et de grimper dans leur véhicule, qui ressemblait à une grosse boîte orange sur d'énormes pneus de tracteur, remorquée par un drôle de gros engin. Sans quitter des yeux le fantastique paysage, nous avançâmes en trébuchant jusqu'au véhicule, qu'ils appelaient un Delta, et escaladâmes l'échelle métallique glissante. Comme nous partions, l'arrière de l'avion-cargo s'ouvrit en deux coquilles, et des chariots élévateurs montèrent, se saisirent des caisses et les transportèrent à l'extérieur vers un entrepôt.

Roulant à 15 kilomètres à l'heure, le Delta nous emmenait à notre étape du jour, la station McMurdo, une vraie petite ville. McMurdo est la plus grande des trois bases américaines permanentes en Antarctique, et elle a été construite dans les années 50. Avec une population qui passe de 250 habitants en hiver à 1 200 en été, McMurdo est un fouillis de baraques et de bâtiments de toute forme et de toute taille, et elle a longtemps mérité sa réputation d'endroit le plus pollué de la planète : des décennies de déchets de toute sorte s'empilaient sur la glace. En réponse aux protestations d'organisations comme Greenpeace, un effort a été fait pour nettoyer ce gâchis. C'était encore loin d'être parfait, et un responsable de la NSF comparait McMurdo à un camp de mineurs : les routes sont sales, des tracteurs et d'étranges véhicules grondent partout, et nombre de barils et de caisses sont dispersés dans les zones de stockage. Grâce au ciel, nous n'étions là que pour trois jours, afin de préparer notre voyage vers la station du pôle Sud, à un bon millier de kilomètres au centre du continent.

La vie sauvage n'existe pratiquement que le long des côtes. La base de McMurdo est juste assez à l'intérieur des terres (reliée à la mer par un chenal généralement gelé) pour apparaître dénuée de vie, à part les hommes. En réalité, elle grouille de vie, mais il faut faire un effort pour la découvrir. Pendant notre séjour, nous avons visité ce monde secret. A mi-chemin entre les stations de McMurdo et de Scott, un trou d'exploration avait été foré dans la glace, et un tube placé à l'intérieur avec des hublots au fond. Pour atteindre le trou, nous avons marché une demi-heure sur la glace. Il est tout proche d'un trou naturel où les grands phoques viennent se chauffer au soleil. J'enlevai ma parka pour descendre dans le tube très étroit, tellement étroit que je n'avais pas la place de plier les genoux pour descendre à l'échelle. Je dus descendre d'échelon en échelon à la force des bras, tout le long des 12 mètres. Au fond, je regardai par un hublot le monde aquatique crépusculaire et froid sous la banquise. Dans la lumière bleutée irréelle qui filtrait à travers la glace, je voyais des plantes onduler sur le fond de l'océan, des méduses et des krills semblables aux crevettes, flottant entre deux eaux. Cela serait notre dernier aperçu de la vie dans un environnement naturel jusqu'à ce que nous revenions du pôle Sud.

Un avion-cargo C-130 Hercules, muni de skis, nous

emmena de McMurdo au pôle Sud. Le vol était bien plus spectaculaire, et plus dangereux, que le vol de la Nouvelle-Zélande à McMurdo. Nous avons survolé les pics aigus de la chaîne qui barre l'Antarctique, où des glaciers épais de 1 kilomètre se rident de crevasses mortelles. La plupart du temps, le sol est uniformément lisse et blanc, aussi dénué de points de repère que la surface d'une boule de billard. Les visiteurs qui arrivent pour la première fois au pôle Sud sont en général tellement excités que, dès l'arrivée, ils sautent de l'avion pour courir à l'extérieur. Ce n'est pas une bonne idée, car le pôle est à 2 700 mètres d'altitude, et l'air est si peu dense que le simple fait de se lever et de bouger rapidement peut vous donner le vertige. Des mouvements excessifs, et vous risquez de vous évanouir du fait du mal des montagnes, ou d'aspirer trop d'air froid et de vous brûler la gorge.

Au milieu du vacarme des turbopropulseurs de l'avion, je pouvais voir le pôle de cérémonie à une centaine de mètres : un poteau rouge et blanc, surmonté d'une sphère argentée grosse comme un ballon de basket, au milieu d'un demi-cercle de drapeaux. Les visiteurs posent devant, et la photo décore ensuite leur intérieur. C'est une parfaite métaphore visuelle. Ce pôle de cérémonie n'est pas très loin du vrai pôle, le pôle géographique, mais celui-ci est plus difficile à indiquer car la glace bouge sans cesse.

Pendant que j'étais là, je me suis filmé moi-même en marchant de la base au pôle de cérémonie. Si jamais je souhaite me rappeler les conditions de vie en Antarctique, je n'ai qu'à regarder ce film, et écouter ma respiration difficile, et mon essoufflement quand je m'efforçais de décrire les scènes que je voyais, pendant que je m'épuisais dans la neige crissante. En général, je n'ai pas besoin de ce rappel.

A 400 mètres de là se trouve la station du pôle Sud, base scientifique américaine. Au centre miroite un dôme géodésique, zébré par la neige. A l'intérieur du dôme, plusieurs bâtiments abritent une cafétéria, une infirmerie, un sauna, une bibliothèque, une salle de télé-

Figure 47. George Smoot au pôle de cérémonie. Noter la barbe gelée par la respiration (Giovanni De Amici).

vision, une salle de billard et un petit gymnase. Le dôme est à demi enterré dans la neige, aussi faut-il descendre une rampe de neige gelée pour y accéder. En disparaissant dans ce tunnel et dans les cavernes qui s'y raccordent, on échappe au vent, et l'on se sent tout de suite réchauffé. Il fait pourtant quelques dizaines de degrés en dessous de zéro à l'intérieur. Une étrange lumière bleutée éclaire les quelques panneaux encore transparents du dôme. Des stalactites de glace pendent, cristallisées à partir de la vapeur d'eau de la respiration des habitants.

Après une réunion d'orientation, les responsables de la base nous attribuèrent des couchettes dans un camp d'été formé de grandes tentes vertes hébergeant une centaine des résidents de l'été polaire. La première chose à retenir est de ne pas laisser ses bottes sur le sol pendant la nuit, faute de quoi elles sont plus froides que de la glace au matin. On apprend aussi la règle des trois caisses de bière : si trois caisses de bière sont empilées dans la tente, celle du bas gèlera, celle du milieu sera trop froide pour être bue, et celle du haut sera juste à la bonne température.

Il était temps de s'occuper de science.

Mon ardeur retomba quand j'arrivai au site d'observation. Il n'était absolument pas préparé à nous recevoir. Le mauvais temps et la maladie avaient empêché le personnel de la station de s'en occuper. La tente prévue était pleine de trous et à moitié ensevelie sous des congères. Il nous fallut la nettoyer, préparer le site, y amener notre équipement, le déballer et l'installer. Des jours passèrent rien que pour localiser tout notre équipement : si une partie était sur place, une autre était encore stockée dans les entrepôts de la station, et il en était resté à McMurdo ou Dieu sait où.

Notre premier jour de travail sur le site fut absolument déprimant, sans une lueur d'espoir. Le froid nous mordait la peau, le vent la lacérait. Nous évitions de toucher le métal à mains nues à l'extérieur pour ne pas nous brûler.

Figure 48. L'équipe italo-américaine de 1991 au pôle Sud : Michele Limon, Marco Bersanelli, Andrea Passerini, Giuseppe Bonelli, Giovanni De Amici (à genoux), Bill Vinje, Marc Bensadoun, George Smoot, John Gibson (à genoux) et Steve Levin (Giovanni De Amici).

Je ne pouvais oublier cette photo des mains gelées et noircies. Nous devions aussi veiller à ménager nos forces. Le pôle est une contrée si rude qu'on y perd vite ses repères et qu'on s'y épuise rapidement, et les gens désorientés et épuisés commettent des erreurs, parfois fatales. Heureusement, nos observations à la White Mountain, à 4 300 mètres d'altitude, nous avaient tous habitués au travail en altitude. Nous savions à quel point il est important de marcher lentement et de boire beaucoup d'eau. Parfois vous oubliez, mais la nature vous rappelle rapidement à l'ordre. C'est ce qui m'arriva : tard le premier jour, alors que nous déplacions des caisses d'équipement, je travaillai dur trop longtemps. Mon nez coulait, et l'air que j'aspirais y gelait le liquide. Je me rendis soudain compte de ce qui se passait, commençai à haleter, ce qui n'arrangea rien. La coulée d'air glacé me brûla la gorge, et j'étais là, suffoquant et toussant. Quand ma gorge retrouva sa sensibilité, elle était douloureuse et enflammée. Je repensai amèrement au commentaire rassurant de mes amis : « On peut *tout* supporter pendant un mois. »

Mes pires craintes semblaient déjà se confirmer : nous étions très en retard sur notre programme. Des pièces indispensables de l'antenne de notre radiotélescope manquaient, ainsi que de nombreuses fournitures. Et pour couronner le tout, j'étais physiquement une épave, un vieillard de quarante-six ans ayant du mal à respirer et à manger, prisonnier au bout du monde. Je me tourmentais : les choses pouvaient-elles encore empirer ? Ne pourrais-je pas mourir là, et éviter le reste des souffrances ?

Finalement, les pièces manquantes de l'antenne arrivèrent, et nous pûmes commencer le montage. Giovanni et moi nous occupâmes d'assembler l'instrument, avec lequel nous voulions écouter les effusions de la Voie lactée. L'antenne avait été construite en catastrophe à Berkeley. Tout le monde s'y était mis : nous avions rappelé notre maître artisan d'instruments Hal Dougherty de sa retraite, et engagé un étudiant, Christian Carter. John Yamada, Doug Heine et d'autres membres de l'équipe y travaillèrent vingt-quatre heures sur vingt-quatre. La partie principale était formée de vingt-quatre « pétales » séparés, et des vingt-quatre panneaux d'extension correspondants (nous les appelions l'auréole de Christian). Une fois assemblée, l'antenne avait 9 mètres de diamètre et pesait 1 tonne. Le travail avait été mené rapidement, et si l'antenne fonctionnait bien dans la douceur du climat californien, nous étions moins sûrs de son comportement face aux rigueurs polaires, aussi dures pour les machines que pour les hommes.

En plein air, nos yeux pleurant dans le vent froid, Giovanni et moi assemblâmes l'antenne pièce à pièce, pétale par pétale. Chacun des vingt-quatre pétales de métal était relié au moyeu central, formant le disque intérieur. On aurait dit l'assemblage d'une immense marguerite. Elle était tenue par des centaines de petites vis et d'écrous que nous nous efforcions d'insérer à mains nues. Nous savions que la structure terminée aurait de toute manière été difficile à manipuler, mais que dans l'Antarctique ce serait pire. Pendant notre travail, nous devions périodiquement rentrer sous la tente pour avoir une boisson chaude et dégeler nos masques et nos gants. Notre respiration gelait sur les masques, et ils devenaient raides comme du carton. Mes lunettes se couvraient de givre, et je n'y voyais plus rien. Il me fallait souvent rentrer pour les nettoyer. Nous réchauffions nos mains au-dessus de la glace qui fondait sur le poêle.

Nos épreuves n'étaient pas terminées avec le montage de l'antenne. Elle devait pouvoir pointer dans différentes directions du ciel, et j'avais conçu un système hydraulique pour incliner notre radiotélescope à différents angles. Malheureusement, nous constatâmes immédiatement à notre arrivée que le liquide hydraulique gelait. Aussi, Giovanni et moi dûmes improviser un système à base de cric de bulldozer et de cales en bois que nous pouvions insérer ou retirer à la main pour incliner le radiotélescope à l'angle voulu. Nous étions inquiets des effets du vent sur l'antenne, aussi demandai-je à un conducteur de bulldozer de creuser une cuvette dans la glace. Nous voulions monter l'antenne dans la cuvette, qui servirait de coupe-vent. Nous dressâmes aussi une clôture autour du site pour atténuer les effets du vent. La cuvette était en pente, davantage creusée du côté exposé au vent, mais pas trop : nous étions venus au pôle Sud en particulier parce que le terrain y est très plat, et nous ne voulions pas que l'antenne soit perturbée par des signaux sur l'horizon.

Nous décidâmes d'assurer l'antenne en gelant ses montants et ses articulations dans le sol. Pour cela, nous enterrâmes d'abord du bois dans la glace. Nous fîmes ensuite fondre de la glace dans un bidon de 20 litres placé sur le poêle, puis nous coulâmes l'eau sur la glace pour en faire un « socle en béton », une base solide pour l'antenne. Nous déplaçâmes alors le moyeu de son container dans la cuvette, et boulonnâmes les pivots aux blocs de bois pris dans la glace.

Finalement, nous fûmes prêts à tester le système d'inclinaison. Mais c'était sans compter un gros problème. Quand Hal Dougherty avait construit les charnières à partir de plaques d'aluminium de 25 millimètres d'épaisseur à Berkeley, il n'avait pas prévu qu'il nous faudrait les bouger sur la palette de transport. Un des angles d'une charnière se coinçait dans les montants de l'antenne, et elle ne pouvait plus s'ouvrir. Incliner l'antenne semblait alors un problème insoluble : le dispositif hydraulique prévu à l'origine était inutilisable, et le système des cales était impraticable. Giovanni voulait démonter ce satané truc et le rapporter à l'abri pour le modifier. Pas question, disais-je : si nous faisions cela, nous n'aurions jamais fini à temps pour prendre des données. Nous ne pouvions plus tolérer retards et ennuis. Nous n'avions que peu de temps à passer en Antarctique, et il fallait désormais que l'antenne fonctionne très vite. Que je sois damné si je devais endurer tout cela et ne rien obtenir. La seule pensée d'avoir à revenir dans cet endroit oublié de Dieu... j'attrapai une scie à métaux et me ruai dehors.

Le vent hurlait, et la température était tombée à 40° au-dessous de zéro. J'étais décidé à résoudre le problème en sciant 10 à 15 centimètres de la charnière pour qu'elle ne touche plus les montants, et que nous puissions enfin travailler. Je me sentais comme l'astronaute sur la Lune qui s'était résolu à réparer un bidule sophistiqué selon la bonne vieille méthode américaine : un grand coup de clé à molette.

Je me retrouvai donc en train de scier, haletant et grommelant à propos de ce damné radiotélescope et de l'Antarctique. Je ne me rendais pas compte que je respirais trop fort, que j'avalais de grandes goulées d'air polaire, qui s'engouffrait dans mes poumons en brûlant ma gorge au passage. Il faisait si froid que mes doigts et ma tête s'engourdirent, tandis que le reste de mon corps, empaqueté, commença à transpirer – les conditions idéales pour perdre connaissance, et c'est ce qui m'arriva. Les deux jours suivants, j'avais de la fièvre et ne fus bon à rien sauf à laver la vaisselle et m'occuper de tâches domestiques.

Finalement, au bout de deux semaines de douleur, de colère, et de « tape-jusqu'à-ce-que-cela-marche », nous étions prêts à écouter la Voie lactée. Cette galaxie spirale moyenne héberge quelque 10 milliards d'étoiles, et la Terre tourne autour d'une de ces étoiles dans un coin perdu de la Galaxie, dont le disque traverse notre ciel comme une traînée de lucioles. Le centre est en grande partie caché par des nuages de poussière dans la direction de la constellation du Sagittaire. De ce disque, et surtout du centre, vient un rayonnement radio intense, engendré par la chaleur produite par les condensations des nuages de poussières et de gaz en systèmes planétaires, en étoiles, mais aussi par la rotation rapide des étoiles à neutrons qui dévorent leur compagnon, et par des événements cataclysmiques de nature inconnue (un trou noir monstrueux, l'annihilation de l'antimatière ?) dans le centre de la Galaxie où les étoiles sont si serrées qu'il n'y fait jamais nuit.

Il y a aussi une autre source importante de bruit radio : le rayonnement synchrotron, émis par les électrons qui spiralent le long des lignes du champ magnétique. C'est ce rayonnement synchrotron de notre Galaxie qui nous ennuyait. Il était tellement intense que la recherche de rides cosmiques par COBE ressemblait à l'écoute d'une conversation murmurée au milieu d'une réception bruyante. Nous estimions que le bruit de la Galaxie pouvait représenter 10 % du signal capté par les radiomètres différentiels de COBE. Ce pourcentage peut sembler négligeable, mais nous craignions que cela devienne un problème car la carte radio de la Galaxie avait été construite à partir des données de plusieurs radiotélescopes. Comme elles n'étaient pas toutes parfaitement compatibles, des ajustements avaient été nécessaires pour les assembler et pour extrapoler la carte résultante aux fréquences de notre DMR. De cette manière, des erreurs importantes pouvaient se faufiler dans les données, et l'erreur vraie pouvait être bien plus élevée que ces 10 %. Peut-être assez élevée pour rendre compte de ce que nous croyions être des rides primordiales. Une fois que toutes les sources d'interférence galactique seraient reconnues, analysées et répertoriées, nous pourrions les « soustraire » des données de COBE, et ainsi, nous l'espérions, repérer les rides tant cherchées.

Le contraste entre les buts scientifiques sublimes et les moyens par lesquels nous tentions de les atteindre était grand, pour ne pas dire grotesque. Des observations astronomiques de cette importance devraient être faites avec des machines de haute technologie, pilotées par des moteurs ronronnants, et contrôlées par des ordinateurs programmant un balayage automatisé du cosmos. Et nous, nous étions là, deux fous, riant parfois ensemble, se maudissant à d'autres moments, se préparant à arpenter le ciel en déplaçant la grande antenne avec des câbles, des cales de bois, un cric de tracteur, et beaucoup d'efforts physiques. Bienvenue à la science en Antarctique !

La première fois que nous essayâmes notre système, ce fut en frissonnant. Je détendis les câbles et Giovanni tourna la manivelle du cric. L'antenne commença à basculer vers la position prévue. Dès qu'elle atteignit une inclinaison de 15°, j'insérai des cales. Nous assurâmes les câbles, et nous courûmes à l'intérieur de la tente des

Figure 49. Giovanni De Amici à côté de l'antenne de 10 mètres assemblée (George Smoot).

instruments pour vérifier les écrans d'ordinateur qui montraient le signal monter et redescendre, en suivant la rotation de la Terre qui faisait balayer le ciel à l'antenne. Ça marchait ! Nous nous embrassâmes dans notre triomphe.

Après quelques heures de prises de données à cette inclinaison, nous voulions voir si nous pouvions atteindre des angles plus élevés. Nous ressortîmes jouer avec câbles et manivelles, inclinant l'antenne de 20°. Pas de problème. Nous reprîmes des données. Puis nous voulûmes incliner l'antenne de 30°, où elle aurait rencontré dans son balayage une source galactique intense. J'étais en extase. « Nous faisons de la radioastronomie au pôle Sud », pensai-je, radieux, en relâchant les câbles. Giovanni avait autant d'entrain que moi, et il commença à tourner la manivelle. Brutalement l'antenne fit une embardée. Je tenais deux des câbles, et en basculant l'antenne m'entraîna vers la cuvette. « Qu'est-ce qui se passe ? » hurla Giovanni. L'antenne de 1 tonne tomba sur le côté avec un craquement sinistre. J'étais sous le choc, et je courus voir si Giovanni avait été écrasé par l'énorme poids de l'antenne. Je ne l'aperçus nulle part. Heureusement, il était tombé dans un trou à côté de l'antenne. « Que s'est-il passé ? » hoqueta-t-il en émergeant ? « Le vent l'a renversée ? »

Je me sentais pris de vertiges. « Non, répondis-je, je tenais les câbles et je les laissais filer doucement, au cas où il y aurait eu une rafale, quand elle s'est mise à tirer fort. » Nous avions été imprudents, l'air raréfié avait émoussé notre jugement, et quelqu'un aurait pu être gravement blessé, ou pis encore. C'était un rappel salutaire des dangers que nous courions.

Nous avions incliné l'antenne au-delà de son point d'équilibre, et la gravité l'avait fait basculer. Giovanni et moi escaladâmes l'antenne pour examiner les pétales et les montants, mais il n'y avait pas de graves dommages. Nous avions de la chance. Etant donné les difficultés et le temps nécessaire pour obtenir des pièces de rechange au pôle Sud, il aurait été humiliant de mettre prématurément fin à notre expérience par ignorance des lois les plus simples de la physique.

Nous commençâmes à rassembler les données galactiques, simple opération de routine, et je me sentais plutôt bien. J'avais affronté mes pires frayeurs, j'avais survécu... et le matériel fonctionnait. La vie était pleine d'espoir.

Et puis un matin, assis dans la tente des instruments, je regardais les données scintiller sur l'écran. « Oh ! mon Dieu, laissai-je échapper, des extraterrestres. » Tout le monde se retourna et me regarda comme si ça pouvait être vrai. Moi-même, je le croyais à moitié. Là, sur l'écran, au milieu d'un signal relativement plat, il y avait un énorme pic. Il montait et redescendait sur l'écran, exactement ce qu'on attendrait d'une source passant à la verticale, une soucoupe volante par exemple. « Qu'est-ce que ça peut être ? demandai-je pour la forme. – Du diable si je le sais, répondit Giovanni. – Moi non plus », dis-je.

Plusieurs fois par jour, le signal apparaissait brièvement sur l'écran de l'ordinateur, puis il disparaissait. Clairement, ce n'était pas un signal naturel, une aurore boréale. Son spectre était trop pur, le signal s'étalait sur un intervalle de fréquences trop étroit pour être une aurore. Je ne crois pas aux OVNI, mais après tout ce à travers quoi j'étais passé ces dernières semaines, j'étais prêt à penser qu'il y avait une conspiration pour nous empêcher de prendre des données. Je dis à Steve en plaisantant : « Et voilà, on t'enlève du projet SETI de recherche d'intelligence extraterrestre pour étudier le fond galactique, et maintenant ces satanés extraterrestres nous empêchent de prendre des données. » Nous examinâmes plusieurs causes possibles de ce signal, toutes moins spectaculaires que des extraterrestres. Peut-être notre équipement était-il défectueux et l'amplification du signal variait-elle de temps à autre ? Peut-être notre antenne détectait-elle des signaux parasites venant d'une autre expérience au pôle Sud ? Peut-être détections-nous les variations de puissance du générateur électrique local. Cette dernière possibilité nous préoccupait particulièrement, car le groupe de Princeton dirigé par Jeff Peterson partageait un générateur avec nous, et ils mettaient de temps en temps en route une puissante pompe à vide.

Après quelques jours, nous pûmes déterminer que le signal revenait toutes les 100 minutes environ, ce qui ressemblait à un satellite passant régulièrement au-dessus de nos têtes. Mais le signal n'était pas toujours identique, ce qui m'étonnait : pourquoi le signal d'un satellite serait-il variable ? Je pointais l'antenne dans différentes directions pour identifier la source, mais sans succès. Pendant quelque temps, ces étranges signaux nous rendirent fous. Je pensais que l'interférence allait anéantir nos observations. Les signaux répétés étaient en train de rendre inutilisables une grande part de nos données.

Au bout de deux ou trois jours, nous trouvâmes un coupable possible : ce n'était pas un satellite, mais trois. Nous ne pûmes le démontrer avec certitude, mais cela me semblait l'explication la plus plausible. L'indice qu'il y avait plus d'un satellite venait de ce que le signal n'était pas toujours à la même heure de la journée. Des satellites distincts sur des orbites séparées expliqueraient bien l'heure variable de leurs signaux. De plus ils émettaient sur une bande interdite par les accords internationaux.

Le dommage était accompli : nous avions cinq bandes de fréquence mais, à cause d'eux, deux seulement étaient exploitables. Entravés de cette manière, nous prîmes des données pendant deux semaines encore, trois en tout. Nous pouvions déjà comparer notre nouvelle carte de la Galaxie avec les précédentes, et apparemment cela coïncidait. Une comparaison plus détaillée devrait attendre notre retour à Berkeley.

Bien que le travail de cartographie radio de notre Galaxie, auquel Giovanni et moi consacrions le plus clair de notre temps, eût été destiné à contrôler la valeur de nos données de COBE pour la recherche des rides cosmiques, nous avions déclaré comme couverture que c'était un projet intéressant en soi. Nous devions garder le secret sur nos vrais buts immédiats, car nous ne voulions pas que la nouvelle de notre découverte possible de rides soit prématurément connue par une fuite. Comme j'étais en contact constant avec Goddard et avec Berkeley par courrier électronique, cela se révéla difficile.

Au pôle Sud, le courrier électronique est public, et non privé comme d'habitude, et n'importe qui pouvait lire les messages que j'envoyais ou que je recevais. Un astronome astucieux, tel que Jeff Peterson de Princeton, aurait instantanément fait le rapprochement s'il était tombé sur un message explicite entre moi et le reste de l'équipe aux Etats-Unis. Je devais choisir mes mots avec soin. A Goddard, Al Kogut faisait de même. Il m'informait de l'avancement des travaux par des messages comme : « Nous avons fait tourner tel et tel programme. Phil Keegstra a fait passer à l'ordinateur les modèles X, Y et Z, et les effets magnétiques sont peu importants. » C'était très neutre, et nullement du genre : « Hé, l'anisotropie est de plus ou moins 2 aujourd'hui ! »

Au début de décembre, un radioamateur me connecta avec mes parents aux Etats-Unis. J'avais oublié la différence d'heure et je les réveillai à 2 heures du matin. Il leur fallut un peu de temps pour réaliser que la voix crachotante venant de l'Antarctique était celle de leur fils. Maman me demanda : « Il fait froid là-bas ? » Je lui assurai que oui. Papa plaisanta : « Tu n'avais pas assez de bon sens pour en rester éloigné ? Je t'avais emmené en Alaska pour que tu voies le genre d'endroit que c'est ! » Je leur dis que notre travail avançait bien, heureusement, car je devrais bientôt revenir pour faire le point sur COBE. Après avoir raccroché, papa dit à maman qu'il avait senti quelque chose dans ma voix. « Il est excité par quelque chose, et il ne nous a pas tout dit. »

Travailler au pôle Sud est extraordinaire, surtout si l'on est seul à l'extérieur. Là où nous étions, à 2 kilomètres du pôle, le terrain est très plat, brillant et isolé. Il faut bien regarder pour voir la station dans le lointain. C'est irréel : vous êtes seul avec votre instrument dans une vaste étendue blanche. Rien ne vous distrait à l'extérieur, et vous pouvez vous concentrer complètement sur votre tâche. Vous devez prendre garde à ce que vous faites. Cela ressemble à une expérience comme un jeûne durant une retraite religieuse, ou une immersion dans un caisson de privation sensorielle, mais c'est encore plus intense. Avec plusieurs expériences en cours, chacun des membres de l'équipe connut cette impression. Michele Limon souffrait de gelures au nez à un moment, et il vint se réchauffer dans la tente en claquant ses mains l'une contre l'autre. Comme on lui demandait comment il se sentait, il répondit : « Je me sens tellement vivant ici. J'adore ça malgré les conditions de vie. » Il avait raison, il y a quelque chose de pur et de vivifiant dans cette expérience.

A la mi-décembre, Steve Levin et moi fîmes nos bagages pour rentrer aux Etats-Unis. Je voulais être de retour pour ce que j'espérais être la réunion finale concernant les erreurs systématiques dans les résultats des radiomètres différentiels de COBE. Nous devions aussi faire l'analyse détaillée des données rassemblées au cours du mois. A 4 h 30 du matin, le 15 décembre, l'avion s'arracha de la piste, et j'étais heureux de partir. Nous arrivâmes à McMurdo et nous devions prendre l'avion de l'après-midi pour retourner en Nouvelle-Zélande. A McMurdo, Steve prit une douche bienvenue et un peu de repos, tandis que j'allais voir le représentant de la NSF pour emplir les imprimés concernant l'expédition. Il y a toujours des formulaires partout. En quittant McMurdo, nous vîmes que la banquise commençait à se briser. Les résidents de la station en étaient ravis, car cela signifiait que les navires allaient bientôt arriver et ravitailler la ville. A ce moment-là, je serais de retour aux Etats-Unis à m'occuper d'autres choses et j'en serais bien heureux ainsi. Steve Levin me fit sourire en disant : « Le plus beau jour en Antarctique est le jour de l'arrivée. Le second plus beau jour est le jour du départ. »

Chapitre XIV

VERS L'ULTIME QUESTION

Je montai sur l'estrade peu après 8 heures du matin, pour présenter le premier exposé du jour. Nous étions le jeudi 23 avril 1992, et c'était la réunion annuelle de la Société américaine de physique à Washington. J'étais devant un vaste public attentif. Nous avions laissé entendre que l'équipe de COBE ferait une annonce importante, et il y avait un brouhaha d'anticipation tandis que les gens s'installaient sur leurs sièges. Très peu de personnes savaient ce que j'allais dire, même si certains le devinaient sûrement. Nous avions bien gardé le secret. Bientôt, je pourrais enfin parler publiquement de nos résultats, le fruit durement gagné de dix-huit ans de recherches. Je ressentais un mélange de soulagement et de tension, et je rangeai mes notes.

Dans les quelques instants de suspens qui séparaient ces préparations routinières et apaisantes du début de mon exposé, je réfléchissais au fait que quinze ans avant j'avais fait la première annonce importante de ma carrière de cosmologiste, la découverte du dipôle dans le fond de rayonnement cosmologique. Nous avions installé un radiomètre différentiel à bord d'un avion espion U-2, et il avait démontré que notre Galaxie se déplaçait à 600 kilomètres par seconde, sous l'attraction gravitationnelle d'une concentration lointaine et massive de galaxies. L'Univers se révélait bien plus structuré qu'on ne l'avait imaginé, les galaxies n'étaient pas dispersées uniformément dans l'espace, mais agglomérées en vastes concentrations. Nos observations avec l'U-2 avaient aussi montré que le fond de rayonnement cosmologique est remarquablement uniforme, une lueur apparemment homogène venue du big bang.

Les quinze ans passés depuis ces observations avaient vu cette double conclusion se renforcer, tout en soumettant la cosmologie à un paradoxe. Si les structures massives que nous connaissons dans l'Univers actuel sont nées d'un effondrement gravitationnel au cours des 15 milliards d'années du big bang, alors une trace des structures initiales *doit* être visible dans le rayonnement cosmologique, qui nous montre l'Univers tel qu'il était à l'âge de 300 000 ans. L'instrument placé sur notre avion espion était sensible à des différences relatives de l'intensité du rayonnement inférieure au millième, mais il n'avait détecté aucun signe de structure en formation. Au début de 1992, l'absence de détection de fluctuations dans le rayonnement cosmologique était devenu un problème embarrassant pour la cosmologie. Les radiomètres à bord de COBE avaient une sensibilité dix fois accrue, et nous approchions des limites de la technologie. Si nous n'avions pu détecter de rides avec cet instrument, la science se serait trouvée dans une situation grave.

J'étais revenu de l'Antarctique quatre mois avant la réunion de la Société américaine de physique, heureux d'avoir répondu au défi des conditions physiques difficiles du pôle. L'émission radio de notre Galaxie que Giovanni De Amici et moi avions enregistrée confirmait la valeur des cartes galactiques que nous avions utilisées, nous permettant de nous concentrer sur la recherche de rides dans le fond de rayonnement cosmologique.

Restaient à franchir les derniers obstacles avant notre but, certains techniques, d'autres psychologiques. Nous pensions avoir détecté ces insaisissables rides, mais nous étions profondément conscients que nous pouvions être victimes d'une bizarrerie de la nature, ou de l'instrumentation. Notre carte du fond de rayonnement cosmologique montrait des fluctuations, certaines régions étaient plus chaudes que la moyenne, d'autres plus froides. Mais nous ne pouvions pas être sûrs que cette distribution révélait celle des rides cosmiques, ou si elle n'était que celle de l'un des nombreux artefacts dus au rayonnement de la Galaxie ou des instruments, qui simulait des rides. Je sentais s'affermir la conviction du groupe que le schéma qui apparaissait était vraiment d'origine cosmique, et ma propre conviction croissait aussi. La confiance peut être traîtresse et affaiblir la détermination des chercheurs de traquer d'éventuelles erreurs dans les données. Nous devions continuer à vérifier.

J'allai immédiatement à Goddard dès mon retour de l'Antarctique, en passant par Berkeley pour changer de vêtements. Une réunion consacrée aux erreurs systématiques était prévue à la fin de décembre, un dernier examen collectif des données et des méthodes d'analyse à la recherche de tout ce qui pourrait nous égarer, même à cette étape avancée. Al Kogut avait dirigé les études quotidiennes d'erreurs systématiques, et il avait remarquablement réussi à maintenir la vigilance de chacun. Il avait répété indépendamment ce que j'avais fait, et il avait exploré de nouvelles idées avec un œil neuf. Au bout d'un moment, Al lui-même pensa qu'il avait identifié toutes les sources possibles d'erreur. Alors nous commençâmes, lui et moi, à nous opposer. Quand il disait quelque chose comme : « Regarde, les erreurs systématiques sont ça et ça. Nous avons effectué ces tests tous azimuts. J'ai refait cinq fois tous les calculs, et je ne vois vraiment pas ce qui aurait pu passer à travers et causer un signal », je contre-attaquais en disant : » Al, tu deviens trop sûr de toi. Comment peux-tu savoir qu'il n'y a pas quelque chose qui a échappé à tous les tests ? »

Quelque chose y avait échappé, comme Al le découvrit peu avant la réunion de décembre. C'était une sorte d'effet de mémoire, où l'instrument se souvenait en partie des mesures précédentes et les incluait dans les mesures suivantes. C'était un peu comme de photocopier un papier où l'encre est encore humide : un peu de cette encre se dépose sur la vitre et apparaît sur la copie suivante. Dans notre cas, le résultat était une légère corrélation entre une partie du champ vu par une antenne et la partie suivante. Le résultat produisait une distribution irrégulière sur le ciel, des régions larges de 10° environ (l'ouverture angulaire de nos antennes) qui ressemblaient à des rides. Cette découverte fut un rappel salutaire : nous ne devions pas relâcher notre vigilance.

Le premier jour de la réunion incluait une présentation aux hauts responsables de la NASA de l'avancement du projet COBE. A ce moment-là, l'équipe construisait des cartes du ciel depuis deux ans. Cela avait été une période éprouvante car, en l'absence de percée spectaculaire, ce genre d'expérience sape volontiers motivation et enthousiasme. Les membres de l'équipe avaient fait tout ce qu'on leur avait demandé, et nous avions satisfait aux critères établis par la NASA pour considérer DMR comme un succès, en termes de qualité de collecte et d'analyse des données. Je décidais d'annoncer avec cérémonie cette réussite, baptisée « Spécifications de niveau un » dans le jargon de la NASA, aussi me présentai-je en tenue de soirée. Je déclarai que j'étais fier du dévouement de l'équipe et que, formellement, le projet était sans égal. Je ne dis pas aux responsables de la NASA ce que nous pensions voir sur nos cartes, cela attendrait la fin de l'examen des erreurs systématiques. La tenue de soirée eut beaucoup de succès.

Mon costume ce jour-là signifiait que le projet avait franchi une étape importante : jusqu'alors il partait du principe selon lequel toute fluctuation était *a priori* un artefact à considérer avec suspicion. Désormais, il était temps de consacrer des ressources importantes à l'étude des propriétés intrinsèques de ces fluctuations, d'en tirer une image de l'Univers âgé de 300 000 ans.

Quinze ans plus tôt, nous avions connu une expérience semblable en établissant la carte du dipôle à partir du radiomètre embarqué sur l'U-2. Nous avions une brillance uniforme, sans trace des rides du temps. Les données de COBE étaient différentes, nous en étions certains. Il n'y avait aucun doute que la nouvelle carte montrait des fluctuations du fond de rayonnement cosmologique. La question que nous nous posions était : si ces fluctuations sont réelles, quelle variation observe-t-on dans leur taille et combien y en a-t-il de chaque taille ? Démontrer la réalité des rides nous approcherait de la réalité de la création par le big bang, déterminer leur taille et leur nombre nous donnerait un aperçu de la manière dont s'était déroulée la création.

Laurie Rokke continuait à superviser le Centre d'analyse des données de COBE. Chuck Bennett surveillait les opérations sur le satellite. Al Kogut poursuivait la documentation de nos études d'erreurs systématiques. De retour à Berkeley, je développais le logiciel d'analyse du dipôle et, première étape vers la découverte des rides, du quadrupôle. Deux étudiants, Luis Tenorio et Charley Lineweaver, me rejoignirent à cette occasion. Nous travaillions séparément, de manière à contrôler mutuellement nos résultats. Luis et moi examinâmes d'abord avec attention le signal du dipôle pour contrôler la qualité des données. Observer l'émergence du dipôle chaque fois que nous lancions le logiciel avec les données confirmait à chaque fois que nous étions sur la bonne voie. Si le dipôle observé un jour avait été différent un autre jour, nous aurions su que quelque chose n'allait pas du tout, soit dans la collecte du rayonnement faite par les radiomètres de DMR, soit dans l'analyse. Mais le dipôle apparaissait chaque jour avec la même direction et la même intensité, jour après jour, semaine après semaine. La seule variation que nous observions était due au mouvement de la Terre autour du Soleil, confirmant que Galilée avait raison.

Puis nous confirmâmes ce que nous voyions depuis un an, et que Ned Wright avait déclaré en novembre : il y avait vraiment un quadrupôle sur la carte. La forme de l'émission radio de la Voie lactée est essentiellement quadrupolaire, ce qui rendait la carte de l'émission de notre Galaxie extrêmement importante, d'où notre mission en Antarctique. Les efforts de Giovanni et les miens étaient ici en première ligne : si notre carte était erronée d'une façon ou d'une autre, cela masquerait le quadrupôle. Elle était correcte. Chuck Bennett, Giovanni De Amici et Gary Hinshaw s'appliquèrent longuement à vérifier indépendamment les données et à en extraire la contamination de la Galaxie. Le signal du quadrupôle était incroyablement faible, moins de 6 millionièmes de l'intensité moyenne du rayonnement, et très voisin du bruit ou des interférences parasites. Mais il était réel.

Si l'on présente la carte du ciel comme une mappemonde, un ovale horizontal, le signal du dipôle se présente comme deux taches, bleue et rouge, diamétralement opposées. Le quadrupôle ajoute une tache bleue et une rouge sur les bords, donnant quatre écarts au fond moyen.

Nous étions sûrs que le quadrupôle était un vrai signal du cosmos, un premier indice de la structure présente dans la trame de l'Univers 300 000 ans après le big bang. Atteindre le reste de la structure, si elle était là, tel était le défi.

Selon notre principe de vérifier et de revérifier aussi indépendamment que possible, j'avais développé deux programmes pour analyser le nombre de rides en fonction de leur taille angulaire, ce qu'on appelle un spectre de puissance. Luis Tenorio, plus ancien, s'occupa du développement et du test d'un des programmes, qui utilisait une analyse multipolaire (dipôle, quadrupôle, octupôle, etc.). Charley Lineweaver, plus jeune, vint avec moi sur le second programme qui recherchait des corrélations entres différentes parties du ciel. Cette méthode était moins connue de la plupart des physiciens que l'analyse multipolaire, et elle permettait d'en contrôler les résultats. J'utilisais une version du programme, et Charley une autre, ce qui nous donnait la possibilité de nous contrôler mutuellement.

Je travaillais aussi vite que je pouvais. Pendant la moitié de la journée, j'examinais comment avançait le travail à Goddard ou à Berkeley, pendant l'autre moitié et jusque tard dans la nuit je me concentrais sur le spectre de puissance, en parallèle avec Luis et Charley. Luis et moi tombâmes sur un problème dans le développement multipolaire en allant au-delà du dipôle et du quadrupôle. Nous pouvions le faire en principe, mais le fait d'éliminer de la carte la zone la plus contaminée par la Galaxie nous empêchait de voir la distribution à travers le ciel entier. Nous étions obligés d'extrapoler à travers cette zone les données recueillies de part et d'autre. Mais l'extrapolation était ambiguë dans le cas multipolaire. Il nous parut que la méthode des corrélations était plus fiable.

Rapidement mon programme « tourna » au coude à coude avec celui de Charley, et nous pûmes alors faire des analyses en parallèle et comparer nos résultats. Vers la fin de janvier et le début de février, les résultats commencèrent à se stabiliser, mais ils n'avaient guère de sens. J'essayais toutes sortes d'approches, de tracer les données de toutes les manières auxquelles je pouvais penser, y compris à l'envers, juste pour essayer un nouveau point de vue et espérer une percée. Puis, jaillie du néant, une idée surgit : pourquoi ne pas abandonner le quadrupôle, ce que j'avais cherché toutes ces années, et regarder si la nature n'avait pas mis autre chose à la place ? Je pensais que cela pourrait être une manière de voir si notre carte n'était que du bruit, une cacophonie de rayonnements de toutes origines, ou si elle contenait un vrai signal de rides avec plus de détails qu'un quadrupôle. Travaillant tard dans la nuit et toute la matinée suivante, je modifiai rapidement mon programme pour tester cette idée. Je le fis passer dans la soirée, et je sentais que j'étais au bord de quelque chose d'important.

La recherche des rides du temps avait été un long effort, étalé sur quinze ans, et les deux précédentes années de recherche inexorable d'erreurs systématiques ne risquaient pas d'aboutir à une découverte inopinée, un eurêka imprévu. Cela ressemblait plus au travail de l'archéologue qui déblaie une cité enfouie sous les sédiments. Un indice de la structure apparaît quand la première couche de terre est enlevée, et au fur et à mesure de l'excavation la forme des édifices se révèle peu à peu, mais lentement. Ce n'est que lorsque la dernière couche est ôtée, que la configuration d'ensemble des bâtiments apparaît. Ce soir-là, j'avais le sentiment que nous étions sur le point d'enlever les dernières couches dans notre quête des rides.

Pendant tout ce temps, j'avais fait des simulations pour savoir à quoi devaient ressembler ces rides si les théories du big bang et de l'inflation étaient correctes. Il devait y avoir des rides de toutes tailles, mais l'ensemble de toutes les rides de chaque taille devait occuper la même surface sur le ciel que l'ensemble des rides d'une autre taille, et avoir la même variation moyenne d'amplitude. On appelle cela une invariance d'échelle, et la théorie de l'inflation prédisait une telle distribution, provenant des fluctuations quantiques au moment de la création. Cette distribution de taille des rides devrait conduire à la distribution de taille des structures que nous observons aujourd'hui : galaxies, amas, superamas.

Je fis passer mon nouveau programme sur les simulations aussi bien que sur les données réelles. Les résultats des simulations avaient une allure bien particulière, et quand je les comparais aux résultats obtenus en soustrayant le quadrupôle de la carte du rayonnement, il était clair qu'ils étaient en parfait accord avec l'invariance d'échelle prévue par l'inflation. La comparaison avait la beauté ésotérique d'une œuvre d'art moderne. Etais-je heureux ? Oui, extatique même, mais pas vraiment surpris. Mon esprit était tellement plongé dans les données que la réponse était évidente, au moins inconsciemment. Ma réaction immédiate fut de le crier très fort, c'était si beau ! Un kaléidoscope d'idées se mettait en place dans ma tête, un schéma parfait. Le big bang était correct, la théorie de l'inflation marchait, la distribution des rides était ce qu'il fallait pour former les structures de l'Univers actuel avec de la matière noire, par effondrement gravitationnel en 15 milliards d'années.

La distribution des rides que je voyais sur ma carte était primordiale, je le savais au plus profond de moi. Certaines des structures présentes dans cette carte étaient si étendues qu'elles avaient dû être créées à la naissance de l'Univers, et non ensuite. Je contemplais les rides du temps, l'empreinte de la création, les germes de l'Univers moderne.

Mon bonheur était extraordinaire, mais je ne le criai pas. Je sentais que c'était juste, mais je devais quand même m'assurer que je ne me faisais pas piéger par une ruse de la technique. Pourquoi, me demandais-je, fallait-il soustraire le quadrupôle pour voir les rides ? Je voulais que Charley vérifie ce que j'avais fait, en utilisant son programme. Je m'efforçai de retrouver mon sang-froid et je rédigeai une note parfaitement neutre, suggérant que Charley pourrait vouloir modifier son programme pour soustraire le quadrupôle de la carte et examiner le résultat. Je quittai le laboratoire pour rentrer chez moi, en regardant sans les voir les lumières de San Francisco de l'autre côté de la baie. Mon esprit était ailleurs, une vague de triomphe tempérée par quelque inquiétude. Les réjouissances, s'il y en avait, viendraient après la vérification de mes résultats.

A la fin du jour suivant, j'entrai tranquillement dans le bureau de Charley et, de la manière la plus nonchalante possible, je lui demandai ce que le programme avait donné. Il ne l'avait pas encore fait, me dit-il. Il avait une idée pour modifier le programme, peut-être pourrait-il l'améliorer si nous disposions d'une information sur les données en des points voisins. Cachant ma frustration, je reconnus que c'était une bonne idée, et de nouveau je le poussai à soustraire le quadrupôle. « Fais les deux en même temps », lui suggérai-je.

Une autre journée passa, et Charley était toujours obnubilé par son idée d'améliorer le programme. Il n'avait toujours pas soustrait le quadrupôle de la carte. Je ne pouvais plus le supporter. Vers minuit, je traversai le hall vers son bureau et lui dis : « Ne rentre pas chez toi avant d'avoir passé le programme et soustrais de la carte la valeur moyenne, le dipôle *et le quadrupôle.* » Je lui donnai l'impression que c'était urgent, sans lui dire pourquoi, et je rentrai chez moi. Trois heures plus tard, le programme terminé et exécuté, Charley glissa quelques diagrammes sous la porte de mon bureau.

J'arrivai tôt à mon bureau le lendemain car j'avais organisé une réunion avec les gens de Goddard pour discuter des progrès faits sur le quadrupôle. En entrant dans mon bureau, je glissai presque sur les diagrammes déposés par Charley. En les prenant, je vis une note agrafée : « Voici les diagrammes demandés. Eurêka ? » Il avait trouvé exactement ce que j'avais vu. Quand il arriva au laboratoire, tard ce jour-là, nous examinâmes soigneusement ce que nous avions fait l'un et l'autre, et essayâmes quelques autres combinaisons des données. Puis j'envoyai une note à Ned Wright et aux gens du Centre d'analyse des données, pour leur demander d'essayer la même approche.

En quelques jours, nous obtînmes tous le même résultat, et mon moral grimpa. Mais il restait encore beaucoup à faire : corriger des détails, effectuer les dernières vérifications et préparer les articles à publier dans l'*Astrophysical Journal.* Cela nous prit tout le reste de février et de mars et une partie d'avril. Nous comprîmes progressivement pourquoi le signal du quadrupôle était si faible, presque évanescent. La principale raison était que notre Galaxie présentait son propre quadrupôle, mais orienté différemment du signal cosmique, et qui le compensait en grande partie, comme s'il y avait une sorte de conspiration cosmique pour minimiser ce signal et mettre à l'épreuve notre patience et notre ingéniosité dans sa recherche. Face à l'adversité, nous avions triomphé et conquis le Graal de la cosmologie. C'était la récompense de longues années d'efforts de la part de nombreuses personnes : l'équipe de COBE, y compris les ingénieurs, les techniciens, le personnel administratif, le Groupe scientifique et les différentes équipes de DMR, à commencer par les remarquables constructeurs de l'instrument, et sans oublier les gens également hors pair qui avaient analysé les données. C'était un énorme effort collectif, où des myriades de choses avaient fonctionné au bon moment.

Deux semaines avant la réunion de la Société américaine de physique à Washington, où nous avions l'intention de présenter six contributions décrivant en détail nos résultats, nous avions réuni l'équipe scientifique dans la maison de Nancy Boggess, dans la banlieue de Washington. L'atmosphère était plutôt calme, mais certains n'avaient pas le moral. Philip Lubin, mon étudiant à l'époque des vols de l'U-2, avait rassemblé des données au pôle Sud, recherchant des rides de plus petite taille, et il était convaincu qu'ils n'avaient rien détecté et que nous avions dû nous tromper. Stephen Meyer du MIT et Ed Cheng de Goddard étaient eux aussi prudents, quoique moins que Phil. Ils avaient lancé un radiomètre différentiel sous un ballon à l'automne de 1989, à peu près au moment où nous lancions COBE. L'analyse des données leur causait beaucoup de soucis, je comprenais cela fort bien, mais leur conclusion provisoire était qu'il n'y avait ni quadrupôle ni distribution de rides visible.

Naturellement, j'aurais préféré que les deux équipes confirment nos résultats, aussi étais-je un peu déconcerté par ce double problème. Il était particulièrement inconfortable d'apprendre que les deux groupes avaient l'intention de présenter leurs résultats à cette même réunion de Washington, et que leurs exposés devaient suivre le mien. Y aurait-il une controverse immédiate, l'équipe de COBE annonçant la découverte des rides du temps, immédiatement suivi par deux démentis ? J'espérais que non. Je savais que je n'aurais pas l'occasion de voir leurs données avant la réunion, aussi ne pouvais-je pas me faire une idée de la force de leurs contre-arguments. Mais je pensais que notre conclusion était très solide. Nous discutâmes un moment, et quelqu'un suggéra que nous devrions peut-être attendre un peu avant de faire notre annonce. Je pensais que nous avions été prudents assez longtemps et que nous avions pris toutes les précautions pour être sûrs que le signal avait une origine cosmologique. « Nous allons de l'avant, j'ai confiance dans nos résultats », dis-je finalement. « J'engage ma réputation personnelle sur ces résultats. »

La nuit avant la réunion de la Société américaine de physique, Al, Giovanni et moi veillâmes tard pour faire des copies de nos articles afin de les distribuer à la conférence. Puis Giovanni et moi rentrâmes chez moi pour terminer la préparation de nos exposés. Nous fîmes des panneaux qui serviraient d'accessoires pendant mon exposé, et que les membres de l'équipe montreraient aux moments opportuns. Chacun présentait une partie des données, et était numéroté L = 0, L = 1, L = 2 et ainsi de suite jusqu'à L = 20. Chaque L correspondait à un examen de la température de régions séparées par un angle de 180°/L. Autrement dit, chaque panneau montrait un examen de plus en plus détaillé des rides, L = 20 étant la carte la plus détaillée. J'avais l'intention d'appeler tour à tour les membres de l'équipe pour qu'ils montrent les panneaux au cours de mon exposé, décrivant d'abord le fond (L = 0), puis le dipôle (L = 1), le quadrupôle (L = 2), etc., ce qui permettait de présenter tous les membres de l'équipe.

A 5 heures du matin, nous remplîmes des cartons d'articles et d'accessoires, puis nous partîmes pour le lieu de la conférence. Nous arrivâmes dans l'auditorium à 7 h 30 pour trouver porte close : personne n'était là. A 8 heures, il y avait du monde partout, même une équipe de télévision de Pittsburgh. Cela donnait un avant-goût de ce qui allait se passer. Six d'entre nous devaient parler : je devais ouvrir le feu, suivi par Gary Hinshaw, Chuck Bennett, Ned Wright, Al Kogut et Giovanni De Amici. Il y avait beaucoup à faire avant le début des festivités, et je ne me rendais pas compte que l'excitation allait grandissant. Je distribuai les panneaux, m'assurai que je savais où étaient tous les membres de l'équipe, et j'attendis d'être appelé à parler. On m'avait accordé douze minutes.

« Bonjour, commençai-je, j'ai beaucoup de choses à dire, et peu de temps pour cela. Aussi irai-je droit à l'essentiel ».

Je comptais arriver à l'annonce par étapes, parce que cela me semblait logique, et que cela ajoutait du piment à l'événement. Je rappelai d'abord à l'auditoire le résultat obtenu par COBE deux ans plus tôt, que le fond de rayonnement cosmologique avait les caractéristiques d'un corps noir, et appuyait ainsi la théorie du big bang. J'exposai le panneau L = 0, qui montrait le spectre de corps noir, et je le passai à John Mather. Ensuite, je dis que le radiomètre différentiel avait mesuré avec précision le dipôle, que nous avions découvert et annoncé quinze ans plus tôt. Je levai le panneau suivant, L = 1, qui montrait le dipôle, et démontrait que l'instrument fonctionnait correctement, et je le passai à Jon Aymon. Ensuite, en laissant une pause pour accrocher l'attention, je levai le panneau suivant L = 2, et j'annonçai : « Nous avons un quadrupôle. » Le soulagement de l'assistance était palpable, tout le monde réalisant la portée de ce que je disais. Je le passai à Chuck Bennett, indiquant qu'il en dirait plus dans son exposé.

Ceux qui avaient deviné que l'annonce du quadrupôle serait le clou de l'exposé n'imaginaient sans doute pas que nous étions allés plus loin. Je levai simultanément les panneaux L = 3, L = 4 et L = 5, appelant les membres de l'équipe pour tenir les autres panneaux jusqu'à L = 20. Ce fut un choc pour la plupart des personnes présentes, nous révélions que nous n'avions pas seulement détecté le quadrupôle, ce qui aurait déjà été un événement en soi, mais que nous avions aussi détecté une distribution de rides de toutes tailles.

Ce moment marquait pour moi le point culminant d'une quête de quinze années, et pour la cosmologie une étape majeure sur la longue route vers la compréhension de la nature de l'Univers. Très simplement, la découverte des rides sauvait la théorie du big bang, à un moment où elle était de plus en plus attaquée. Notre résultat montrait que la gravitation pouvait effectivement avoir modelé l'Univers actuel à partir des fluctuations quantiques minuscules formées dans les premières fractions de secondes suivant le big bang. Quand Stephen Hawking appela plus tard notre découverte « la plus importante du siècle, sinon de tous les temps », il exagérait sans doute, mais c'était quand même une étape marquante. Avant cette découverte, notre compréhension de l'origine et de l'histoire de l'Univers reposait sur quatre observations principales : le ciel nocturne est noir, l'hydrogène et l'hélium sont beaucoup plus abondants que les autres éléments chimiques, l'Univers est en expansion, et il existe un fond de rayonnement, pâle lueur d'une création brûlante.

La découverte que des rides étaient présentes dans le tissu de l'Univers 300 000 ans après la création était le cinquième pilier de cet édifice intellectuel, et nous permet de comprendre comment des structures de toute taille, des galaxies aux superamas, avaient pu se former au cours des 15 milliards d'années de l'Univers.

L'évolution de l'Univers est en pratique un changement de la distribution de matière au cours du temps, depuis une homogénéité presque parfaite dans l'Univers primordial, jusqu'à l'Univers très contrasté d'aujourd'hui, où la matière est condensée en toutes sortes de structures. Nous voyons cette évolution comme une suite de changements d'états, la matière passant de l'un à l'autre quand la température et l'énergie décroissent. Cette image nous est familière, la vapeur d'eau se condense en se refroidissant, changeant d'état du gaz au liquide. Une autre réduction de température, et l'eau gèle, passant du liquide au solide. La matière est passée par une série d'états successifs depuis l'instant du big bang.

D'abord, 10^{-43} secondes après le big bang, ce qui est l'instant le plus reculé dont nous puissions parler avec un minimum de sérieux, et encore avec énormément de doute, la partie de l'Univers que nous voyons aujourd'hui était beaucoup plus petite qu'une fraction de proton, et l'espace et le temps commençaient tout juste. N'oublions pas que l'Univers ne se dilate pas *dans* un espace préexistant, cette expansion *crée* l'espace et le temps. La température était alors tellement élevée que la force électromagnétique et les forces nucléaires forte et faible étaient unifiées en une seule.

Puis, 10^{-34} secondes après le big bang, l'inflation avait dilaté l'Univers des milliards de milliards de fois, la température avait chuté, la force nucléaire forte s'était différenciée des autres forces, et la matière changea d'état, les quarks (blocs de base des protons et des neutrons) se différenciant des électrons et des neutrinos.

Ensuite, 1 millionième de seconde après le big bang, l'annihilation réciproque de la matière et de l'antimatière ne laissa qu'un faible résidu de matière. La transition de phase suivante (le changement suivant d'état) arriva 1 dix-millième de seconde après, quand les quarks s'associèrent pour former les protons et les neutrons. Toutes les forces de la nature étaient alors différenciées.

Au bout de 1 minute, la température avait suffisamment baissé pour que protons et neutrons restent collés ensemble quand ils se rencontraient, formant ainsi des noyaux. Les protons, noyaux d'hydrogène, et les noyaux d'hélium forment aujourd'hui l'essentiel des étoiles. Cette soupe de matière et de rayonnement, avec une densité proche de celle de l'eau, continua à se refroidir et à se dilater pendant les 300 000 ans suivants. Mais elle était trop chaude pour que les électrons s'associent aux noyaux pour former des atomes. Les photons de haute énergie interagissaient frénétiquement avec les particules de la soupe, ne parcourant qu'une très courte distance entre émission et absorption. De ce fait, l'Univers était pratiquement opaque.

Quand la température baissa jusqu'à 3 000 K, au bout de 300 000 ans, une nouvelle transition de phase, cruciale, arriva. Les photons refroidis n'avaient plus assez d'énergie pour éjecter les électrons du voisinage des noyaux, et des atomes purent se former et survivre. L'interaction des photons est beaucoup plus faible avec

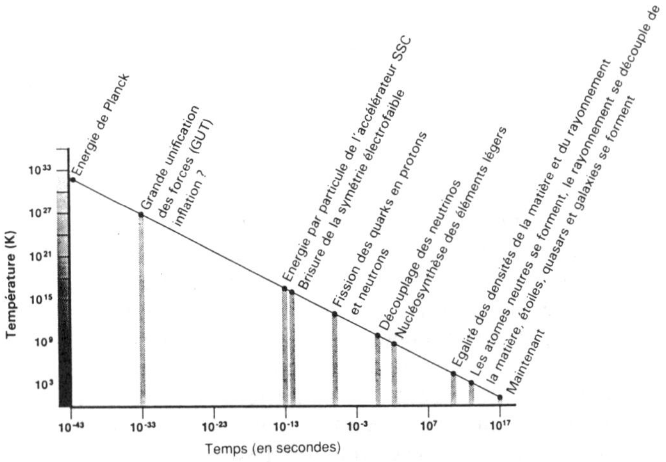

Figure 50. L'histoire thermique de l'Univers.

des objets électriquement neutres comme des atomes qu'avec des objets chargés comme électrons et noyaux. Comme les photons interagissaient moins, ils purent brusquement parcourir de bien plus grandes distances. Avec ce découplage de la matière (atomes) et du rayonnement (photons), l'Univers devint soudain transparent, et le rayonnement diffusa dans toutes les directions. Il continue sa course encore aujourd'hui et forme le fond de rayonnement cosmologique. Le rayonnement libéré à cette époque nous donne un instantané de l'Univers à l'âge de 300 000 ans. Si la distribution de matière avait été uniforme, la trame de l'espace aurait été homogène, et l'interaction des photons avec la matière aurait été partout identique, nous donnant un fond de rayonnement cosmologique isotrope. Notre découverte de rides dans le rayonnement révèle que la matière n'était pas uniformément distribuée, mais qu'elle était déjà structurée, présentant les germes à partir desquels les structures de l'Univers complexe actuel se sont développées.

Les régions de l'Univers avec une concentration de matière plus élevée exerçaient une attraction gravitationnelle plus intense et courbaient plus l'espace-temps, les régions de concentration moins élevée courbaient moins l'espace-temps. Quand rayonnement et matière se découplèrent, le flux de photons libérés garda l'empreinte des déformations de l'espace-temps à l'instant du découplage, montrant les rides que nous voyons sur nos cartes : le rayonnement venant des régions plus denses est plus froid que celui qui vient des régions moins denses.

Il y a deux types de matière dans l'Univers, comme nous l'avons vu, la matière visible et la matière noire, et leur rôle dans la formation gravitationnelle des structures est différent. La matière noire, par nature, n'est pas affectée par le rayonnement. Mais elle réagit à la gravitation et commence à se condenser plus tôt que la matière visible qui, elle, est freinée par le flux de photons de haute énergie. Modelée par les déformations de l'espace-temps qui proviennent des fluctuations quantiques de l'Univers inflationnaire, la matière noire a pu commencer à s'agréger gravitationnellement 10 000 ans à peine après le big bang. Après 300 000 ans, le découplage du rayonnement et de la matière visible a permis à cette dernière de « tomber » vers les structures déjà formées par la matière noire. L'agrégation de la matière visible a alors conduit à la formation des étoiles et des galaxies. Une belle analogie est la façon dont une toile d'araignée est en général presque invisible, mais elle étincelle dans la lumière matinale quand la rosée se dépose sur ses fils. Le réseau arachnéen de galaxies que nous voyons dans la nuit est la brillante rosée qui souligne les formes des structures de matière noire invisible qui l'ont gravitationnellement attirée.

En raison des limitations des radiomètres différentiels de COBE, la résolution de nos cartes est relativement médiocre. Les plus petits objets que nous puissions voir sont énormes, conduisant à des structures bien plus grandes que les amas de galaxies, plus grandes même que la Grande Muraille, cet immense feuillet de galaxies s'étendant sur des centaines de millions d'années-lumière. Quand nous aurons une meilleure résolution, je pense que nous discernerons des structures de la taille des galaxies. Malgré les limitations actuelles, le message que traduisent nos résultats et qui avait provoqué un tel soulagement parmi les cosmologistes ce jour d'avril, ce message était clair. Fred Hoyle avait un jour prétendu que la théorie du big bang avait échoué, car elle ne pouvait expliquer la formation précoce des galaxies. Le résultat de COBE lui donne tort. L'existence de rides telles que nous les voyons nous dit que le big bang non seulement explique la formation des galaxies, mais aussi leur agrégation dans ces structures massives que nous observons. C'est un triomphe pour la théorie et l'observation.

Nous n'avions pas prévu une réaction d'une telle ampleur à notre présentation, à la fois immédiatement et dans les semaines qui suivirent. Quand Gary Hinshaw passa à côté de moi pour présenter l'exposé suivant le mien, il murmura : « Qu'est-ce que je peux dire après *cela* ? » Plus tard, quand l'astrophysicienne Sun Rhie prit la parole pour présenter son travail sur les défauts topologiques, elle commença en disant : « Après l'annonce de COBE, je ne sais pas si cela vaut la peine de présenter cet exposé. » Puisque notre résultat appuyait la théorie de l'inflation comme source des germes de galaxies, il minait les théories concurrentes, en particulier la théorie des défauts topologiques. Cette théorie prévoyait pour la taille et le nombre des rides une distribution très différente de celle que nous avions observée, et était ainsi réfutée. David Spergel, le coauteur avec Neil Turok de cette théorie, déclarait après la session : « Nous sommes morts. » Paul Steinhardt, un des principaux théoriciens de l'inflation, déclarait : « J'étais content d'être ici pour cette journée historique. J'aurais voulu que mes étudiants soient là. »

J'étais réconforté, bien sûr, surtout après avoir vu les présentations des équipes du MIT et du pôle Sud. Bien que Lyman Page eût affirmé que les données du MIT contredisaient celles de COBE, je voyais bien sur sa dernière figure que ce n'était pas le cas. Il annonçait qu'il n'y avait pas de quadrupôle, mais il était clair à mes yeux que leur courbe de corrélation était en accord avec celle de COBE [1]. Un soupir de soulagement me parcourut quand je réalisai qu'il n'y aurait pas de controverse à ce sujet. Et quand Tod Gaier présenta les résultats de l'expérience « Pôle Sud », sous l'œil de son directeur, Phil Lubin, il était tout près d'être en désaccord avec nous, mais il y avait plusieurs explications possibles pour ces écarts. Nous nous en sortions bien, pour ce jour-là en tout cas.

J'eus quelques instants pour attraper un sandwich, réfléchir à la conférence de presse prévue à midi et rechercher la figure que nous avions préparée afin d'expliquer nos résultats à la presse. Elle fut apportée à la dernière minute, directement de la planche à dessin, et nous descendîmes alors à la salle de presse. Il y avait

1. En décembre 1992, Stephan Meyer, membre de l'équipe du MIT, annonça lors d'une conférence à Berkeley que leurs données en ballon confirmaient pour l'essentiel les résultats de COBE-DMR.

une foule énorme, une rangée de caméras de télévision au fond de la pièce, et une batterie de projecteurs qui me firent cligner des yeux, pas seulement de surprise. Alors que Ned Wright, Chuck Bennett, Al Kogut et moi montions sur l'estrade, je commençai à réaliser l'immense intérêt du public pour nos résultats, et je retrouvai tout juste mon sang-froid pour expliquer la signification de nos résultats en mots et en métaphores compréhensibles par tous.

J'étais le premier à parler, et j'essayai de présenter la haute signification de ce que nous avions fait : « Nous avons observé les plus anciennes et les plus grandes structures jamais observées dans l'Univers », commençai-je. « Il s'agit des germes primordiaux des structures actuelles comme les galaxies ou les amas de galaxies. Ce sont des plis dans la trame de l'espace-temps, restes de la période de la création. » Beaucoup de questions furent posées, qui tournaient pour la plupart autour de deux sujets : quelle était la taille de ces structures, et quelle signification avaient nos résultats.

Je répondis que les superlatifs ne permettaient pas de ressentir vraiment la taille immense de ces structures, qui s'étendaient sur de telles distances qu'à leur côté la Grande Muraille elle-même n'était qu'un muret. Certaines étaient si grandes que la lumière n'avait pas eu le temps de les traverser depuis le big bang. Quant au caractère fondamental de nos résultats, je donnai plusieurs comparaisons, mais celle que la presse retint le plus souvent fut : « Si vous êtes religieux, c'est comme de voir la face de Dieu. » Le big bang est une image culturelle autant qu'une explication scientifique de la création. Pendant quarante minutes les journalistes posèrent des questions et demandèrent à plusieurs reprises qu'on réexplique le sens des résultats de COBE à l'homme de la rue : de tout cela, cette unique phrase fut la plus citée et la plus retenue.

La cosmologie est au confluent de la physique, de la métaphysique et de la philosophie : quand la recherche approche de la question ultime de notre existence, les frontières entre elles deviennent inévitablement floues.

Figure 51. Lors de la conférence de presse du 23 avril 1992, George Smoot, un transparent à la main, annonce la découverte des rides de l'espace-temps (AP/Wide World Photos).

Einstein, qui s'était consacré à une explication rationnelle du monde, dit un jour : « Je veux savoir comment Dieu a créé le monde, je veux connaître ses pensées. » C'était bien sûr une métaphore pour signifier la profondeur de sa quête. Ma propre remarque si souvent citée était de la même eau.

Que ce soit sous forme de métaphore ou non, mes remarques, les commentaires des autres membres de l'équipe de COBE et d'autres cosmologistes apparurent dans les journaux du monde entier, démontrant le grand intérêt du public pour la compréhension de l'origine de l'Univers et de la place que nous y tenons. Ned Wright parla après moi, expliquant plus en détail ce que nos résultats impliquaient pour les théories de formation des structures et soulignant le besoin de matière noire. Chuck Bennett exposa brièvement les résultats et leur interprétation, et il répondit aux questions. Finalement, Al Kogut expliqua les efforts que nous avions faits pour analyser soigneusement les données et s'assurer que nous avions soustrait tous les effets instrumentaux. Il expliqua la grande difficulté de l'expérience. Après son exposé, la conférence de presse était ouverte aux questions générales. Cela dura, dura, pendant deux heures, jusqu'à ce qu'un terme y soit mis ; alors les journalistes s'agglutinèrent par petits groupes autour des membres de l'équipe de COBE, ou d'autres cosmologistes comme Alan Guth et Paul Steinhardt, théoriciens de l'inflation.

Au bout d'un moment, Philip Schewe et les autres attachés de presse de la Société américaine de physique nous ramenèrent dans la salle de presse pour que nous puissions répondre aux appels téléphoniques et aux questions de journalistes absents. Ils installèrent six d'entre nous autour d'une table pour répondre aux demandes d'interview de la radio, de la télévision, des quotidiens et des magazines, et cela dura sans interruption jusque tard dans la soirée. Le seul souvenir marquant que j'en garde est le suivant : au milieu de l'après-midi, je terminais une interview et j'appelais Philip Schewe à travers la salle bruyante : « Avez-vous souvent vu des piranhas de la presse comme ceux-ci ? » Philip répondit : « La seule fois que j'aie vu cela, c'est au moment de l'annonce de la fusion froide. » Il y eut un silence soudain dans la pièce pendant quelques instants. Tout le monde semblait se demander : et si tout cela était faux ? Et si nous avions commis une erreur ? Puis les téléphones se mirent à sonner, et les interviews reprirent.

Pendant plusieurs jours, divers membres de COBE et d'éminents cosmologistes passèrent dans les émissions de télévision, de radio, et dans les journaux. La publicité qui nous était ainsi faite et l'énorme intérêt manifesté par le public nous donnaient une occasion unique de discuter de la science avec un très vaste auditoire, et de valoriser la puissance de l'esprit humain à la poursuite des mystères de la nature. Je reconnaissais d'expérience la soif profonde de métaphores de la création, même si la science elle-même demande beaucoup d'abstraction.

Une conviction profondément ancrée en moi, qui m'encourage à croire que nous comprendrons un jour l'essence de la création, est l'idée qu'en s'approchant de plus en plus près de l'instant de la création, les constituants et les lois de l'Univers sont de plus en plus simples. Nous avons là une analogie avec la vie, ou plus simplement avec un être humain. Chacun de nous est une entité extrêmement complexe, formée d'un grand nombre de tissus différents, et capable d'innombrables comportements et pensées. Mais si l'on remonte dans la vie de cette personne, avant la naissance, et jusqu'à la conception, l'individu, en tant que système, devient de plus en plus simple, jusqu'à se réduire à l'information codée dans l'ADN d'un jeu de chromosomes. Le processus de développement d'un individu adulte à partir de l'œuf se déroule en devenant de plus en plus complexe, quand l'ADN est traduit et se manifeste à différentes étapes de la vie. Je crois qu'il en est de même de l'Univers. Nous le voyons aujourd'hui très complexe, et nous faisons partie de cette complexité.

La cosmologie, avec le mariage de l'astrophysique et de la physique des particules, nous montre que cette complexité découle d'une simplicité profonde, venant à la suite des métamorphoses de la matière à travers une série de transitions de phase. Remontons le temps, et nous verrons une simplicité et une symétrie toujours plus grandes, avec la fusion des différentes forces de la nature et la transformation des particules en constituants de plus en plus fondamentaux. Remontons plus loin, et nous arriverons à un moment où l'Univers est une concentration d'énergie infiniment dense et infiniment petite, fragment de l'espace-temps primordial. L'accroissement de la simplicité et de la symétrie à l'approche de la création me donne l'espoir que nous pourrons comprendre l'Univers en utilisant les pouvoirs de la raison et de la philosophie. L'Univers sera alors compréhensible, comme Einstein le souhaitait ardemment.

Remontons encore plus loin, au-delà du moment de la création. Qu'y avait-il avant le big bang ? Qu'y avait-il avant le commencement du temps ? Face à cette question ultime, notre foi dans la puissance de la science à trouver des explications à la nature vacille. L'existence d'une singularité, en ce cas l'état unique d'où l'Univers a émergé, sort du cadre de la science car elle est au-delà des explications. Il ne peut pas y avoir de réponse à la question : *pourquoi* un tel état a-t-il existé ? Est-ce donc là que s'arrête la science et que Dieu prend le relais, le créateur de cette singularité, de cette simplicité initiale ? L'astrophysicien Robert Jastrow, dans son livre *Dieu et les astronomes*, décrit une telle perspective comme le cauchemar du scientifique : « Il a escaladé les montagnes de l'ignorance, il est sur le point de conquérir le plus haut sommet, et alors qu'il se hisse sur le dernier rocher, il est accueilli par une bande de théologiens qui sont là depuis des siècles. »

Les cosmologistes se sont longtemps efforcés d'éviter ce mauvais rêve en cherchant des explications de l'Univers qui éviteraient la nécessité d'un commencement. Einstein lui-même refusait de croire aux conséquences de ses propres équations. Pour éviter un Univers en expansion, qui aurait donc un commencement, il inventa la constante cosmologique. Ce n'est qu'au vu des observations d'une expansion de l'Univers par Hubble qu'il se résigna à croire ses équations. Pour plusieurs des avocats de la théorie de l'état stationnaire, un de ses attraits était son axiome que l'Univers n'avait ni commencement ni fin, et qu'aucune explication de ce qui existait avant l'instant zéro n'était nécessaire.

Il y a une dizaine d'années, Stephen Hawking et J. B. Hartle s'attaquèrent à la question sous un angle différent, en éliminant la singularité. S'inspirant d'un essai de théorie quantique de la gravité, ils admirent que le temps est fini, limité, mais sans début ni fin. Ce n'est pas aussi bizarre que cela en a l'air, si vous pensez à un anneau ou à une sphère. La surface en est finie, mais elle n'a ni commencement ni fin : un doigt la parcourt sans rencontrer de bord, et revient éventuellement à son point de départ. Si l'Univers est une « sphère » d'espace-temps, on peut y voyager et aboutir à son point de départ, aussi bien dans l'espace que dans le temps. Cela correspond à un voyage temporel, en contradiction avec le principe de Mach. Mais le monde quantique est un endroit étrange où ces choses d'un autre monde peuvent arriver. C'est un endroit tellement étrange qu'il est peut-être au-delà de notre compréhension, enfants que nous sommes d'un monde où règne la mécanique newtonienne classique.

Nous ne savons tout simplement pas s'il y a eu un commencement à l'Univers, et l'origine de l'espace-temps reste *terra incognita.* Aucune question n'est plus fondamentale ou plus magique, qu'elle soit formulée en termes scientifiques ou théologiques. Ma conviction, peut-être devrais-je dire ma foi, est que la science continuera à s'approcher toujours plus près de l'instant de la création, approche facilitée par la simplicité grandissante que nous y trouvons. Certains physiciens soutiennent que la matière est réductible à des objets ponctuels ayant certaines propriétés intrinsèques. D'autres soutiennent que les particules fondamentales sont en réalité des cordes minuscules qui vibrent pour produire ces propriétés. D'une manière ou d'une autre, en combinaison avec des concepts comme ceux de l'inflation, il est possible d'envisager une création de l'Univers à partir de rien, pas le néant, mais presque. Quasiment une création *ex nihilo.* Ce serait un véritable exploit intellectuel, mais alors, jusqu'où peut aller la science si elle aboutit à une description de la singularité, et non à une explication ?

Pour un ingénieur, la différence entre rien et presque rien peut être négligeable, mais pour un scientifique, et plus encore pour un philosophe, une telle différence, si minuscule soit-elle, change tout. Nous pourrions nous retrouver dans le mauvais rêve de Jastrow, devant une question finale : pourquoi ? Les questions du « Pourquoi ? » ne relèvent pas de la science mais de la philosophie ou de la théologie, qui peuvent apporter une consolation à défaut d'une explication matérielle.

Mais que se passe-t-il si l'Univers que nous voyons est le seul possible, le produit d'un état initial unique modelé par des lois de la nature uniques ? Il est aujourd'hui clair que la plus infime variation dans la valeur de plusieurs propriétés fondamentales de l'Univers aurait conduit à un Univers très différent, voire à pas d'Univers du tout. Par exemple, si la force nucléaire forte, celle qui unit protons et neutrons en noyaux, avait été un peu moins intense, l'Univers ne serait aujourd'hui composé que d'hydrogène. Si elle avait été un peu plus intense, tout l'hydrogène se serait converti en hélium. Une faible variation dans l'excédent de protons sur les antiprotons aurait conduit soit à un Univers presque vide de matière baryonique, soit à un trop-plein catastrophique. Si l'expansion de l'Univers, 1 seconde après le big bang, avait été plus lente de 1 milliardième, l'Univers se serait recontracté depuis longtemps. Une expansion plus rapide de 1 milliardième, et les nuages de gaz se seraient dilatés plus vite qu'ils ne pouvaient se contracter, et n'auraient jamais conduit aux galaxies, étoiles et planètes.

La liste des coïncidences cosmiques requises pour notre existence est longue, conduisant Stephen Hawking à noter : « La probabilité qu'un Univers comme le nôtre émerge de quelque chose comme le big bang est incroyablement faible. » Le physicien Freeman Dyson, à Princeton, est allé plus loin, affirmant : « Plus j'examine l'Univers et les détails de son architecture, et plus je trouve d'indices que l'Univers, d'une certaine façon, savait que nous allions venir. » Cet enchaînement de coïncidences nécessaires à notre présence dans cet Univers a conduit au principe anthropique. Sous sa forme « faible », ce principe énonce simplement une évidence : si les choses avaient été différentes, nous n'existerions pas. Sans doute plusieurs Univers sont-ils possibles et existent peut-être parallèlement au nôtre. La théorie de l'inflation peut être interprétée de cette manière, notre Univers bourgeonnant à partir d'une trame spatio-temporelle plus grande, une fraise dans un carré de fraises. Ma spéculation est au contraire que, parce que les choses se simplifient à l'approche du moment de la création, l'éventail des possibilités se réduit, peut-être même à une seule, tout étant si parfait qu'il ne peut en être autrement.

En ce cas, que dire de la question ultime ? Que Dieu n'avait pas le choix pour construire l'Univers, et donc n'a pas lieu d'être ? Ou que Dieu était si brillant qu'il a eu tout juste ? En tout cas, la science serait encore devant la question : pourquoi ces conditions, et pas d'autres ? Ou peut-être que le fait que l'Univers soit compréhensible en ces termes est-elle une explication suffisante ? La vérité de l'Univers réside dans sa propre existence, et notre quête de cette vérité sera éternelle, comme l'Univers lui-même.

Notre découverte de rides dans le tissu de l'espace-temps est une étape de cette quête éternelle, un point important dans les progrès en cet âge d'or de la cosmologie. Soudain, les pièces d'un grand puzzle s'assemblent : l'inflation paraît plus plausible, la matière noire plus réelle. Notre foi dans le big bang en est raffermie : au ciel nocturne, à la distribution des éléments chimiques, à l'expansion de l'Univers, à la lueur résiduelle de la création, s'ajoute un mécanisme permettant la formation des structures. La créativité de l'Univers est sa plus grande force, forgeant à travers le temps la matière et la structure des étoiles et des galaxies, et nous à la fin. Les rides sont au cœur de cette créativité, transformant l'homogénéité en structures.

La quête continuera, avec le double objectif de découvrir la matière noire et de comprendre l'origine de l'espace et du temps. Personne ne sait d'où viendront les réponses, mais si l'histoire récente peut nous servir de guide, une combinaison des observations du ciel et de la physique des particules sera importante. D'autres satellites sont en projet, et le supercollisionneur à supraconducteurs, le SSC, une des plus audacieuses entreprises scientifiques de tous les temps, est en construction au

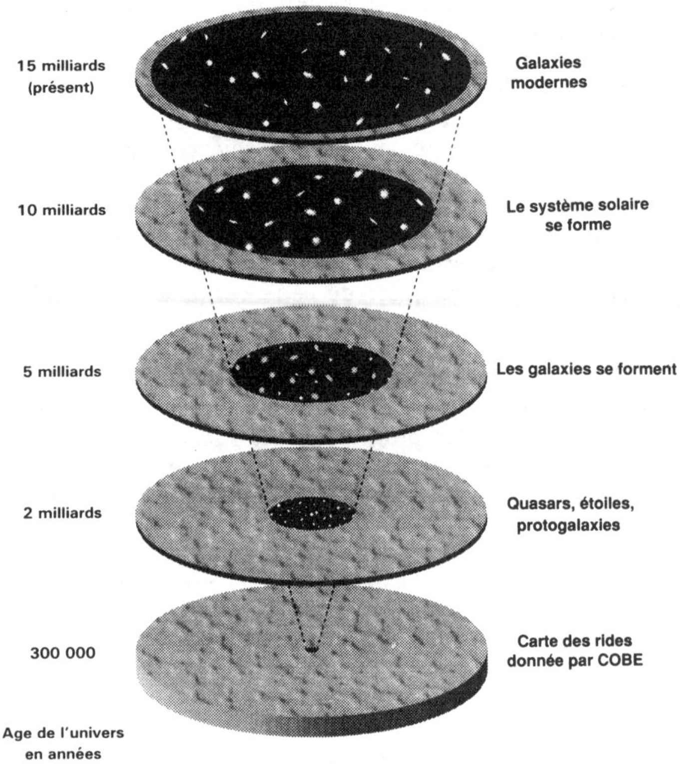

Figure 52. Le big bang : un Univers en expansion et en évolution (Christopher Slye).

Texas. Sans nul doute est-il très coûteux, de l'ordre de 50 milliards de francs. Mais l'histoire de cette science est dominée par le développement de l'instrumentation. Il n'y a peut-être pas d'autre moyen de comprendre les premiers instants de la création que de les recréer en laboratoire, dans cette machine de 87 kilomètres de long. Nous sommes devant un choix culturel : la quête intellectuelle vers la question ultime vaut-elle la peine ? Plus nous connaissons l'histoire de l'Univers, plus nous nous connaissons nous-mêmes, et plus nous cernons les questions à poser.

En 1977, Steven Weinberg publia *Les Trois Premières Minutes de l'Univers*, un des plus beaux livres jamais écrits sur la cosmologie, et à juste titre toujours réimprimé. Son livre était fondé sur le cours qu'il enseignait sur la gravitation et la cosmologie au MIT, alors que j'y étais étudiant. Je suivis ce cours, et il influa sur ma décision de me consacrer à la cosmologie. Vers la fin de son livre, Weinberg se pose les questions que nous nous posons ici, en particulier l'idée que nous ne sommes pas le résultat d'un simple accident cosmique, le résultat fortuit d'un enchaînement de processus physiques dans un Univers qui nous écrase complètement. Il exprima son point de vue sur la question en ces termes : « Il nous est très difficile de réaliser que la Terre n'est qu'une partie minuscule d'un Univers largement hostile. Il est encore plus difficile de réaliser que cet Univers prédéterminé provient d'un état préliminaire indiciblement étranger, et que son destin est une extinction future dans un froid interminable ou une chaleur intolérable. Plus l'Univers semble compréhensible, et plus il semble dénué de raison. »

Je ne suis pas d'accord avec mon ancien maître. L'Univers me paraît l'exact opposé d'un Univers dénué de raison. Il me semble que plus nous apprenons, et plus nous voyons comment tout s'assemble, comment il y a une unité sous-jacente dans l'océan de matière, d'étoiles et de galaxies qui nous entoure. Pareillement, en étudiant l'Univers dans son ensemble, nous réalisons que le microcosme et le macrocosme sont, de plus en plus, un seul et même sujet. En les unifiant, nous découvrons que la nature est ce qu'elle est, non pas comme conséquence d'une suite aléatoire d'événements sans signification, mais au contraire parce qu'il ne pouvait pas en être autrement. Son évolution est inscrite dans ses débuts, une sorte d'ADN cosmique si l'on veut. Il y a un ordre clair dans l'évolution de l'Univers, allant d'une simplicité et d'une symétrie initiales vers une complexité sans cesse croissante des structures. Au fil du temps, les composantes simples fusionnent en blocs plus sophistiqués et l'environnement devient plus riche et plus diversifié. Les accidents et le hasard jouent un rôle essentiel dans le développement de cette richesse. En ce sens, Einstein avait raison : Dieu ne joue pas aux dés avec l'Univers [2]. Bien que les événements individuels puissent arriver par hasard, dans l'ensemble le développement de systèmes complexes est inévitable. Le développement d'êtres capables de poser des questions et de comprendre l'Univers semble tout à fait naturel. Je serais très surpris si une telle intelligence n'était pas née à plusieurs reprises dans notre immense Univers.

Réaliser cela est du même ordre qu'une extase artistique. Quand je voyage dans le monde, j'adore visiter les musées et regarder les sculptures classiques, les œuvres façonnées ou peintes au cours des siècles par des visionnaires de l'esthétique. Les cosmologistes et les artistes ont bien des points communs : tous cherchent la Beauté, dans le ciel, sur la toile ou dans la pierre. Quand un cosmologiste comprend comment s'assemblent lois et principes dans le cosmos, comment ils sont reliés, comment ils montrent une symétrie que les anciennes mythologies réservaient à leurs dieux, comment ils impliquent que l'Univers *doit* être en expansion, *doit* être plat, *doit* être tel qu'il est, il perçoit une beauté pure sans mélange.

Le concept religieux de création découle d'un sentiment d'émerveillement devant l'existence de l'Univers,

2. Einstein avait en fait formulé sa remarque au sujet de la mécanique quantique, où elle ne semble pas s'appliquer.

et devant notre place en son sein. Le concept scientifique de création ne recouvre pas moins un sentiment d'émerveillement : nous ressentons un respect mêlé de crainte devant la simplicité ultime et la puissance de créativité de la nature, et devant sa beauté partout présente.

APPENDICE

En découvrant le fond de rayonnement cosmologique, Penzias et Wilson avaient fait plus qu'établir le big bang comme modèle cosmologique prééminent. Ils fournissaient un nouvel outil pour explorer l'Univers primordial. Je me suis rendu compte de son utilité potentielle quand nous recherchions l'antimatière. Pour comprendre cette utilité, il faut connaître son rôle central dans l'évolution de l'Univers. Cet appendice décrit brièvement la théorie standard du big bang, en mettant l'accent sur le fond de rayonnement cosmologique.

Un Univers en expansion qui contient du rayonnement n'a pas seulement été plus dense dans le passé, mais il a été aussi plus chaud. Si une certaine quantité de matière et de rayonnement est comprimée, leur densité et leur température augmentent. Inversement, l'expansion dilue et refroidit l'Univers. Une conséquence immédiate est que si l'on remonte dans le passé, on trouve que la densité d'énergie sous forme de rayonnement augmente plus vite que celle qui est sous forme de matière. La raison est la suivante : la densité numérique (le nombre de *particules* par unité de volume) du rayonnement augmente au même rythme que la densité numérique de la matière (toutes deux sont inversement proportionnelles au volume), et dans les deux cas leur énergie cinétique (thermique) augmente proportionnellement à la température. La différence vient de ce que les particules du rayonnement, les photons, n'ont pas de masse, et leur énergie totale (énergie de masse plus énergie cinétique) augmente donc proportionnellement à la température. Les particules de matière, au contraire, ont une masse et leur énergie totale est complètement dominée par leur énergie de masse ($E = mc^2$) à basse température, et reste donc presque constante. De ce fait, quand la température augmente, la densité d'énergie du rayonnement augmente au même rythme, tandis que la densité d'énergie de la matière varie peu. Rapidement, la densité d'énergie du rayonnement domine complètement le bilan d'énergie, et détermine alors l'évolution de l'Univers et de son contenu. Il faut atteindre de très hautes températures pour que l'énergie thermique (cinétique) des particules de matière domine leur énergie de masse, et que leur densité d'énergie augmente au même rythme que celle du rayonnement.

L'époque où les particules ont toutes une énergie thermique très supérieure à leur énergie de masse s'appelle l'ère relativiste, parce que la vitesse de ces particules est alors très voisine de la vitesse de la lumière et que leur comportement est décrit par la relativité restreinte, et non par la physique de Newton. Dans ce régime, matière et rayonnement se comportent essentiellement de la même manière : ce sont des faisceaux d'énergie se déplaçant à la vitesse de la lumière, ou presque.

Dans un environnement stable, l'interaction des particules de matière entre elles et avec le rayonnement les amène à un régime d'équilibre. Si les masses des particules de matière sont petites comparées aux énergies mises en jeu, il y aura alors le même nombre de particules de chaque type [1], le même nombre que les photons, et autant de particules que d'antiparticules (si la situation est symétrique au départ *ou* s'il y a une violation même faible des lois de conservation qui imposent la création ou l'annihilation simultanées d'une paire particule-

1. Il y a une petite subtilité, car certaines particules existent sous plusieurs formes (charges, polarisations, etc.), et toutes ces formes ont la même abondance. Il y a donc deux fois plus de particules d'un type existant sous deux formes que de particules d'un type n'ayant qu'une seule forme.

antiparticule). Le temps nécessaire pour atteindre ce régime d'équilibre dépend du taux des réactions entre particules. Des interactions plus faibles mettent plus longtemps à atteindre l'équilibre que des réactions plus fortes. Au bout d'un temps suffisant, toutes les réactions atteignent l'équilibre.

La principale réaction qui nous intéresse ici est l'annihilation d'une paire particule-antiparticule en photons ou en particules de haute énergie, et la réaction inverse de création d'une paire particule-antiparticule à partir de photons ou de particules de haute énergie. Cette réaction est la clé de la transformation de l'énergie en particules et en antiparticules, qui assure l'égalité du nombre de toutes les espèces de particules à l'équilibre.

Mais l'Univers n'est pas un environnement stable, et dans les époques reculées il se dilate et se refroidit très vite. Aussi peut-on se demander à quoi ressemblent les choses dans cet Univers ancien. A cette époque, la densité numérique des particules de matière ou des photons est extrêmement élevée, et leurs énergies sont très grandes. Les réactions sont alors très fréquentes, et leur rythme dépasse le rythme d'expansion. Quasiment toutes les réactions sont alors capables de réajuster continuellement leur équilibre malgré l'expansion. Mais quand la température et la densité diminuent, le taux de réaction diminue aussi, très vite, et devient finalement plus lent que le taux d'expansion (qui ralentit lui aussi, mais moins vite). L'équilibre cesse alors d'être maintenu, les particules qui disparaissent, par annihilation ou par désintégration, ne sont plus récréées, et le nombre de particules de matière s'écarte du nombre de photons.

L'interaction la plus faible est la gravitation. Aussi les particules correspondantes, les gravitons, sont-ils très vite hors d'équilibre (dès 10^{-42} secondes, quand l'Univers était 10^{32} fois plus petit qu'aujourd'hui). Par suite de l'expansion, leur température n'est aujourd'hui que de 0,9 K (à comparer aux 2,73 K des photons). Si, de plus, l'Univers a ensuite traversé une période d'inflation, ils ont été considérablement dilués et refroidis, mais cette même inflation a produit une distribution de gravitons (ou d'ondes gravitationnelles si l'on préfère) dont le spectre est quasi indépendant de leur longueur d'onde (alors qu'une distribution d'équilibre thermique a un spectre de corps noir). L'inflation produit des rides de l'espace-temps, en partie sous forme d'ondes gravitationnelles, en partie sous forme de fluctuations dans la densité d'énergie. Ce sont les fluctuations dans la densité d'énergie qui croissent ensuite pour donner les galaxies et les autres structures que nous observons aujourd'hui dans l'Univers. La faiblesse de la gravitation fait des ondes gravitationnelles une sonde très profonde qui nous permettrait d'observer l'Univers primordial à l'époque de l'inflation, mais elle en fait aussi une sonde difficile à utiliser car nos détecteurs sont loin d'avoir la sensibilité requise pour les observer.

La question de savoir si et comment l'inflation ou d'autres transitions de phase sont arrivées dans l'Univers reste encore à trancher expérimentalement. Mais nous avons la certitude qu'une autre chose d'une grande importance s'est produite. Quand l'Univers se dilate et se refroidit, l'énergie des particules diminue et finit par devenir comparable à leur énergie de masse. Les réactions qui convertissent en photons les paires particule-antiparticule deviennent alors plus fréquentes que les réactions inverses. Le nombre de particules et d'antiparticules diminue, le nombre de photons augmente.

Dans le cas des protons et des neutrons, l'annihilation réciproque est pratiquement complète pour une température de 250 milliards de degrés, quand l'Univers a un âge de 10 microsecondes. L'annihilation est si complète que s'il y avait initialement autant d'antiprotons que de protons, il n'en resterait que 1 sur 10 milliards de milliards à y échapper (faute de trouver un partenaire à temps). Mais nous observons que 1 proton sur 10 milliards environ a survécu à la grande vague d'annihilation. L'écart entre observation et théorie est de 1 milliard ! Comment est-ce possible ? Plusieurs explications ont été avancées. D'abord, on peut supposer qu'il y avait initialement plus de protons et de neutrons que d'antiprotons et d'antineutrons. C'était l'hypothèse la plus fréquente dans les années 1970. Ensuite, on peut imaginer un mécanisme quelconque qui aurait séparé particules et antiparticules dans des régions distinctes de l'espace. C'était l'hypothèse avancée par Alfvén. Enfin, s'il existe une asymétrie dans les réactions, elle pourrait entraîner un excédent de 1 dix-milliardième de la matière sur l'antimatière. C'était l'hypothèse suggérée par Andreï Sakharov en 1967. Les cosmologistes pensent aujourd'hui, pour la plupart, que la troisième explication est la bonne, et que les expériences le démontreront.

Après cette grande annihilation, le contenu matériel de l'Univers était essentiellement composé d'électrons et de positrons, de photons, et de neutrinos et d'antineutrinos. Les neutrinos sont des particules qui interagissent très faiblement, et qui ont une masse nulle, ou en tout cas très petite.

A une température de 130 milliards de degrés, quand l'Univers a un âge de 100 microsecondes, la baisse de la densité et de la température diminue tellement le taux d'interaction des neutrinos, que ceux-ci cessent pratiquement d'interagir. Avant ce découplage, ils étaient en équilibre thermique et avaient donc une distribution thermique d'énergie. La forme de cette distribution a été préservée après le découplage, mais toutes les énergies ont été réduites par l'expansion de l'Univers. Les physiciens calculent que la température actuelle de ces neutrinos devrait être de 2 K environ. Ils sont plus chauds que les gravitons, car ils ont récupéré l'énergie de toutes les particules qui se sont annihilées entre le découplage des gravitons et celui des neutrinos. Les neutrinos fournissent donc aussi une sonde permettant d'observer l'Univers âgé de 100 microsecondes. Mais ici encore, cette même faiblesse des interactions qui provoque un découplage précoce implique aussi que nos instruments sont loin d'avoir la sensibilité requise pour les détecter.

L'événement important suivant concerne les protons et les neutrons, bien qu'ils ne soient qu'un ingrédient très minoritaire de la soupe de particules. A une température de 100 milliards de degrés, quand l'Univers a un âge de 10 millisecondes, la très légère différence de masse entre protons et neutrons (le neutron est 1 millième plus lourd) commence à déplacer leur abondance d'un nombre égal de protons et de neutrons vers une prépondérance des protons. Il est en effet beaucoup plus facile pour un positron d'interagir avec un neutron pour former un proton (et un antineutrino) qu'à un électron d'interagir avec un proton pour former un neutron (et un neutrino), car il doit apporter l'énergie nécessaire. De plus, le neutron a assez d'énergie de masse pour se désintégrer en un proton plus un électron et un (anti)neutrino. Le temps moyen de désintégration d'un neutron libre (en dehors d'un noyau) est d'un peu plus de 10 minutes (c'est-à-dire qu'au bout de 10 minutes, la moitié des neutrons se sera désintégrée, 10 minutes après les trois quarts, et ainsi de suite). Le résultat est qu'il y a deux fois plus de protons que de neutrons à une température de 30 milliards de degrés (à l'âge de 0,1 s).

L'Univers continuant à se dilater et à se refroidir, vers 4 secondes la température a baissé à 5 milliards de degrés, et les électrons et les positrons commencent à s'annihiler en masse, laissant leur énergie aux photons. Ce supplément d'énergie donne aux photons une température de 2,73 K, supérieure à celle des neutrinos. La disparition des électrons et des positrons laisse les protons environ sept fois plus nombreux que les neutrons, et ce nombre augmente faiblement à la suite de la désintégration lente des neutrons.

A une température de 1 milliard de degrés, quand l'Univers a un âge de 3 minutes, la fusion d'un proton et d'un neutron pour former un noyau de deutérium arrive fréquemment, mais la réaction inverse, où un photon de haute énergie dissocie ce noyau, devient de plus en plus rare car l'énergie des photons devient insuffisante. Les noyaux de deutérium deviennent alors de plus en plus nombreux, et ils peuvent commencer à interagir fréquemment à leur tour. Les noyaux de tritium (un proton et deux neutrons), d'hélium 3 (deux protons et un neutron) qui se forment rapidement sont aussi vite convertis en noyaux particulièrement stables d'hélium 4 (deux protons et deux neutrons). La quasi-totalité des neutrons se retrouve donc en fin de compte dans les noyaux d'hélium 4, qui contiennent donc 23 % de la masse nucléaire [2]. Les protons restants, des noyaux d'hydrogène, forment l'essentiel des 77 % restants.

Une très petite fraction de l'hélium 4 est à son tour convertie en lithium (trois protons et trois ou quatre neutrons), mais il n'est pas formé de noyaux plus lourds en raison de la faiblesse des forces qui assurent la cohésion des noyaux de béryllium et de bore. Le noyau de béryllium 8, formé de quatre protons et quatre neutrons, est de ce fait particulièrement instable et se brise facilement en deux noyaux d'hélium 4. Il forme donc un goulot d'étranglement, empêchant la production de noyaux plus lourds et plus fortement liés. Le fer est le noyau le plus fortement lié, et tous les protons et neutrons se transformeraient en noyaux de fer, si l'Univers était en équilibre. La synthèse des éléments légers se déroule dans les cinq premières minutes du big bang.

Pour obtenir les éléments plus lourds, ce qui était aussi le but initial de Gamow, il faut fusionner ces matériaux issus du big bang dans un environnement plus stable, les étoiles, où le temps se compte en millions ou en milliards d'années, et non en minutes. Les travaux de pionniers d'Alpher, Herman et Gamow ont conduit aux calculs actuels de nucléosynthèse des éléments légers au cours du big bang. Les observations des abondances de ces éléments (hydrogène, deutérium, tritium, hélium 3, hélium 4 et lithium 7) sont en excellent accord avec les calculs, à condition que le rapport entre le nombre total de neutrons et de protons, et le nombre de photons, soit d'environ 3×10^{-10} (ce qui signifie que 1 proton sur 6 milliards a survécu à la vague d'annihilations). Une

2. Partant de sept à huit protons pour un neutron, ou de quinze protons pour deux neutrons, deux de ces protons fusionnent avec les deux neutrons pour former un noyau d'hélium 4, laissant derrière treize protons, noyaux d'hydrogène. Il y a donc treize fois plus d'hydrogène que d'hélium, en nombre. En masse, l'hélium étant quatre fois plus lourd que l'hydrogène, leur rapport n'est que de 4 à 13, ou encore l'hélium représente 4/17 = 23 % de la masse totale.

conséquence particulièrement importante de ce nombre est que la densité moyenne de cette matière ordinaire dans l'Univers est aujourd'hui comprise entre 1 % et 10 % de la densité critique.

La densité d'énergie de l'Univers ne détermine pas seulement son destin, mais aussi quand et comment sa structure évolue. La majorité des cosmologistes pense depuis longtemps que les petites variations de densité dans l'Univers primordial provoquent la condensation des structures sous l'influence de la gravitation. L'idée de base est que les régions un peu plus denses que la moyenne attirent la matière des régions un peu moins denses qui les entourent. Leur densité augmente alors et elles attirent encore plus de matière, jusqu'à faire le vide autour d'elles. Les régions moins denses se vident ainsi de leur matière. Mais en fait, tant que la densité d'énergie est dominée par les particules relativistes – photons et neutrinos –, aucune structure ne se forme sous l'influence de la gravité. La raison en est que la pression du gaz de photons et de neutrinos est beaucoup plus forte que l'attraction gravitationnelle, pour toutes les tailles de ces régions (jusqu'à une taille égale à la distance parcourue par la lumière depuis le big bang). Dès que les protons et les noyaux commencent à se condenser, la pression lumineuse augmente et stoppe cette condensation. La lumière interagit fortement avec les électrons libres, qui se couplent à leur tour fortement avec les protons et avec les charges électriques des noyaux, qui restent donc en contact étroit.
ort couplage conduit à des oscillations, la gravité tendant à comprimer ces régions et la pression de rayonnement à les dilater. Cette oscillation n'est pas autre chose qu'une onde sonore. Dans l'Univers primordial, les énergies thermiques des particules sont telles que les ondes sonores se propagent quasiment à la vitesse de la lumière. Ces oscillations sonores ont deux effets. Leur premier effet est d'empêcher les protons et les autres noyaux de se rassembler, jusqu'à ce que les électrons libres disparaissent, quand ils se combinent avec les noyaux pour former des atomes neutres. La

pression de rayonnement exercée sur la matière devenue électriquement neutre est considérablement réduite. Les atomes sont alors libres de se rassembler sous l'influence de la gravitation, et les photons sont libres de voyager d'un bout à l'autre de l'Univers devenu transparent.

La formation des atomes neutres a lieu quand la température a baissé jusqu'à 3 000° environ, l'Univers étant alors vieux de 300 000 ans (et mille fois plus petit qu'aujourd'hui). La transparence de l'Univers pour le rayonnement est telle qu'un photon qui interagissait toutes les 100 années-lumière quand les électrons étaient libres n'interagit plus maintenant en moyenne que tous les 1 500 milliards d'années-lumière. Ce changement de phase est appelé le découplage, car il correspond au découplage de la matière ordinaire (électrons, protons, noyaux) du fond de rayonnement cosmique.

Le second effet des oscillations sonores au sein des fluctuations de densité est d'amortir ces fluctuations. L'astrophysicien Joseph Silk, à Berkeley, a calculé en 1967 que les fluctuations de moins de 100 000 masses solaires (la « masse de Silk ») sont complètement dissipées. C'est à peu près la taille des amas globulaires d'étoiles dans notre Galaxie, et cela pourrait expliquer pourquoi ces amas sont si fréquents et semblent contenir les étoiles les plus vieilles. On en voit des dizaines orbitant à quelques milliers d'années-lumière du centre de notre Galaxie.

Silk a aussi calculé que les densités de perturbations nécessaires pour engendrer les galaxies devaient produire une variation de température de l'ordre du dix-millième du fond de rayonnement cosmologique. Rainer Sachs (aussi de Berkeley) et Art Wolfe (maintenant à San Diego) ont ensuite publié le traitement complet des variations de température induites par des perturbations de densité. Ils ont montré qu'elles dépendaient des variations de la courbure de l'espace-temps, du mouvement de la matière au moment de la dernière interaction avec le rayonnement, et bien sûr des variations initiales de température.

Ces différentes composantes ont une importance

variable selon l'échelle considérée. Sur de très grandes échelles (celles observées par COBE), la courbure de l'espace-temps est l'effet dominant. Par conséquent, quand on observe les variations de température du fond de rayonnement cosmologique sur des échelles angulaires de quelques degrés, on observe les variations initiales de courbure, qui mesurent directement les variations de la densité d'énergie aux époques les plus reculées. Sur des échelles angulaires de l'ordre de un demi-degré, le mouvement dû aux ondes sonores domine, mais il est légèrement brouillé par le mouvement des particules qui se condensent, et par le fait que le découplage de la matière et du rayonnement n'est pas instantané et s'effectue donc sur une plage de températures. Ce n'est que sur les plus petites échelles angulaires que les fluctuations initiales de température sont importantes. Et encore ce n'est vrai que si les fluctuations de densité induisent des fluctuations de température, ce qui est le cas si le rapport du nombre de photons et du nombre de particules de matière reste constant [3].

Au fur et à mesure que les observations donnaient des limites de plus en plus basses sur les variations de température, les théoriciens ont commencé à rechercher des moyens de contourner l'effet Sachs-Wolfe. Une méthode était de supposer que la courbure de l'Univers n'était pas modifiée par les perturbations et ne contribuait donc pas à l'effet Sachs-Wolfe. Ce type de perturbations (dit isocourbure) fait l'hypothèse que la densité totale d'énergie reste partout la même, de sorte qu'un excédent de particules données (des protons par exemple) soit compensé par un déficit équivalent d'un autre type de particules (des photons par exemple). Ce genre d'approche présente ses propres difficultés, mais

3. *A priori* une variation de la densité de matière n'a pas de raison d'induire une variation de la densité du rayonnement (et donc de sa température). Mais les modèles de physique des particules qui prévoient une symétrie matière-antimatière relient automatiquement la densité de la matière à celle des photons, et une fluctuation de l'un entraîne alors une fluctuation parallèle de l'autre (NDT).

pour le moment elle reste acceptable, quoique à la limite d'être exclue par les observations.

Une autre approche qui présente un attrait esthétique suppose qu'il existe une forme de « matière noire » dans l'Univers, une matière qui n'interagit pas avec le rayonnement, ou très peu (on pourrait à meilleur compte l'appeler « matière invisible »). Cette matière peut s'agglomérer plus tôt que la matière ordinaire, car la pression de rayonnement ne peut freiner sa condensation dès que sa densité d'énergie dépasse celle du rayonnement (et des neutrinos). Si nous supposons que la densité moyenne de l'Univers est égale à la densité critique (celle qui rend l'Univers spatialement plat, à la limite entre expansion éternelle et effondrement futur), alors 90 à 99 % de cette densité est sous forme de matière noire. Les structures pourraient alors commencer à se former 1 300 ans environ après le big bang, quand l'Univers était vingt-quatre mille fois plus petit qu'aujourd'hui. La taille maximale de ces structures correspond à la distance parcourue par la lumière à ce moment-là (1 300 années-lumière). Cette distance est aujourd'hui vingt-quatre mille fois plus grande, soit 31 millions d'années-lumière, ce qui correspond bien à la taille d'un amas de galaxies. Dans ce scénario, la croissance des structures commence quand l'Univers était vingt-quatre fois plus petit qu'en l'absence de matière noire, et elles n'ont « besoin » que de fluctuations vingt-quatre fois plus petites pour atteindre leur amplitude présente, atténuant le hiatus entre théorie et observation. Quand le découplage libère la matière ordinaire, celle-ci n'a plus qu'à se précipiter vers les structures déjà formées par la matière noire.

La nature de cette matière noire, selon qu'elle est formée de particules lourdes et lentes (les WIMP) ou de particules légères et rapides (les neutrinos, si leur masse n'est pas nulle), détermine la plus petite taille des structures qui se forment. En effet, ces particules diffusent, et ce faisant elles amortissent les fluctuations de densité à toutes les échelles inférieures à la distance sur laquelle elles diffusent. Si leur vitesse est grande, proche de celle de la lumière (on parle alors de matière noire chaude), elles effacent toute structure plus petite qu'un amas de galaxies. Les galaxies elles-mêmes ne se formeraient alors qu'ensuite, par fragmentation. Si la vitesse des particules est faible (on parle alors de matière noire froide), elles n'ont qu'un effet très limité, et la taille des structures s'étage de l'amas globulaire (un million d'étoiles) à l'amas de galaxies (plusieurs dizaines de milliers de milliards d'étoiles).

Par conséquent, la mesure des fluctuations de température du fond de rayonnement cosmologique à petite échelle angulaire peut nous permettre de déterminer les perturbations initiales et les débuts de la formation des structures. En combinant cette information avec l'observation des structures actuelles, on peut beaucoup apprendre des mécanismes de formation de ces structures, et de la nature de la matière noire. La situation présente est un peu confuse : le modèle de matière noire froide, favori ces dernières années, paraît aujourd'hui insuffisant à certains qui estiment qu'un matériau différent, ou additionnel, est indispensable. Je ne crois pas que le modèle de matière noire froide le plus simple soit pour l'instant exclu par les observations et leurs interprétations théoriques. Mais d'autres le pensent, et proposent déjà des alternatives.

La notion d'équilibre thermique est un concept important pour l'Univers primordial, et pour la physique en général. C'est une notion statistique, et l'équilibre est en général atteint grâce à des interactions répétées. Elle est statistique en ce sens que les particules de la soupe n'ont pas toutes exactement la même énergie, mais la distribution de leurs énergies suit une loi caractéristique, et l'énergie cinétique moyenne est proportionnelle à la température. Quand une particule entre en collision avec une autre, elle gagne parfois de l'énergie, en perd parfois, selon leurs angles d'arrivée et de départ au moment de l'impact. Si la distribution des énergies n'est pas initialement la distribution d'équilibre thermique, elle s'en rapproche peu à peu.

En 1900, Max Planck montra que quand la lumière atteint cet équilibre thermique, par absorption, réflexion et émission à partir des parois d'une cavité ou d'un corps qui soit un émetteur et un absorbant parfait (ce qu'on appelle un corps noir), la distribution d'énergie des photons a une forme caractéristique. Comme l'énergie des photons est inversement proportionnelle à leur longueur d'onde, cette distribution est aussi une distribution de longueurs d'onde de la lumière, un spectre, le spectre de Planck ou de corps noir. Ce spectre était connu par l'observation, et pour le retrouver par le calcul, Max Planck a dû supposer que la lumière ne pouvait émettre ou absorber d'énergie que par paquets, les quanta, que nous appelons photons ou particules de lumière, ouvrant ainsi la voie à la mécanique quantique.

La figure montre des exemples de spectres de corps noirs à des températures différentes. Toutes ces courbes ont la même allure et ne se coupent jamais. Par conséquent, une seule mesure, faite à une longueur d'onde (ou une fréquence) donnée, détermine l'ensemble du spectre, et la température du corps noir. Les résultats à différentes longueurs d'onde de l'expérience FIRAS de COBE (et quasiment toutes les autres observations) donnent tous la même température de corps noir pour le fond de rayonnement cosmologique : 2,73 K. C'est un reste très froid de quelque chose qui fut très chaud.

L'équilibre thermique complet de la matière et du rayonnement cosmologique, avec émission et absorption de photons, s'est maintenu jusqu'à une heure après le big bang. Ensuite, les interactions entre matière et lumière n'étaient plus suffisantes pour changer le nombre de photons, mais seulement leur énergie. L'équilibre thermique s'est maintenu jusque 1 000 ans après le big bang (l'Univers était vingt-quatre mille fois plus petit qu'aujourd'hui). Puis, les interactions n'assuraient plus l'équilibre thermique et commençaient à déformer le spectre aux courtes longueurs d'onde, mais au-delà de 300 000 ans, il n'y a plus grand-chose qui puisse déformer le spectre même faiblement. L'expansion de l'Univers préserve la forme du spectre, tout en diminuant la température (inversement proportionnelle au facteur d'expansion). En raison de son rôle majeur dans l'histoire et l'évolution de l'Univers, la température du fond de rayonnement cosmologique est un bon moyen de repérer le facteur d'expansion ou l'âge de l'Univers à différentes époques.

Les photons émis ou l'énergie dissipée après la première heure laissent une empreinte caractéristique sur le spectre du rayonnement cosmologique (ou sont directement visibles). La mesure de l'intensité du rayonnement à différentes longueurs d'onde fournit donc une information sur les processus qui libèrent des photons ou de l'énergie après la première heure, jusqu'à maintenant. Cela permet d'exclure certains modèles cosmologiques, et aussi d'éliminer certains modèles de formation des galaxies, tels ceux où d'énormes explosions ou de la turbulence à grande échelle en seraient responsables.

On voit ainsi le rôle très important que joue le rayonnement cosmologique dans l'évolution de l'Univers, et son utilité comme sonde des conditions dans l'Univers primordial. En particulier, le spectre de ce rayonnement nous informe sur l'histoire thermique de l'Univers de 1 heure après le big bang jusqu'à aujourd'hui, et sa distribution angulaire nous informe sur la courbure de l'espace-temps et sur les perturbations qui ont conduit aux structures.

La mesure précise des propriétés du rayonnement cosmologique est difficile. Celui-ci était autrefois un enfer brûlant dominant de loin l'Univers, et les effets qui nous intéressent étaient mineurs en comparaison. Le modèle du big bang marche incroyablement bien, mais les restes de la boule de feu primordiale sont aujourd'hui tellement dilués par l'expansion de l'Univers que les empreintes mineures de ces événements anciens sont maintenant des effets incroyablement faibles.

De plus, l'environnement actuel noie le rayonnement cosmologique de plusieurs façons. La température de ce rayonnement n'est plus que de 2,73 K, à comparer aux 300 K de la Terre, ou aux 5 700 K de la surface du Soleil. Le bruit des détecteurs et les émissions thermiques de l'environnement sont des parasites importants. On peut en diminuer certains, par exemple baisser le bruit du détecteur en le refroidissant, mais pas d'autres. L'atmosphère terrestre pose des problèmes supplémentaires : elle rayonne thermiquement, de façon déjà importante si elle est claire et sèche, mais la vapeur d'eau et les nuages ont un effet dévastateur (en plus, ils perturbent le refroidissement du détecteur en provoquant de la condensation !). L'eau atmosphérique a un tel impact parce que d'une part elle est rarement répartie uniformément (pensons aux nuages), et d'autre part elle absorbe et émet beaucoup aux longueurs d'onde qui nous intéressent. Les fermiers et les campeurs le savent bien : les nuits claires sont plus froides que si le ciel est nuageux, et quand des gelées sont annoncées, les fermiers diffusent parfois un brouillard artificiel pour absorber le rayonnement des cultures qui les refroidirait. Pour éviter cette émission atmosphérique, et en particulier son humidité, les expériences de mesure du rayonnement cosmologique recherchent des sites de haute altitude et secs, comme le sommet des montagnes, le pôle Sud, les ballons-sondes, les fusées et, mieux que tout, les satellites.

Même depuis la meilleure des plates-formes, il faut prendre soin d'éviter un bruit et un rayonnement excessifs de l'environnement (l'équipement, la Terre, l'atmosphère résiduelle et les sources célestes), tout en conservant un appareillage très stable et bien étalonné. Le développement des observations a suivi le développement des techniques, mais les exigences sont devenues parallèlement plus dures. Nous sommes arrivés au point où nos observations ont une sensibilité variant de 10 à 100 millioniėmes de degré.

Nous apprenons ainsi beaucoup sur l'Univers primordial.

POUR EN SAVOIR PLUS

Alfvén, Hannes, *Worlds-Antiworlds*, San Francisco, W. H. Freeman, 1966.

Arp, Halton C., *Quasars, Redshifts, and Controversies*, Berkeley, Californie, Interstellar Media, 1987.

Barrow, John, et Joseph Silk, *The Left Hand of Creation : The Origin and Evolution of the Expanding Universe*, New York, Basic Books, 1983.

Cornell, James, *Bubbles, Voids, and Bumps in Time : The New Cosmology*, New York, Cambridge University Press, 1989.

Davies, Paul, *The Cosmic Blueprint*, New York, Simon & Schuster, 1988.

– *The New Physics*, Cambridge University Press, 1987. Trad. fr., *La Nouvelle Physique*, Paris, Flammarion, 1994.

– *Coming of Age in the Milky Way*, New York, William Morrow, 1988.

Ferris, Timothy, *The Red Limit*, New York, William Morrow, 1977.

Gamow, George, *The Creation of the Universe*, New York, Viking, 1957, pour son intérêt historique.

– *Mr. Tompkins in Paperback*, New York, Cambridge University Press, 1965.

Gribbin, John, *In Search of the Edge of Time*, Londres, 1992.

– *The Omega Point : The Search for the Missing Mass and the Ultimate Fate of the Universe*, New York, Bantam, 1988.

– *In Search of the Big Bang*, Londres, 1988. Trad. fr., *A la poursuite du Big Bang*, éd. du Rocher, 1991, rééd. coll. Champs-Flammarion, 1992.

Guth, Alan, et Paul Steinhardt, « The Inflationary Universe », *Scientific American,* janvier 1990, p. 116-128.

Harrison, Edward, *Darkness at Night : A Riddle of the Universe,* New York, Cambridge University Press, 1987. Trad. fr. *Le noir de la nuit,* Paris, Le Seuil, 1990.

Hawking, Stephen, *A Brief History of Time,* New York, Bantam, 1988. Trad. fr., *Une brève histoire du temps,* Paris, Flammarion, 1989, rééd. coll. Champs, 1992.

Krauss, Lawrence M., *The Fifth Essence : The Search for Dark Matter in the Universe,* New York, Basic Books, 1989.

Layzer, David, *Cosmogenesis : The Growth of Order in the Universe,* New York, Oxford University Press, 1990.

Learner, Eric, *The Big Bang Never Happened : A Startling Refutation of the Dominant Theory of the Origin of the Universe,* New York, 1991.

Lederman, Leon, et David Schramm, *From Quarks to the Cosmos,* New York, Scientific American Library, 1991.

Lemaître, Georges, *The Primeval Atom,* New York, Van Nostrand, 1950.

Lightman, Alan P., *Ancient Light : Our Changing View of the Universe,* Cambridge, Mass., Harvard University Press, 1991.

Longair, Malcolm, *The Origins of Our Universe,* New York, Cambridge University Press, 1991. Trad. fr. *Les origines de notre univers,* Armand Colin, Paris, 1993.

Overbye, Dennis, *Lonely Hearts of the Cosmos : The Story of the Scientific Quest for the Secret of the Universe,* New York, Harper Collins, 1991.

Pecker, Jean-Claude (sous la direction de), *Astronomie Flammarion,* Flammarion, Paris, 1985.

Peebles P.J.E., *Principles of physical cosmology,* Princeton University Press, Princeton, 1993.

Reeves, Hubert, *Atomes de silence,* Le Seuil, Paris, 1980.

– *L'Heure de s'enivrer : l'Univers a-t-il sens?,* Paris, Le Seuil, 1986.

– *Patience dans l'azur : l'évolution cosmique,* Paris, Le Seuil, 1981.

Riordan, Michael, et David Schramm, *The Shadows of Creation : Dark Matter and the Structure of the Universe,* New York, W. H. Freeman & Co., 1991.

Schilling, Govert, *De Salon van God : Spuertocht naar de Architectuur van de Kosmos,* Amsterdam, Wereldbibliotheek, 1993.

Silk, Joseph, *The Big Bang*, New York, W. H. Freeman & Co., 1989.
Trefil, James, *The Dark Side of the Universe*, New York, Doubleday, 1989.
– *The Moment of Creation : Big Bang Physics from Before the First Millisecond to the Present Universe*, New York, Macmillan, 1984.
Trinh Xuan Thuan, *La méthode secrète*, Fayard, Paris, 1988.
Weinberg, Steven, *The First Three Minutes : A Modern View of the Origin of the Universe*, New York, Basic Books, 1977. Trad. fr., *Les Trois Premières Minutes de l'Univers*, Paris, Le Seuil.

REMERCIEMENTS

Les mystères grandioses de l'Univers nous attirent tous. Ce livre tente d'apporter au public un peu de l'émerveillement et de l'excitation que ressentent les chercheurs. Il témoigne également de la dette que les savants contractent auprès de la population qui rend leur travail possible grâce à leurs impôts. Je remercie les diverses agences gouvernementales, la NASA, le ministère de l'Energie [1] et la Fondation nationale pour la science, qui ont soutenu ces travaux de multiples façons et en particulier au travers des bases et des laboratoires comme le Lawrence Berkeley Laboratory, le Space Science Laboratory, le Centre national des ballons scientifiques, la Station du pôle Sud, les centres de la NASA (Goddard et Ames entre autres) et de très nombreux laboratoires et observatoires. Le personnel de ces centres, d'une exceptionnelle qualité, s'est profondément engagé dans ces efforts. Ce fut un grand privilège et un grand plaisir de travailler avec eux. Je remercie tout particulièrement les directeurs de la Division de la physique au LBL – Bob Birge, Dave Jackson, Pier Odone et Bob Cahn – et les directeurs du Space Science Laboratory – Kinsey Anderson, Buford Price et Chris McKee – pour leur appui et pour nous avoir fourni un cadre de recherche très excitant, très stimulant et très performant.

1. Le ministère de l'Energie (DOE, Department of Energy) est l'un des principaux responsables de la politique scientifique des Etats-Unis d'Amérique (NDT).

Tout cet appui et toute cette infrastructure auraient été inutiles en l'absence d'un système éducatif de haute qualité. Je suis profondément reconnaissant à mes professeurs qui ont su, de l'école primaire jusqu'à l'université, me donner le goût d'apprendre et m'ont encouragé à étudier les œuvres des générations précédentes. Ils m'ont inspiré le respect de la connaissance et des livres (je suis encore incapable de me séparer d'un livre). Plus tard, mes professeurs ont eu la tâche plus facile de me faire assimiler les vastes connaissances accumulées par les chercheurs qui m'ont précédé et de m'encourager à suivre ensuite ma propre voie. Je remercie les responsables des enseignements que j'ai reçus au MIT – Victor Weisskopf, Philip Morrison, Steven Weinberg et bien d'autres encore. Je remercie tout particulièrement mon directeur de thèse David Frisch, qui m'attira dans la physique expérimentale et m'apprit tout ce que l'on ne trouve pas dans les livres, et Luis Alvarez qui continua cette formation à Berkeley et me poussa à aller plus loin. La très haute qualité des universités de ce pays et l'enseignement permanent qu'elles fournissent sont l'un de nos meilleurs atouts.

Bien sûr, tout commence à la maison et je dois remercier ma famille et mes amis pour leurs encouragements et leur soutien sans faille. Je souligne tout spécialement le rôle de ma mère qui m'a sans cesse stimulé et qui m'a donné un exemple remarquable de personne humaine et de professeur de sciences. Elle m'a inspiré l'amour de la culture et de la connaissance. Mon père fut pour moi l'exemple de l'homme d'action, explorateur et aventurier dans la période de transition entre les traditions anciennes et la recherche scientifique contemporaine. Mes amis furent compréhensifs et acceptèrent de bonne grâce mes absences longues et répétées au nom de l'art et de la science, surtout Julian et Connie.

La recherche en cosmologie, la recherche scientifique en général, est un effort à grande échelle qui implique des personnes très nombreuses et très diverses. J'ai une grande dette envers ceux qui se dévouent à cette entreprise et dont le travail nous enrichit de multiples façons.

L'histoire retracée dans ce livre est le résultat durement acquis des efforts de nombreuses personnes. J'ai eu le plaisir de travailler avec tous, avec les savants célèbres dont tout le monde a entendu parler comme avec les chercheurs moins connus et avec les ingénieurs et les techniciens, dont le travail apparaît moins souvent en pleine lumière mais est pourtant vital. J'ai ainsi eu la joie de coopérer à Berkeley avec Jon Aymon, Hal Dougherty, John Gibson, Doug Heine, Robbie Smits et John Yamada. J'ai également travaillé avec plusieurs collaborateurs scientifiques remarquables – qu'ils soient étudiants en thèse (la force de travail des laboratoires), jeunes chercheurs ou savants confirmés.

Le projet COBE entraîna des collaborations à une échelle industrielle : plus d'un millier de personnes ont contribué à COBE *. Mes remerciements vont tout particulièrement au Groupe scientifique – Chuck Bennett, Nancy Boggess, Ed Cheng, Eli Dwek, Sam Gulkis, Mike Hauser, Mike Janssen, Tom Kelsall, Phil Lubin, John Mather, Steve Meyer, Harvey Moseley, Tom Murdock, Rick Schafer, Bob Silverberg, Rainer Weiss, Dave Wilkinson et Ned Wright – et aux divers membres de l'équipe de DMR dont la composition a varié au fil des années selon l'avancement du projet. Plus de quarante personnes ont contribué de façon cruciale à DMR et méritent ma reconnaissance particulière. Mais il en est de même de tous ceux qui ont rendu DMR possible (ainsi que FIRAS et DIRBE).

Enfin, je voudrais remercier tous ceux qui ont contribué à ce livre – Keay Davidson, Roger Lewin, William Morrow, Maria Guarnaschelli, Chas Edward, Arlene Goldberg, Kurt Aldag et le Département de production de mon éditeur – ainsi que les autres éditeurs et mon agent John Brockman. Christopher Slye transforma mes esquisses en ces splendides illustrations qui apportent tant à ce livre. Je voudrais également remercier tous ceux qui ont lu les divers chapitres de ce livre et m'ont

* L'édition américaine du livre de George Smoot (W. Morrow, New York, 1994) en donne la liste complète.

apporté leurs commentaires. Et surtout, je remercie les lecteurs qui auront, je l'espère, pris plaisir en le lisant tout en apprenant quelque chose. Ils incarnent le public instruit qui soutient la science et la culture.

INDEX

Albrecht, Andreas, 220.
Alcock, Charles, 193.
Alfvén, Hannes, 99, 117, 118, 120, 121, 131, 351.
Alpher, Ralph, 79, 82, 83, 92, 94, 102, 271, 353.
Alvarez, Luie, 110, 111, 112, 125, 126, 135, 140, 144, 145, 146, 149, 168, 225, 266.
Alvarez, Walter, 111.
Amundsen, Roald, 294, 295.
Anderson, Carl, 116, 117, 123, 128, 130.
Aristote, 13, 16, 53, 54, 85, 137, 185.
Arp. Narlikar, Halton, 286.
Aymon, Jon, 142, 160, 161, 282.

Baade, Walter, 92.
Backus, Charlie, 277.
Balmer, 44.
Bardeen, James, 217.
Barnes, Jim, 151, 153, 154, 155.
Becquerel, Henri, 76.
Bellingshausen, Fabian Gottlieb von, 293.
Bennett, Chuck, 260, 289, 290, 320, 327, 328, 334, 336.
Bennett, David, 198, 205.
Bensadoun, Marc, 297, 299.
Bentley, Richard, 39, 40, 45.
Berkeley, George, 53, 54.
Bersanelli, Marco, 299.
Bethe, Hans Albrecht, 77, 82.
Birge, Bob, 140.
Bjorken, James, 28.
Blumenthal, George, 199.
Boggess, Nancy, 325.
Bohr, Niels, 71, 215, 216.
Bolyai, János, 49.
Bond, Richard, 199, 289.
Bondi, Hermann, 84, 86, 87, 88, 97, 98.
Bonner, Elena, 132.
Botticelli, 84.
Boughm, Steve, 243.
Boynton, Paul, 141.
Brahé, Tycho, 36.
Brawer, Roberta, 79.
Brejnev, 132.
Broglie de, Louis, 71.
Brunelleschi, 35.
Bruno, Giordano, 37, 168.
Buffington, Andy, 110, 122, 124, 131, 135.
Burbidge, Geoffrey, 93, 181, 281, 286, 287.
Burbidge, Margaret, 93, 181.
Burke, Bernard, 102.
Burstein, David, 190.

Cabrera, Blas, 201, 203, 204.
Campbell, Joseph, 30.
Caroff, Larry, 272.
Carter, Brandon, 221.
Carter, Christian, 305, 306.
Chadwick, James, 76.
Chalmers, Rob, 260, 262.

Chamberlain, Owen, 117.
Chaplin, Charlie, 47.
Cheng, Ed, 243, 326.
Cherbonneaux, James, 176.
Clarke, Arthur C., 224.
Clarke, Arthur de, 100.
Conlan, Pat, 270.
Copernic, Nicolas, 13, 16, 34, 36, 37, 52, 161, 162, 199.
Corey, Brian, 141, 163.
Cottingham, David, 243.
Cronin, James, 133.
Cronkite, Walter, 249.

Dalí, Salvador, 84.
Danese, L., 31.
Dante, 35.
Darwin, 136
Davies, Roger, 190.
Davis, Marc, 190, 199.
De Amici, Giovanni, 290, 297, 299, 305, 306, 309, 310, 311, 313, 317, 320, 326, 327.
De Sitter, Willem, 56, 57, 68, 72.
De Zotti, G., 31.
Dicke, Robert, 100, 102, 103, 143, 189, 210.
Digges, Thomas, 36.
Dirac, Paul, 71, 114, 115, 116, 117, 200, 208.
Doppler, Christian, 64, 65, 75, 139, 160.
Dougherty, Hal, 128, 142, 147, 156, 233, 234, 236, 305, 307.
Dressler, Alan, 190.
Dyson, Freeman, 340.

Economou, Constantina, 140, 163, 178.
Eddington, Arthur Stanley, 47, 69, 72, 73, 78, 85, 90, 99.
Efstathiou, George, 199.
Einstein, Albert, 16, 36, 37, 44, 45, 46, 47, 51, 52, 53, 55, 56, 57, 63, 68, 71, 72, 73, 75, 104, 114, 136, 139, 147, 186, 221, 338, 344.
Einstein, Elsa, 68.
Eisenhower, 100.
Epstein, Gerald, 233, 234, 236, 237, 239, 240, 241, 244.
Erickson, Bob, 153, 154, 155, 175.
Euclide, 49.
Euler, Leonhard, 53.

Faber, Sandra, 190.
Fackler, Orrin, 27.
Ferguson, Bill, 147.
Fermi, Enrico, 93.
Feynman, Richard, 287.
Fiorini, Ettore, 201.
Fitch, Val, 133.
Ford, Kent, 181, 182, 183, 184, 185, 188, 202.
Fowler, William, 93.
Fox, Don, 27.
Fraunhofer, Joseph von, 64.
Friedman, Jerome, 28.
Friedmann, Alexandre Alexandrovitch, 56, 57, 68.
Frisch, David, 26, 27, 109, 205, 206, 207.

Gaier, Tod, 333.
Galilée, 23, 32, 33, 35, 36, 37, 95, 96, 117, 204.
Gamow, Barbara, 97.
Gamow, George, 79, 80, 81, 82, 83, 84, 85, 86, 91, 92, 93, 95, 97, 98, 102, 122, 169, 189, 271, 353.
Gauss, Carl Friedrich, 49.
Geller, Margaret, 190, 255.
Gibson, John, 142, 233, 234, 236.
Glashow, Sheldon, 133, 203.
Gochar, Gene, 262.
Gödel, Kurt, 136, 137.
Gold, Thomas, 86, 87, 88, 91, 97, 98.
Gorbatchev, Mikhaïl, 132.
Gorenstein, Marc, 112, 142, 146, 149, 151, 155, 156, 164, 165, 166, 233.
Graham, William, 256.
Griest, Kim, 192.
Gulkis, Samuel, 227, 228.

Guth, Alan, 204, 208, 209, 210, 212, 217, 219, 220, 222, 336.

Halley, Edmund, 38, 39, 44, 253, 254, 255.
Halpern, Mark, 238.
Harkins, William Draper, 76, 77.
Harrison, Edward, 99, 218.
Hartle, J. B., 338.
Hauser, Mike, 227, 228, 229, 243, 259, 267, 273, 281.
Hawking, Stephen, 216, 217, 221, 328, 338, 340.
Heine, Doug, 305.
Heisenberg, Werner, 71, 216.
Herman, Robert, 80, 82, 83, 92, 94, 102, 271, 353.
Herschel, William, 63.
Hertzsprung, Ejnar, 62.
Hinshaw, Gary, 290, 320, 327, 332.
Hoyle, Fred, 79, 83, 84, 85, 86, 87, 88, 89, 91, 92, 93, 94, 95, 97, 98, 99, 122, 332.
Hubble, Edwin, 56, 58, 59, 60, 62, 66, 68, 75, 92, 97, 136, 166, 167, 169, 170, 171, 181, 207, 286, 338.
Huchra, John, 190, 255.
Humason, Milton, 59.

Jackson, Pete, 277.
Jansky, Karl, 95.
Janssen, Mike, 227, 275.
Jastrow, Robert, 338, 339.
Jean-Paul II, 35.
Jeans, James, 89.
Johnson, Clarence « Kelly », 146, 153.

Kant, Immanuel, 53.
Kashlinsky, Sacha, 289.
Keegstra, Phil, 313.
Kelsall, Tom, 260, 266.
Kelvin, 19.
Kendall, Henry, 28.
Kennedy, J. F., 111.
Kepler, Johannes, 36, 37, 41.
Kibble, Thomas, 197.
Kirchhoff, Gustav, 64.
Kirschman, Frank, 259.
Klein, Oskar, 120.
Kogut, Al, 283, 288, 313, 318, 320, 326, 327, 334, 336.
Kolb, Rocky, 223.
Kuiper, Gerard, 144.

La Fontaine, 84.
Lagrange, 257.
Lange, Andrew, 261.
Laplace, Pierre Simon de, 41.
Lapparent, Valérie de, 190.
Lawrence, Ernest O., 110.
Leavitt, Henrietta, 61, 62, 173.
Lecha, Maria, 266.
Lederman, Leon, 204.
Leibniz, 53.
Lemaître, Georges, 19, 26, 28, 68, 69, 70, 71, 72, 73, 75, 76, 84, 98.
Levin, Steve, 299, 314, 315.
Lightman, Alan, 79, 172, 289.
Limon, Michele, 299, 314.
Linde, Andreï, 204, 220, 221.
Lineweaver, Charley, 320, 321, 322, 324.
Lobatchevski, Nikolaï Ivanovitch, 49.
Lowell, Percival, 63, 65.
Lubin, Phil, 176, 177, 234, 237, 240, 241, 242, 244, 245, 246, 247, 325, 326, 333.
Lynch, John, 297.
Lynden-Bell, Donald, 190.

Mach, Ernst, 54, 55, 56, 136, 159, 185, 213, 215, 339.
Machiavel, 35.
Magellan, 186.
Mandolesi, R., 31.
Mark, Hans, 144, 145, 146, 149, 174.
Martin, Jim, 27.
Maruschak, John, 229.
Mast, Terry, 135, 136.
Mather, John, 227, 228, 243, 259,

267, 271, 272, 277, 278, 279, 280, 281, 327.
Matsumoto, 261.
Mattson, Roger, 259.
Maury, Matthew Fontaine, 294.
McAuliffe, Christa, 249, 250.
McCarthy, Dennis, 154, 252, 253, 267, 271, 274.
Melchiorri, Francesco, 230, 231, 284.
Mendel, 83.
Mendeleïev, 76.
Messier, Charles, 63.
Meyer, Stephen, 326, 333.
Michel-Ange, 35.
Michelson, Albert, 138, 139, 140.
Millikan, Robert, 89.
Morley, Edward, 138, 139, 140.
Muehlner, Dirk, 141, 227.
Muller, Rich, 135, 140, 142, 144, 149, 166.

Narlikar, Jayant, 286.
Nelson, Jerry, 136.
Newton, Isaac, 16, 32, 35, 36, 37, 38, 39, 40, 41, 44, 45, 47, 50, 53, 55, 117, 138, 139, 182, 183, 204, 254, 348.

Olbers, Heinrich, 41, 42, 254.
Oppenheimer, Robert, 193.
Orth, Charles, 110, 131, 135.
Osborne, Lou, 205, 206, 207.
Ostriker, Jeremiah, 184.

Pachacútec, 178.
Paczynski, Bohdan, 193.
Page, Lyman, 333.
Pascal, Blaise, 37.
Pascalar, Herb, 226.
Patschke, Bob, 266.
Payne-Gaposchkin, Cecilia, 77.
Peccei, Roberto, 200.
Peebles, James, 68, 102, 103, 136, 137, 139, 140, 163, 164, 184, 189, 279.
Penrose, Roger, 216.
Penzias, Arno, 100, 102, 103, 143, 279, 284, 347.
Peterson, Jeff, 312, 313.
Pi, So-Young, 217.
Pie XII, 29, 99.
Pizarre, 175.
Planck, Max, 103, 104, 189, 358, 359.
Poe, Edgar Allan, 41, 42.
Poincaré, Henri, 68.
Powers, Francis Gary, 145.
Primack, Joel, 199.
Ptolémée, Claude, 13.
Putnam, George, 42.
Pyne, Steven J., 295.

Quinn, Helen, 200.

Ratliff, Roger, 229, 260, 265.
Reber, Grote, 96.
Rhie, Sun, 332.
Richards, Paul, 261.
Riemann, Bernhard, 49.
Robertson, 69.
Roeder, Robert, 165, 166.
Rokke, Laurie, 282, 320.
Roll, Peter, 102, 103.
Rossini, 35.
Rubin, Vera, 79, 168, 169, 170, 171, 172, 181, 182, 183, 184, 185, 188, 202.
Russell, Bertrand, 87, 88.
Rutherford, Ernest, 71, 76.
Ryle, Martin, 95, 96, 97, 99.
Ryschkewitsch, Mike, 267.

Sachs, Rainer, 355, 356.
Sadoulet, Bernard, 193, 201.
Sakharov, Andreï, 131, 132, 133, 351.
Salam, Abdus, 133.
Sato, Katsuhiko, 204, 217.
Schewe, Philip, 336.
Schramm, David, 192.
Schrödinger, 71.
Schwarzschild, Karl, 55.
Schwarzschild, Martin, 171.
Sciama, Dennis, 106, 136, 140, 215, 216, 217.

Scott, Robert, 292, 294, 295, 296.
Segré, Emilio, 117.
Shackleton, Ernest, 292, 294.
Shafer, Rick, 277, 278.
Silk, Joseph, 193, 355.
Silverberg, Bob, 227.
Sironi, Giorgio, 31, 297.
Slipher, Vesto, 62, 63, 64, 65, 66, 68, 181, 280.
Smith, Larry H., 110.
Smith, Peter, 201.
Smith, Robbie, 142.
Smoot, George, 131, 267.
Sompayrac, Lauren, 27.
Spergel, David, 198, 333.
Spiro, Michel, 193.
Staline, 154.
Starobinsky, Alexeï, 204, 217.
Steinhardt, Paul, 217, 220, 333, 336.
Sullivan, Walter, 165.

Teller, Edward, 79, 107, 113.
Tenorio, Luis, 320, 321.
Terlevich, R. J., 190.
Thaddeus, Pat, 227.
Thomson, Joseph John, 76.
Tolman, 69.
Torres, Sergio, 277.
Townes, Charles, 144.
Tremaine, Scott, 199.
Tryon, Edward, 89.
Tuchman, Barbara, 42.
Turkevich, 93.
Turner, Michael, 199, 217, 223.
Turok, Neil, 198, 333.
Tutwiler, Don, 272.
Tye, Henry, 208, 209, 212.
Tyler, Tim, 226.
Tyson, Tony, 142.

Vandenberg, Hoyt S., 269.
Vaucouleurs, Gérard de, 172, 173.
Vilenkin, Alexander, 197, 220.
Villela, Thyrso, 240, 244, 245, 246, 247.
Viorst, Milton, 175.

Wahlig, Mike, 110.
Wall, Jack, 175.
Webster, Adrian, 141.
Webster, Ivor « Chunky », 152, 153.
Wegner, Gary, 190.
Weigand, Clyde, 117.
Weinberg, Steven, 109, 133, 136, 189, 200, 209, 215, 216, 343.
Weiss, Rainer, 141, 227, 228, 238.
Weisskopf, Victor, 109, 206.
Weizsäcker, Carl Friedrich von, 78.
Wells, H. G., 87.
Weyl, 68.
Whitehead, Alfred North, 47.
Wilczeck, Frank, 200.
Wilkinson, David, 102, 103, 141, 163, 227, 228, 230, 231, 238, 243, 279, 284, 288.
Williams, Ron, 156.
Wilson, Charles, 102, 103, 116, 143, 279, 284, 347.
Wilson, Edward, 294.
Wilson, Robert, 100.
Witebsky, Chris, 290.
Wolfe, Art, 355, 356.
Wolfgang, John, 275.
Wright, Ned, 284, 287, 288, 320, 325, 327, 334, 336.

Yahil, Amos, 184.
Yamada, John, 130, 305.
Young, Earl, 260.
Ypsilantis, Thomas, 117.

Zeeman, Pieter, 64.
Zel'dovitch, Yakov Borisovitch, 198, 218.
Zwicky, Fritz, 172, 173, 184.

TABLE DES MATIÈRES

Préface 7

Chapitre I. Au commencement 11
Chapitre II. La nuit, il fait noir 31
Chapitre III. L'Univers en expansion 58
Chapitre IV. Conflit cosmologique 84
Chapitre V. A la recherche d'antimondes 107
Chapitre VI. L'espion dans le ciel 135
Chapitre VII. Un Univers différent 158
Chapitre VIII. Au cœur des ténèbres 181
Chapitre IX. Inflation 203
Chapitre X. La promesse de l'espace 224
Chapitre XI. COBE : le regain 249
Chapitre XII. Premières rides 268
Chapitre XIII. Un endroit détestable pour faire de la science 292
Chapitre XIV. Vers l'ultime question 316

Appendice 347
Pour en savoir plus 363
Remerciements 367
Index 371

DÉJÀ PARUS

Collection Champs

ALAIN **Idées.**
ANATRELLA **Le Sexe oublié.**
ARASSE **La Guillotine et l'imaginaire de la Terreur.**
ARCHEOLOGIE DE LA FRANCE **(réunion des musées nationaux).**
ARNAUD, NICOLE **La Logique ou l'art de penser.**
ASTURIAS, **Trois des quatre soleils.**
AXLINE **Dibs.**
BADINTER **L'Amour en plus.**
BARNAVI **Une histoire moderne d'Israël.**
SARRY **La Résistance afghane, du grand moghol à l'invasion soviétique.**
BARTHES **L'Empire des signes.**
BASTIDE **Sociologie des maladies mentales.**
BERNARD **Introduction à l'étude de la médecine expérimentale.**
BERTIER DE SAUVIGNY **La Restauration.**
BIARDEAU **L'Hindouisme. Anthropologie d'une civilisation.**
BOIS **Paysans de l'Ouest.**
BORCH-JACOBSEN **Lacan. Le maître absolu.**
BOUREAU **La Papesse Jeanne.**
BRAUDEL **Ecrits sur l'histoire.**
L'identité de la France : espace et histoire. Les hommes et les choses. La Méditerranée. L'espace et l'histoire. La Dynamique du capitalisme. Grammaire des civilisations. Ecrits sur l'histoire, II. Le Modèle italien.
BRAUDEL, DUBY, AYMARD... **La Méditerranée. Les Hommes et l'héritage.**
BRILLAT-SAVARIN **Physiologie du goût.**
BROGLIE **La Physique nouvelle et les quanta.**
Nouvelles perspectives en microphysique.
BRUHNES **La Dégradation de l'énergie.**
BRUNSCHWIG **Le Partage de l'Afrique noire.**
CAILLOIS **L'Écriture des pierres.**
CARRIERE D'ENCAUSSE **Lénine. La révolution et le pouvoir.**
Staline. L'Ordre par la terreur.
Ni paix ni guerre.
CHAR **La Nuit talismanique.**
CHOMSKY **Réflexions sur le langage. Langue, linguistique, politique. Dialogues avec Mitsou Ronat.**
COHEN **Structure du langage poétique.**
CONSTANT **De la force du gouvernement actuel de la France et de la nécessité de s'y rallier (1796). Des réactions politiques. Des effets de la Terreur (1797).**
CORBIN **Les Filles de noce. Misère sexuelle et prostitution au XIXe siècle. Le Miasme et la jonquille. L'odorat et l'imaginaire social, XVIIIe-XIXe siècles. Le Territoire du vide. L'Occident et le désir du rivage, 1750-1840. Le VIllage des cannibales.**
DANIÉLOU **Mythes et dieux de l'Inde.**
DARAKI **Dionysos et la déesse Terre.**
DAUMARD **Les Bourgeois et la bourgeoisie en France depuis 1815.**
DAVY **Initiation à la symbolique romane.**
DELSEMME, PECKER, REEVES **Pour comprendre l'univers.**
DELUMEAU **Le Savant et la foi.**
DENTON **L'Évolution.**
DERRIDA **Eperons. Les styles de Nietzsche.**
La Vérité en peinture.
Heidegger et la question. De l'esprit et autres essais.
DETIENNE, VERNANT **Les Ruses de l'intelligence. La Métis des Grecs.**
DEVEREUX **Ethnopsychanalyse complémentariste.**
Femme et mythe.
DIEHL **La République de Venise.**
DODDS **Les Grecs et l'irrationnel.**
DROUIN **L'Écologie et son histoire.**
DUBY **Saint-Bernard. L'art cistercien.**
L'Europe au Moyen Age.
L'Économie rurale et la vie des campagnes dans l'Occident médiéval.
La Société chevaleresque. Hommes et structures du Moyen Âge I.
Seigneurs et paysans. Hommes et structures du Moyen Âge II.
Mâle Moyen Âge. De l'amour et autres essais.
DUMÉZIL **Mythes et dieux indo-européens.**
DURKHEIM **Règles de la méthode sociologique.**
ECCLES **Évolution du cerveau et création de la conscience.**
EINSTEIN **Comment je vois le monde. Conceptions scientifiques.**
EINSTEIN, INFELD **L'Évolution des idées en physique.**
ELIADE **Forgerons et alchimistes.**
ELIAS **La Société de cour.**
ERIBON **Michel Foucault.**
ERIKSON **Adolescence et crise.**
FEBVRE **Philippe II et la Franche-Comté. Étude d'histoire politique, religieuse et sociale.**

FERRO La Révolution russe de 1917.
FINLEY Les Premiers temps de la Grèce. L'Invention de la politique.
FOISIL Le Sire de Gouberville.
FONTANIER Les Figures du discours.
FRANCK Einstein. Sa vie, son temps.
FUKUYAMA La Fin de l'histoire et le dernier homme.
FURET L'Atelier de l'histoire.
FURET, OUZOUF Dictionnaire critique de la Révolution française.
FUSTEL DE COULANGES La Cité antique.
GEARY Naissance de la France.
GENTIS Leçons du corps.
GEREMEK Les Marginaux parisiens aux XIVe et XVe siècles.
GERNET Anthropologie de la Grèce antique.
Droit et institutions en Grèce antique.
GINZBURG Les Batailles nocturnes.
GLEICK La Théorie du chaos. Vers une nouvelle science.
GOUBERT 100 000 provinciaux au XVIIe siècle.
GRÉGOIRE Essai sur la régénération physique, morale et politique des juifs.
GRENIER L'Esprit du Tao.
GRIBBIN A la poursuite du Big Bang.
GRIMAL Virgile ou la seconde naissance de Rome.
GRENIER L'Esprit du Tao.
GROSSER Affaires extérieures. La politique de la France (1944-1989).
Le Crime et la mémoire.
GUÉHENNO La Fin de la démocratie.
GUILLAUME La Psychologie de la forme.
GUSDORF Mythe et métaphysique.
HAMBURGER L'Aventure humaine.
HARRISON Forêts.
HAWKING Une Brève Histoire du temps. Commencement du temps et fin de la physique ?
HEGEL Introduction à l'esthétique. Le Beau.
HEISENBERG La Partie et le Tout. Le monde de la physique atomique.
HORNUNG Les Dieux de l'Egypte.
JACQUARD Idées vécues.
JAKOBSON Langage enfantin et aphasie.
JANKELEVITCH L'Ironie.
La Mort.
Le Pur et l'impur.
Le Sérieux de l'intention.
Les Vertus et l'Amour.
L'Innocence et la méchanceté.
JANOV Le Cri primal.
KRAMER L'Histoire commence à Sumer.
KUHN La Structure des révolutions scientifiques.
KUPFERMAN Laval (1883-1945).
LABORIT L'Homme et la ville.
LANE Venise, une république maritime.
LAPLANCHE Vie et mort en psychanalyse.
LEAKEY, LEWIN Les Origines de l'homme.
LEBOVICI En l'homme, le bébé.
LE CLEZIO Haï.
LEPAPE Diderot.
LEROY L'Aventure sépharade.
LE ROY LADURIE Les Paysans du Languedoc.
Histoire du climat depuis l'an mil.
LEWIS Juifs en terre d'Islam.
LOCHAK, DINER et FARGUE L'Objet quantique.
LOMBARD L'Islam dans sa première grandeur.
LORENZ L'Agression.
L'Envers du miroir.
LORENZ, POPPER L'Avenir est ouvert.
LOVELOCK La Terre est un être vivant.
MACHIAVEL Discours sur la première décade de Tite-Live.
MAHN-LOT La Découverte de l'Amérique.
MANDEL La Crise.
MARRUS L'Holocauste dans l'histoire.
MARX Le Capital.
Livre I sections I à IV.
Livre I, sections V à VIII.
MASSOT L'Arbitre et le capitaine.
MAUCO Psychanalyse et éducation.
MAYER La Persistance de l'Ancien Régime. L'Europe de 1848 à la Grande Guerre.
MEAD EARLE Les Maîtres de la stratégie.
MICHAUX Emergences – résurgences.
MICHELET La Femme.
MICHELS Les Partis politiques.
MILL L'Utilitarisme.
MILZA Fascisme français. Passé et présent.
MOLLAT, WOLFF Les Révolutions populaires en Europe aux XIVe et XVe siècles.
MORIN, La Complexité humaine.
MOSCOVICI Essai sur l'histoire humaine de la nature.
MUCHEMBLED Culture populaire et culture des élites dans la France Moderne.
NASSIF Freud. L'inconscient.
PANKOW L'Homme et sa psychose.
PAPERT Jaillissement de l'esprit.
PAZ Le Singe grammairien.
PERONCEL-HUGOZ Le Radeau de Mahomet.
PERRIN Les Atomes.
PLANCK Initiation à la physique.
Autobiographie scientifique.

POINCARE **La Science et l'hypothèse. La Valeur de la science.**
PRIGOGINE, STENGERS **Entre le temps et l'éternité.**
REICHHOLF **L'Emergence de l'homme.**
RÉMOND **La Politique n'est plus ce qu'elle était.**
RENFREW **L'Énigme indo-européenne.**
RENOU **La Civilisation de l'Inde ancienne d'après les textes sanskrits.**
RICARDO **Des principes de l'économie politique et de l'impôt.**
RICHET **La France moderne. L'esprit des institutions.**
ROMANO **Les Conquistadores.**
ROSSIAUD **La Prostitution médiévale.**
RUFFIE **De la biologie à la culture. Traité du vivant.**
RUSSELL **Signification et vérité.**
SAUVERZAC **Françoise Dolto.**
SCHMITT **La Notion de politique. Théorie du partisan.**
SCHUMPETER **Impérialisme et classes sociales.**
SCHWALLER DE LUBICZ R.A. **Le Miracle égyptien. Le Roi de la théocratie pharaonique.**
SCHWALLER DE LUBICZ ISHA **Her-Back, disciple de la sagesse égyptienne. Her-Back « pois chiche », visage vivant de l'ancienne Egypte.**
SERRES **Statues. Le Contrat naturel. Eclaircissements.**
SHAPIRO **L'Origine de la vie.**
SIEYES **Qu'est-ce que le Tiers-État ?**
STAROBINSKI **1789. Les emblèmes de la raison. Portrait de l'artiste en saltimbanque.**
STEINER **Martin Heidegger.**
STENGERS **L'Invention des sciences modernes.**
STEWART **Dieu joue-t-il aux dés ?**
STOETZEL **La Psychologie sociale.**
STRAUSS **Droit naturel et histoire.**
SUN TZU **L'Art de la guerre.**
TAPIE **La France de Louis XIII et de Richelieu.**
TESTART **L'Œuf transparent.**
THIS **Naître... et sourire. Les cris de la naissance.**
THOM **Paraboles et catastrophes. Prédire n'est pas expliquer.**
TRINH XUAN THUAN **Un astrophysicien.**
ULLMO **La Pensée scientifique moderne.**
VALADIER **L'Église en procès. Catholicisme et pensée moderne.**
WALLON **De l'acte à la pensée.**
WOLTON **Eloge du grand public.**

Champs *Contre-Champs*

BAZIN **Le Cinéma de la cruauté.**
BORDE et CHAUMETON **Panorama du film noir américain (1944-1953).**
BOUJUT **Wim Wenders.**
BOURGET **Lubitsch.**
EISNER **Fritz Lang.**
FELLINI par **FELLINI.**
GODARD par **GODARD. Les Années Cahiers. Les Années Karina. Des années Mao aux années 80.**
KRACAUER **De Caligari à Hitler. Une histoire du cinéma allemand (1919-1933).**
PASOLINI **Ecrits corsaires.**
RENOIR **Ma vie et mes films.**
ROHMER **Le Goût de la beauté.**
ROSSELLINI **Le Cinéma révélé.**
SCHIFANO **Luchino Visconti.**
TASSONE **Akira Kurosawa.**
TRUFFAUT **Les films de ma vie. Le Plaisir des yeux.**

CET OUVRAGE
A ÉTÉ REPRODUIT
ET ACHEVÉ D'IMPRIMER
PAR L'IMPRIMERIE MAURY EUROLIVRES
À MANCHECOURT EN DÉCEMBRE 1995

N° d'éd. FH134601. N° d'impr. 95/K/M8124
D.L. : janvier 1996.
(Imprimé en France)